■ 高等学校网络空间安全专业规划教材

 "十二五"普通高等教育本科国家级规划教材

 "十二五"江苏省高等学校重点教材

U0331399

计算机网络安全

马利　姚永雷　编著

清华大学出版社
北　京

内 容 简 介

本书介绍网络安全基础理论及技术。全书共 11 章,详细讨论了密码学、消息鉴别和数字签名、身份认证、Internet 安全、恶意代码及其防杀、防火墙、网络攻击与防范、虚拟专用网、无线网络安全和移动互联网安全。

本书内容反映了当前最新的网络安全理论与技术,既注重基础理论的介绍,又着眼于读者技术应用和实践能力的培养。

本书适合作为计算机专业本科生、大专生的计算机网络安全教材,也可供从事计算机网络安全工作的工程技术人员参考。

图书在版编目(CIP)数据

计算机网络安全/马利,姚永雷编著.—北京:清华大学出版社,2016 (2023.8重印)
(高等学校网络空间安全专业规划教材)
ISBN 978-7-302-45667-4

I. ①计… Ⅱ. ①马… ②姚… Ⅲ. ①计算机网络—网络安全—高等学校—教材 Ⅳ. ①TP393.08

中国版本图书馆 CIP 数据核字(2016)第 280065 号

责任编辑:袁勤勇 战晓雷
封面设计:傅瑞学
责任校对:李建庄
责任印制:刘海龙

出版发行:清华大学出版社
　　　　网　　　址:http://www.tup.com.cn,http://www.wqbook.com
　　　　地　　　址:北京清华大学学研大厦 A 座　　　　　　　邮　　编:100084
　　　　社 总 机:010-83470000　　　　　　　　　　　　　　邮　　购:010-62786544
　　　　投稿与读者服务:010-62776969,c-service@tup.tsinghua.edu.cn
　　　　质量反馈:010-62772015,zhiliang@tup.tsinghua.edu.cn
　　　　课件下载:http://www.tup.com.cn,010-83470236
印 装 者:涿州市般润文化传播有限公司
经　　销:全国新华书店
开　　本:185mm×260mm　　　　印　张:19.5　　　　字　数:473 千字
版　　次:2016 年 12 月第 1 版　　　　　　　　　　　印　次:2023 年 8 月第 12 次印刷
定　　价:49.00 元

产品编号:071489-02

前言

　　随着 Internet 在全球的普及和发展,计算机网络成为信息的主要载体之一。计算机网络的全球互联趋势越来越明显,其应用范围日渐普及和广泛,应用层次逐步深入。国家发展、社会运转以及人类的各项活动对计算机网络的依赖性越来越强。计算机网络已经成为人类社会生活不可缺少的组成部分。

　　与此同时,随着网络规模的不断扩大和网络应用的逐步普及,网络安全问题也越发突出,受到越来越广泛的关注。计算机和网络系统不断受到侵害,侵害形式日益多样化,侵害手段和技术日趋先进和复杂化,已经严重威胁到网络和信息的安全。一方面,计算机网络提供了丰富的资源以便用户共享;另一方面,资源共享度的提高也增加了网络受威胁和攻击的可能性。事实上,资源共享和网络安全是一对矛盾,随着资源共享的加强,网络安全问题也日益突出。计算机网络的安全已成为当今信息化建设的核心问题之一。

　　网络安全指网络系统的软件、硬件以及系统中存储和传输的数据受到保护,不因偶然的或者恶意的原因而遭到破坏、更改、泄露,网络系统连续可靠正常地运行,网络服务不中断。从其本质上讲,网络安全就是网络上的信息安全。为了保证网络上信息的安全,首先需要自主计算机系统的安全;其次需要互联的安全,即连接自主计算机的通信设备、通信链路、网络软件和通信协议的安全;最后需要各种网络服务和应用的安全。从广义来说,凡是涉及网络上信息的机密性、完整性、可用性、真实性和可控性的相关技术和理论都是网络安全的研究领域。

　　网络安全领域的相关理论和技术发展很快。为使读者全面、及时地了解和应用最新的网络安全技术,掌握网络安全的最新实践技能,编者在本书第 2 版的基础上进行了修订和补充。本次修订,保留和强化了实用性、体系结构、主线示例贯穿等特色,同时优化内容,淘汰陈旧知识,加入了当前最新的网络安全理论与算法;进一步扩充了网络安全实践的相关技术细节,并从知识内容优选、示例更新、实验体系扩展等多个方面进行修订,完善了理论教学内容,充实了实验指导。使得学生在系统学习基本概念、基本理论的基础上,深入理解并掌握常见网络安全防护技术。

　　本书以网络面临的常见安全问题以及相应的检测、防护和恢复为主线,系统地介绍了网络安全的基本概念、理论基础、安全技术及其应用。全书共

11 章,内容包括计算机网络安全概述、密码学、消息鉴别和数字签名、身份认证、Internet 安全、恶意代码及其防杀、防火墙、网络攻击与防范、虚拟专用网、无线网络安全、移动互联网安全等。希望通过本次修订,能够反映网络安全理论和技术的最新研究和教学进展,用通俗易懂的语言向读者全面而系统地介绍网络安全相关理论和技术,帮助读者建立完整的网络安全知识体系,掌握网络安全保护的实际技能。

本书内容完整,安排合理,难度适中;理论联系实际,原理和技术有机结合;逻辑性强,重点突出;文字简明,通俗易懂。本书可作为高等院校计算机及其相关专业的本科生、大专生的教材,也可作为网络管理人员、网络工程技术人员的参考书。

在本书的修订编写和申报"十二五"国家级规划教材的过程中得到了清华大学出版社的大力帮助和支持,在此表示由衷的感谢。

鉴于编者水平有限,书中难免出现错误和不当之处,殷切希望各位读者提出宝贵意见,并恳请各位专家、学者批评指正。作者的 E-mail 为 ylyao@nusit.edu.cn。

本书配套课件可从清华大学出版社网站 http://www.tup.tinghua.edu.cn 下载。

编　者
2016 年 7 月

目 录

第1章

概　　述

在全球信息化的背景下,信息已成为一种重要的战略资源。信息的应用涵盖国防、政治、经济、科技、文化等各个领域,在社会生产和生活中的作用越来越显著。随着 Internet 在全球的普及和发展,计算机网络成为信息的主要载体之一。计算机网络的全球互联趋势越来越明显,信息网络技术的应用日渐普及和广泛,应用层次逐步深入,应用范围不断扩展。基于网络的应用层出不穷,国家发展、社会运转以及人类的各项活动对计算机网络的依赖性越来越强。

但与此同时,网络安全问题越发突出,受到越来越广泛的关注。计算机和网络系统不断受到侵害,侵害形式日益多样化,侵害手段和技术日趋先进和复杂化,令人防不胜防。一方面,计算机网络提供了丰富的资源以便用户共享;另一方面,资源共享度的提高也增加了网络受威胁和攻击的可能性。事实上,资源共享和网络安全是一对矛盾,随着资源共享的加强,网络安全问题也日益突出。计算机网络的安全已成为当今信息化建设的核心问题之一。

1.1　网络安全挑战

计算机网络,尤其是 Internet,正面临着严重的安全挑战。Internet 是一个全球性的计算机互联网络,在发展初期规模不大,主要用于高等学校和科研院所,并假定用户之间存在信任关系,用户都是善意的。因此,Internet 在初期设计中几乎没有考虑安全方面的特性。但是,随着 Internet 规模逐渐扩大和用户数量的不断增长,这种信任模式已经逐步恶化。而且,以电子商务、电子政务为代表的新应用对网络安全提出了更高的要求。Internet 初期完全开放的设计特性而没有考虑安全的状况已经不能适应当代的需要。

1988 年莫里斯蠕虫病毒的发作使得 Internet 上超过 10%的计算机受害,之后每年重大网络安全事件不断发生。表 1-1 列出了历年的重大网络安全事件。

表 1-1　重大网络安全事件

事　　件	时　　间	影　　响
梅丽莎(Melissa)	1999 年 5 月	一周内感染超过 100 000 台计算机,造成损失约 15 亿美元
爱虫(I Love You)病毒	2000 年 5 月	约 87 亿美元的经济影响
红色代码(Red Code)蠕虫	2001 年 7 月	14 小时内超过 359 000 台计算机被感染

续表

事　件	时　间	影　响
尼姆达(Nimda)蠕虫	2001 年 9 月	高峰时 160 000 台计算机被感染,超过 15 亿美元的经济影响
求职信(Klez)	2002 年	7.5 亿美元的经济影响
冲击波(Blaster)	2003 年	约 8 亿美元的经济影响
震荡波(Sasser)	2004 年 5 月	破坏能力和影响超过冲击波
极速波(Zobot)蠕虫	2005 年 8 月	具有像"冲击波"和"震荡波"一样的传播能力的恶意蠕虫,而且对反病毒厂商提出了公开挑战
熊猫烧香	2006 年	约 80 亿人民币的经济损失
灰鸽子	2005—2007 年	国内后门的集大成者,连续三次位列年度十大病毒
俄格网络战争	2008 年	俄罗斯与格鲁吉亚的冲突中,双方通过互联网相互攻击,开启了信息战争的先河
Conficker 蠕虫	2009 年	感染了超过数以千万计的计算机
"极光"漏洞	2010 年	导致谷歌网络被入侵,许多重要的知识财产被盗取
Facebook 被黑	2011 年	导致色情暴力图片泛滥
DNSChanger 肆虐	2012 年	全球 400 万台计算机被感染
Operation Last Resort 黑客行动	2013 年	Anonymous 黑客组织开展 Operation Last Resort 黑客行动,美国联邦政府无力招架
XX 神器	2014 年	一款手机木马,导致手机用户的手机联系人、身份证、姓名、各种账号等隐私信息泄露

　　近几年,安全攻击的复杂性提高了很多,攻击的自动化程度和攻击速度提高,杀伤力逐步增大;攻击工具的特征更难发现,更难利用特征进行检测。如红色代码和尼姆达这样的混合型威胁,使用组合的攻击方式快速进行传播,造成比单一型病毒更大的危害。2003 年 1 月的蠕虫王被释放后不到 10 分钟就感染了 75 000 台计算机。从世界范围看,网络入侵活动日益增加,并超过了恶意代码感染的次数。而且,入侵工具传播范围越来越广,入侵技术不断提高,对攻击者的知识要求反而降低了。当前,防火墙是人们用来防范入侵者的主要保护措施,但是越来越多的攻击技术可以绕过防火墙,不仅对广大用户,而且对 Internet 基础设施也将形成越来越大的威胁。

　　自 1994 年我国正式接入 Internet 以来,互联网在我国的规模和应用迅猛发展。2016 年 1 月中国互联网络信息中心(China Internet Network Information Center, CNNIC)发布的第 37 次中国互联网络发展状况统计报告显示,截至 2015 年 12 月底,中国网民规模达到 6.88 亿人,普及率达到 50.3%,年增长率为 2.4%。然而目前中国互联网安全情况不容乐观,各种网络安全事件层出不穷。综合来看,当前网络安全形势严峻的原因主要有以下三点:

（1）由于近年来中国互联网持续快速发展，我国网民数量、宽带用户数量、.cn域名数量都已经跃居全球第一位，而我国网络安全基础设施建设跟不上互联网发展的步伐，民众的网络安全意识薄弱，中小企业大多采用粗放式的安全管理风格，这三者相加直接导致中国互联网安全问题突出。

（2）随着攻击技术的不断提高，攻击工具日益专业化、易用化，攻击方法也越来越复杂，越来越隐蔽，防护难度较大。

（3）电子商务领域不断扩展，与现实中的金融体系日益融合，为网络世界的虚拟要素附加了实际价值，这些信息系统成为黑客攻击牟利的目标。

根据国家计算机病毒应急处理中心（CVERC）2016年全国信息网络安全状况暨计算机和移动终端病毒疫情调查报告，2015年我国计算机病毒感染率为63.89％，64.22％的计算机用户发生过信息网络安全事件。在发生的网络安全事件中，病毒/木马高居首位，仍然是用户面临的最主要威胁；其次是垃圾邮件和网络钓鱼/网络欺诈。

攻击者攻击目标明确，针对网站和用户使用不同的攻击手段。对政府网站主要采用篡改网页的攻击形式，对企业则采用有组织的分布式拒绝服务（Distributed Denial of Service，DDoS）等攻击手段，对个人用户则通过窃取账号、密码等形式窃取用户个人财产，对金融机构则用网络钓鱼进行网络仿冒，在线盗取用户身份和密码。

当今社会，互联网已成为重要的国家基础设施，在国民经济建设中发挥着日益重要的作用。随着我国政府信息化基础建设的推进和信息公开程度的提升，网络和信息安全也已成为关系到国家安全、社会稳定的重要因素，社会各界都对网络安全提出了更高的要求，采取有效措施，建设安全、可靠、便捷的网络应用环境，维护国家网络信息安全，成为社会信息化进程中亟待解决的问题。

1.2 网络安全的基本概念

1.2.1 网络安全的定义

计算机网络是利用通信线路把地理位置上分散的计算机和通信设备连接起来，在系统软件和协议的支持下，以实现数据通信和资源共享为目的的复杂计算机系统。网络的基本资源包括硬件资源、软件资源和数据资源等。

常见的安全术语有信息安全、网络安全、信息系统安全、网络信息安全、网络信息系统安全、计算机系统安全、计算机信息系统安全等。这些形形色色的说法，归根结底就是两层意思，即确保计算机网络环境下信息系统的安全运行，以及信息系统存储、处理和传输的信息受到安全保护。这些术语是殊途同归的关系。由于现代的信息系统大都建立在计算机网络基础上，计算机网络安全也就是信息系统安全。强调网络安全，主要由于计算机网络的广泛应用使得大部分信息都通过网络进行传输和处理，从而使得网络安全问题变得尤为突出。

网络安全指网络系统的软件、硬件以及系统中存储和传输的数据受到保护，不因偶然的或者恶意的原因而遭到破坏、更改、泄露，网络系统连续可靠正常地运行，网络服务不中断。

因此,网络安全同样也包括信息系统安全运行以及系统中的信息受到安全保护两个方面。从本质上讲,网络安全就是网络上的信息安全。为了保证网络上信息的安全,首先需要自主计算机系统的安全;其次需要互联的安全,即连接自主计算机的通信设备、通信链路、网络软件和通信协议的安全;最后需要各种网络服务和应用的安全。

网络安全的具体含义会随着利益相关方的变化而变化。

从一般用户(个人、企业等)的角度说,他们希望涉及个人隐私或商业利益的信息在网络上传输时能够保持机密性、完整性和真实性,避免其他人或对手利用窃听、冒充、篡改、抵赖等手段侵犯自身的利益。

从网络运行者和管理者的角度说,他们希望对网络信息的访问受到保护和控制,避免出现非法使用、拒绝服务和网络资源非法占用和非法控制等威胁,制止和防御网络黑客的攻击。

从安全保密部门的角度说,希望对非法的、有害的或涉及国家机密的信息进行过滤和防堵,避免机要信息泄露,避免对社会产生危害,给国家造成巨大损失。

从社会教育和意识形态的角度说,网络上不健康的内容会对社会的稳定和人类的发展造成阻碍,必须对其进行控制。

1.2.2　网络安全的属性

根据网络安全的定义,网络安全具有以下几个方面的属性:

(1) 机密性。保证信息与信息系统不被非授权的用户、实体或过程所获取与使用。

(2) 完整性。信息在存储或传输时不被修改、破坏,或不发生信息包丢失、乱序等。

(3) 可用性。信息与信息系统可被授权实体正常访问的特性,即授权实体在需要时能够存取所需信息。

(4) 可控性。对信息的存储与传播具有完全的控制能力,可以控制信息的流向和行为方式。

(5) 真实性。也就是可靠性,指信息的可用度,包括信息的完整性、准确性和发送人的身份真实性等方面,它也是信息安全性的基本要素。

其中,机密性、完整性和可用性通常被认为是网络安全的三个基本属性。

因此,从广义来说,凡是涉及网络上信息的机密性、完整性、可用性、可控性和真实性的相关技术和理论都是网络安全的研究领域。网络安全是一门涉及计算机科学、网络技术、通信技术、密码技术、信息安全技术、应用数学、数论、信息论等多种学科的综合性学科。

1.2.3　网络安全层次结构

国际标准化组织(International Organization for Standards,ISO)提出了开放式系统互联(Open System Interconnection,OSI)参考模型,目的是成为计算机互连为网络的标准框架。但是,当前事实上的标准是 TCP/IP 参考模型。Internet 网络体系结构就以TCP/IP 为核心。基于 TCP/IP 的参考模型将计算机网络体系结构分成 4 个层次,分别是：网络接口层,对应 OSI 参考模型中的物理层和数据链路层;网际互连层,对应 OSI 参考模型的网络层,主要解决主机到主机的通信问题;传输层,对应 OSI 参考模型的传输层,为应用层实体提供端到端的通信功能;应用层,对应 OSI 参考模型的高层,为用户提供所需要的各种服务。

从网络安全角度,参考模型的各层都能够采取一定的安全手段和措施,提供不同的安全服务。但是,单独一个层次无法提供全部的网络安全特性,每个层次都必须提供自己的安全服务,共同维护网络系统中信息的安全。图 1-1 形象地描述了网络安全的层次。

图 1-1　网络安全层次

在物理层,可以在通信线路上采取电磁屏蔽、电磁干扰等技术防止通信系统以电磁(电磁辐射、电磁泄漏)的方式向外界泄露信息。

在数据链路层,对点对点的链路可以采用通信保密机进行加密,信息在离开一台机器进入点对点的链路传输之前可以进行加密,在进入另外一台机器时解密。所有细节全部由底层硬件实现,高层无法察觉。但是这种方案无法适应经过多个路由设备的通信链路,因为在每台路由设备上都要进行加解密的操作,造成安全隐患。

在网络层,使用防火墙技术处理经过网络边界的信息,确定来自哪些地址的信息可以或者禁止访问哪些目的地址的主机,以保护内部网免受非法用户的访问。

在传输层,可以采用端到端的加密,即进程到进程的加密,以提高信息流动过程的安全性。

在应用层,主要是针对用户身份进行认证,并且可以建立安全的通信信道。

1.2.4　网络安全模型

图 1-2 给出了网络安全模型。消息从通信的一方(发送方)通过 Internet 传送至另一方(接收方),发送方和接收方是交互的主体,必须协调努力共同完成消息交换的任务。通过定义 Internet 上从发送方到接收方的路由以及双方共同使用的通信协议(如 TCP/IP)来建立逻辑信息通道。

当需要保护信息传输以保证信息的机密性、完整性、真实性的时候,就会涉及网络安

图 1-2　网络安全模型

全。一般来说,任何用来保证安全的方法都包含两个因素:

(1) 发送方对信息进行安全相关的转换。例如,对消息进行加密,即对消息进行变换,使得消息在传送过程中对攻击者不可读;或者将基于消息的编码附于消息后共同发送,以使接收方可以基于此编码验证发送方的身份。

(2) 双方共享某些秘密信息,并希望这些信息不为攻击者所知。如加密密钥,它配合加密算法在消息传输之前将消息加密,而在接收端将消息解密。

为了实现信息的安全传输,许多场合还需要有可信的第三方。例如,第三方负责将秘密信息分配给通信双方,而对攻击者保密;或者当通信双方关于信息传输的真实性发生争执时,由第三方来仲裁。

上述模型说明,设计网络安全系统时,应实现下列 4 个方面的任务:

(1) 设计一个算法用以实现和安全相关的变换。该算法应是攻击者无法攻破的。

(2) 产生算法所使用的秘密信息。

(3) 设计分发和共享秘密信息的方法,以保证该秘密信息不为攻击者所知。

(4) 设计通信双方使用的协议,该协议利用安全算法和秘密信息提供安全服务。

图 1-2 所示的网络安全模型虽是一个通用的模型,但是还有其他与安全有关的情形不完全符合该模型。例如,图 1-3 所示的网络访问安全模型可以保护信息系统拒绝非授权的访问。

图 1-3　网络访问安全模型

应对非授权访问所需的安全机制分为两大类:第一类称为网闸功能,它包含基于口令的登录过程,该过程只允许授权用户的访问;第二类称为内部监控,该程序负责检测和拒绝蠕虫、病毒以及其他类似的攻击。一旦非法用户或软件获得了访问权,那么由各种内部控制程序组成的第二道防线就监视其活动、分析存储的信息,以便检测非法入侵者。

1.3 OSI 安全体系结构

在大规模网络工程建设、管理和网络安全系统的设计与开发过程中,需要从全局的体系结构角度考虑安全问题的整体解决方案,才能保证网络安全功能的完备性和一致性,降低安全代价和管理开销。这样一个网络安全体系结构对于网络安全的设计、实现与管理具有重要的意义。

为了有效评估一个机构的安全需求,以及对各个安全产品和政策进行评价和选择,负责安全的管理员需要以某种系统的方法来定义对安全的要求并刻画满足这些要求的措施。国际标准化组织于 1989 年正式公布了 ISO 7498-2《信息处理系统—开放系统互连—基本参考模型—第 2 部分:安全体系结构》,定义了开放系统通信的环境中与安全性有关的通用体系结构元素,作为 OSI 参考模型的补充。这是一个普遍适用的安全体系结构,对于具体网络的安全体系结构具有指导意义,其核心内容是保证异构计算机之间远距离交换信息的安全。

OSI 安全体系结构主要关注安全攻击、安全机制和安全服务。可以简短地定义如下:

(1) 安全攻击。任何危及信息系统安全的活动。

(2) 安全机制。用来检测、阻止攻击或者从攻击状态恢复到正常状态的过程,或实现该过程的设备。

(3) 安全服务。加强数据处理系统和信息传输的安全性的一种处理过程或通信服务。其目的在于利用一种或多种安全机制进行反攻击。

1.3.1 安全攻击

网络攻击是指降级、瓦解、拒绝、摧毁计算机或计算机网络中的信息资源,或者降级、瓦解、拒绝、摧毁计算机或计算机网络本身的行为。在最高层次上,ISO 7498-2 将安全攻击分成两类,即被动攻击和主动攻击。被动攻击试图收集、利用系统的信息但不影响系统的正常访问,数据的合法用户对这种活动一般不会觉察到。主动攻击则是攻击者访问其所需信息的故意行为,一般会改变系统资源或影响系统运作。

1. 被动攻击

被动攻击采取的方法是对传输中的信息进行窃听和监测,主要目标是获得传输的信息。有两种主要的被动攻击方式:信息收集和流量分析。

(1) 信息收集造成传输信息的内容泄露,如图 1-4(a)所示。电话、电子邮件和传输的文件都可能因含有敏感或秘密的信息而被攻击者所窃取。

(2) 采用流量分析的方法可以判断通信的性质,如图 1-4(b)所示。为了防范信息的泄露,消息在发送之前一般要进行加密,使得攻击者即使捕获了消息也不能从消息里获得有用的信息。但是,即使用户进行了加密保护,攻击者仍可能获得这些消息模式。攻击者可以决定通信主机的身份和位置,可以观察传输的消息的频率和长度。这些信息可以用于判断通信的性质。

(a)消息内容的泄露

(b)流量分析

图 1-4　被动攻击

被动攻击由于不涉及对数据的更改,所以很难察觉。典型的情况是,信息流表面上以一种常规的方式在收发,收发双方谁也不知道有第三方已经读了信息或者观察了流量模式。处理被动攻击的重点是预防而不是检测。

2. 主动攻击

主动攻击包括对数据流进行篡改或伪造数据流,可分为 4 类:伪装、重放、消息篡改和拒绝服务。其实现原理如图 1-5 所示。

(1)伪装是指某实体假装成别的实体。典型的比如:攻击者捕获认证信息,并在其后利用认证信息进行重放,这样它就可能获得其他实体所拥有的权限。

(2)重放是指将攻击者将获得的信息再次发送,从而导致非授权效应。

(3)消息修改是指击者修改合法消息的部分或全部,或者延迟消息的传输以获得非授权作用。

(4)拒绝服务指攻击者设法让目标系统停止提供服务或资源访问,从而阻止授权实体对系统的正常使用或管理。典型的形式有查禁所有发向某目的地的消息,以及破坏整个网络,即,或者使网络失效,或者是使其过载以降低其性能。

图 1-5 主动攻击

主动攻击与被动攻击具有完全不同的特点。被动攻击虽然难以被检测,但可以有效地预防。另一方面,因为物理通信设施、软件和网络本身所潜在的弱点具有多样性,主动攻击难以绝对预防,但容易检测。所以,处理主动攻击的重点在于检测并从破坏或造成的延迟中恢复过来。因为检测主动攻击有一种威慑效果,所以也可在某种程度上阻止主动攻击。

1.3.2　安全服务

OSI 安全体系结构将安全服务定义为通信开放系统协议层提供的服务,从而保证系统或数据传输有足够的安全性。RFC 2828 将安全服务定义为:一种由系统提供的对系统资源进行特殊保护的处理或通信服务;安全服务通过安全机制来实现安全策略。

OSI 安全体系结构定义了 5 大类共 14 个安全服务。

1. 鉴别服务

鉴别服务与保证通信的真实性有关,提供对通信中对等实体和数据来源的鉴别。在单条消息的情况下,鉴别服务的功能是向接收方保证消息来自所声称的发送方,而不是假冒的非法用户。对于正在进行的交互,鉴别服务则涉及两个方面。首先,在连接的初始化阶段,鉴别服务保证两个实体是可信的,也就是说,每个实体都是他们所声称的实体,而不是假冒的。其次,鉴别服务必须保证该连接不受第三方的干扰,即第三方不能够伪装成两个合法实体中的一个进行非授权传输或接收。

(1) 对等实体鉴别。该服务在数据交换连接建立时提供,识别一个或多个连接实体的身份,证实参与数据交换的对等实体确实是所需的实体,防止假冒。

(2) 数据源鉴别。该服务对数据单元的来源提供确认,向接收方保证所接收到的数据单元来自所要求的源点。它不能防止重放或修改数据单元。

2. 访问控制服务

访问控制服务包括身份认证和权限验证,用于防止未授权用户非法使用或越权使用系统资源。该服务可应用于对资源的各种访问类型(如通信资源的使用,信息资源的读、写和删除,进程资源的执行)或对资源的所有访问。

3. 数据保密性服务

数据保密性服务为防止网络各系统之间交换的数据被截获或被非法存取而泄密提供机密保护,同时对有可能通过观察信息流就能推导出信息的情况进行防范。保密性是防止传输的数据遭到被动攻击,具体分成以下几种:

(1) 连接保密性。对一个连接中所有用户数据提供机密性保护。

(2) 无连接保密性。为单个无连接的 N-SDU(N 层服务数据单元)中所有用户数据提供机密性保护。

(3) 选择字段保密性。为一个连接上的用户数据或单个无连接的 N-SDU 内被选择的字段提供机密性保护。

(4) 信息流保密性。提供对可根据观察信息流而分析出的有关信息的保护,从而防止通过观察通信业务流而推断出消息的源和宿、频率、长度或通信设施上的其他流量特征等信息。

4．数据完整性服务

数据完整性服务防止非法实体对正常数据段进行变更,如修改、插入、延时和删除等,以及在数据交换过程中的数据丢失。数据完整性服务可分为以下 5 种情形,以满足不同场合、不同用户对数据完整性的要求。

(1)带恢复的连接完整。为连接上的所有用户数据保证其完整性。检测在整个 SDU 序列中任何数据的任何修改、插入、删除和重放,并予以恢复。

(2)不带恢复的连接完整性。与带恢复连接完整性的差别仅在于不提供恢复。

(3)选择字段的连接完整性。保证一个连接上传输的用户数据内选择字段的完整性,并以某种形式确定该选择字段是否已被修改、插入、删除或重放。

(4)无连接完整性。提供单个无连接的 SDU 的完整性,并以某种形式确定接收到的 SDU 是否已被修改。此外,一定程度上还可以提供对连接重放的检测。

(5)选择字段无连接完整性。提供在单个无连接 SDU 内选择字段的完整性,并以某种形式确定选择字段是否已被修改。

5．不可否认服务

不可否认服务用于防止发送方在发送数据后否认发送,以及接收方在收到数据后否认收到数据或伪造数据的行为。

(1)具有源点证明的不可否认。为数据接收者提供数据源证明,防止发送者以后企图否认发送数据或它的内容。

(2)具有交付证明的不可否认。为数据发送者提供数据交付证明,防止接收者以后企图否认接收数据或它的内容。

1.3.3　安全机制

为了实现上述安全服务,OSI 安全体系结构还定义了安全机制。这些安全机制可分成两类:一类在特定的协议层实现;另一类不属于任何的协议层或安全服务。

在特定的协议层设置的一些安全机制如下:

1．加密机制

这种机制提供对数据或信息流的保密,并可作为其他安全机制的补充。加密算法分为两种类型:①对称密钥密码体制,加密和解密使用相同的秘密密钥;②非对称密钥密码体制,加密使用公开密钥,解密使用私人密钥。网络条件下的数据加密必然使用密钥管理机制。

2．数字签名机制

数字签名是附加在数据单元上的一些数据或是对数据单元所做的密码变换,这种数据或变换允许数据单元的接收方确认数据单元来源和数据单元的完整性,并保护数据,防止被人伪造。数字签名机制包括两个过程,对数据单元签名、验证签过名的数据单元。

签名过程使用签名者专用的保密信息作为私用密钥,加密一个数据单元并产生数据单元的一个密码校验值;验证过程则使用公开的方法和信息来确定签名是否使用签名者的专用信息产生的。但由验证过程不能推导出签名者的专用保密信息。数字签名的基本特点是签名只能使用签名者的专用信息产生。

3. 访问控制机制

访问控制机制使用已鉴别的实体身份、实体的有关信息或实体的能力来确定并实施该实体的访问权限。当实体试图使用非授权资源或以不正确方式使用授权资源时,访问控制功能将拒绝这种企图,产生事件报警并记录下来作为安全审计跟踪的一部分。

访问控制机制可用以下一种或多种信息类型为基础:

- 访问控制信息库。该库存有对等实体的访问权限,这种信息可由授权中心或正被访问的实体保存。
- 鉴别信息,如通行字等。
- 用于证明访问实体或资源的权限的能力和属性。
- 按照安全策略,许可或拒绝访问的安全标号。
- 试图访问的时间。
- 试图访问的路径。
- 访问的持续时间。

4. 数据完整性机制

数据完整性包括两个方面:一是单个数据单元或字段的完整性;二是数据单元或字段序列的完整性。

确定单个数据单元完整性包括两个过程:①发送实体将数据本身的某个函数量(称为校验码字段)附加在该数据单元上;②接收实体产生一个对应的字段,与所接收到的字段进行比较以确定在传输过程中数据是否被修改。但是仅使用这种机制不能防止单个数据单元的重放。

对连接型数据传输中数据单元序列完整性的保护要求附加明显的次序关系,例如顺序编号、时间戳或密码链。对于无连接型数据传输,使用时间戳可提供一种防止个别数据单元重放的限定形式。

5. 鉴别交换机制

鉴别交换机制是通过互换信息的方式来确认实体身份的机制。这种机制可使用如下技术:发送方实体提供鉴别信息(如通行字),由接收方实体验证;加密技术;实体的特征/属性等。鉴别交换机制可与相应层次相结合以提供同等实体鉴别。当采用密码技术时,鉴别交换机制可以和"握手"协议相结合以抵抗重放攻击。

鉴别交换机制的选择取决于不同的应用场合:

(1) 当对等实体和通信方式两者都可信时,一个对等实体的验证可由通行字实现。通行字可以防错,但不能防止蓄意破坏(如消息重放等)。每一方使用各自不同的通行字可以实现相互鉴别。

(2) 当每一实体信得过各自的对等实体,而通信方式不可信时,对主动攻击的防护由通行字和加密相结合实现。防止重放攻击的单向鉴别需两次"握手",而具有重放防护的相互鉴别可由三次"握手"实现。

(3) 当一实体不能(或感觉到将来不能)相信对等实体或通信方式时,应使用数字签名/公证机制以实现不可否认服务。

6. 通信业务填充机制

通信业务填充机制能用来提供各种不同级别的保护,以对抗通信业务分析攻击。这种机制产生伪造的信息流并填充协议数据单元以达到固定长度,有效地防止流量分析。只有当信息流受加密保护时,本机制才有效。

7. 路由选择机制

路由能动态地或预定地选取,以便只使用物理上安全的子网络、中继站或链路;在检测到持续的操作攻击时,端系统可以指示网络服务的提供者经不同的路由建立连接;带有某些安全标记的数据可能被安全策略禁止通过某些子网络、中继站或链路。

这种机制提供动态路由选择或预置路由选择,以便只使用物理上安全的子网、中继站或链路。连接的起始端(或无连接数据单元的发送方)可提出路由申请,请求特定子网、链路或中继站。端系统根据检测持续攻击网络通信的情况,动态地选择不同路由,指示网络服务的提供者建立连接。根据安全策略,禁止带有安全标号的数据通过一般的(不安全的)子网、链路或中继站。

8. 公证机制

这种机制确证两个或多个实体之间数据通信的特征:数据的完整性、源点、终点及收发时间。这种保证由通信实体信赖的第三方——公证员提供。在可检测方式下,公证员掌握用以确证的必要信息。公证机制提供服务还使用到数字签名、加密和完整性服务。

除了以上 8 种基本的安全机制外,还有一些辅助的安全机制。它们不明确对应于任何特定的层次和服务,但其重要性直接和系统要求的安全等级有关。

(1) 可信功能。系统的软、硬件应是可信的。获得可信的方法包括形式证明法、检验和确认、对攻击的检测和记录,以及在安全环境中由可信成员构造实体。

(2) 安全标签。给资源(包括数据项)附上安全标签,表示其安全敏感程度。安全标签可以是与数据传输有关的附加数据,也可以是隐含的,如特定的密钥。

(3) 事件检测。包括检测与安全有关的事件(如违反安全的事件、特定的选择事件、事件计数溢出等)以及检测"正常"事件(如一次成功的访问)。

(4) 安全审计跟踪。独立地回顾和检查系统有关的记录和活动以测试系统控制的充分性。提供违反安全性的检测与调查,保证已建立的安全策略和操作过程的一致性。帮助损害评估,并推荐有关改进系统控制、安全策略和操作过程的指示。

(5) 安全恢复。受理事件检测处理和管理职能机制的请求,并应用一组规则来采取恢复行动。恢复行动有三种:一是立即行动,立即中止操作,如切断连接;二是暂时行动,使实体暂时失效;三是长期行动,使实体进入"空白表"或改变密钥。

表 1-2 给出了安全服务和安全机制的关系。

表 1-2　安全服务和安全机制的关系

服务＼机制	加密	数字签名	访问控制	数据完整性	鉴别交换	通信业务填充	路由控制	公证
同等实体认证	Y	Y			Y			
数据源认证	Y	Y						

续表

机制 服务	加密	数字 签名	访问 控制	数据完 整性	鉴别 交换	通信业 务填充	路由 控制	公证
访问控制			Y					
保密性	Y						Y	
流量保密性	Y					Y	Y	
数据完整性	Y	Y		Y				
不可否认性		Y		Y				Y
可用性				Y	Y			

注：Y 表示该服务应包含在该层的标准中以供选择，空白则表示不提供这种服务。

1.4 网络安全防护体系

网络安全防护体系是在安全技术集成的基础上依据一定的安全策略建立起来的。

1.4.1 网络安全策略

网络安全策略是网络安全系统的灵魂与核心，是在一个特定的环境里，为保证提供一定级别的安全保护所必须遵守的规则集合。网络安全策略的提出，是为了实现各种网络安全技术的有效集成，构建可靠的网络安全系统。

网络安全策略主要包含 5 个方面的策略。

1. 物理安全策略

物理安全策略的目的是保护计算机系统、网络服务器、打印机等硬件实体和通信链路免受自然灾害及人为破坏；验证用户的身份和使用权限，防止用户越权操作；确保计算机系统有一个良好的电磁兼容工作环境；建立完备的安全管理制度，防止非法进入计算机控制和各种偷窃、破坏活动的发生。

2. 访问控制策略

访问控制是网络安全防范和保护的主要策略，它的主要任务是保证网络资源不被非法使用和访问。它也是维护网络系统安全，保护网络资源的重要手段。

3. 防火墙控制

防火墙是阻止网络中的黑客访问某个机构网络的屏障，也可以称为控制进出两个方向通信的门槛。在网络边界上通过建立起来的相应网络通信监控系统来隔离内部和外部网络，以阻挡外部网络的侵入。

4. 信息加密策略

信息加密的目的是保护网内的数据、文件、口令和控制信息，保护网上传输的数据。

5. 网络安全管理策略

在网络安全中，除了采用上述技术措施之外，加强网络的安全管理，制定有关规章制度，对于确保网络安全、可靠地运行将起到十分有效的作用。网络的安全管理策略包括：

确定安全管理等级和安全管理范围,制定有关网络操作使用规程和人员出入机房管理制度,制定网络系统的维护制度和应急措施等。

1.4.2 网络安全体系

网络安全体系由网络安全技术体系、网络安全组织体系和网络安全管理体系三部分组成,三者相辅相成,只有协调好三者的关系,才能有效地保护网络的安全。

1. 网络安全技术体系

网络安全技术体系由以下几个方面组成:物理安全、计算机系统平台安全、通信安全、应用系统安全。

1)物理安全

通过机械强度标准的控制,使信息系统所在的建筑物、机房条件及硬件设备条件满足信息系统的机械防护安全;通过采用电磁屏蔽机房、光通信接入或相关电磁干扰措施降低或消除信息系统硬件组件的电磁发射造成的信息泄露;提高信息系统组件的接收灵敏度和滤波能力,使信息系统组件具有抗击外界电磁辐射或噪声干扰能力而保持正常运行。

物理安全除了包括机械防护、电磁防护安全机制外,还包括限制非法接入、抗摧毁、报警、恢复、应急响应等多种安全机制。

2)计算机系统平台安全

计算机系统平台安全指计算机系统能够提供的硬件安全服务与操作系统安全服务。

计算机系统在硬件上主要通过存储器安全机制、运行安全机制和 I/O 安全机制提供一个可信的硬件环境,实现其安全目标。

操作系统的安全是通过身份识别、访问控制、完整性控制与检查、病毒防护、安全审计等机制的综合使用,为用户提供可信的软件计算环境。

3)通信安全

OSI 发布的 ISO 7498-2 是一个开放互连系统的安全体系结构。它定义了许多术语和概念,并建立了一些重要的结构性准则。OSI 安全体系通过技术管理将安全机制提供的安全服务分别或同时对应到 OSI 协议层的一层或多层上,为数据、信息内容和通信连接提供机密性、完整性安全服务,为通信实体、通信连接和通信进程提供身份鉴别安全服务。

4)应用系统安全

应用级别的系统千变万化,而且各种新的应用在不断推出,相应地,应用级别的安全也不像通信或计算机系统安全体系那样容易统一到一个框架结构之下。对应用而言,将采用一种新的思路,把相关系统分解为若干事务来实现,从而事务安全就成为应用安全的基本组件。通过实现通用事务的安全协议组件以及提供特殊事务安全所需要的框架和安全运算支撑,从而推动在不同应用中采用同样的安全技术。

先进的网络安全技术是安全的根本保证。用户对自身面临的威胁进行风险评估,决定所需要的安全服务种类,并选择相应的安全机制,再集成先进的安全技术,从而形成了一个可信赖的安全系统。

2. 网络安全组织体系

网络安全组织体系是为了实现一定的网络安全战略目标而组建形成的承担网络安全工作任务及职责的组织系统的总称。进而言之,网络安全组织体系是多个网络安全组织按照一定的关系汇集形成的一套组织系统,实质上是网络安全机构体系与职能体系的总称。网络安全组织体系是网络安全保障体系的重要组成部分,其建设是信息安全基础设施建设的内容之一。建立一套政府主导、高度协调、高效运行的网络安全组织体系,对于国家信息安全保障事业具有十分重要的意义。

当前,我国政府网络安全组织体系形成了两套子系统。一是国家信息安全管理、协调或服务组织系统。这套系统具有信息安全的国家管理、协调与社会服务职能,主要包括中央到地方各级党委和政府办公厅系统、工业和信息化系统、公安系统、安全系统或其所属的信息安全工作专门实体或虚体机构。这套系统具有对外管理与服务职能,肩负指导、领导职能。二是各政府机构内设的专门承担信息安全管理或服务工作的实体或虚体机构,这套系统不具有国家管理与社会服务职能,只承担政府机构内部的信息安全工作,负责执行落实第一个子系统提出的战略目标与工作。

我国政府网络安全组织体系虽基本能满足实际工作的需要,但相对于信息化及信息安全事业发展速度而言,明显表现出适应性、动态性与灵活性等方面的不足。依照我国实际情况,参考国外网络安全组织体系建设经验,发展完善政府网络安全组织体系,是目前信息安全领域面临的重要任务之一。

3. 网络安全管理体系

面对网络安全的脆弱性,除了在网络设计上增加安全服务功能,完善系统的安全保密措施外,还必须花大力气加强网络的安全管理。网络安全管理体系由法律管理、制度管理和培训管理 3 个部分组成。

1)法律管理

法律管理是根据相关的国家法律、法规对信息系统主体及其与外界关联行为的规范和约束。法律管理具有对信息系统主体行为的强制性约束力,并且有明确的管理层次性。与安全有关的法律法规是信息系统安全的最高行为准则。

2)制度管理

制度管理是信息系统内部依据国家、团体的安全需求制定的一系列内部规章制度,主要内容包括安全管理和执行机构的行为规范,岗位设定及其操作规范,岗位人员的素质要求及行为规范,内部关系与外部关系的行为规范等。制度管理是法律管理的形式化、具体化,是法律、法规与管理对象的接口。

3)培训管理

培训管理是确保信息系统安全的前提。培训管理的内容包括法律法规培训、内部制度培训、岗位操作培训、普通安全意识和岗位相关的重点安全意识相结合的培训、业务素质与技能技巧培训等。培训的对象不仅包括从事安全管理和业务的人员,还应包括信息系统有关的所有人员。

思 考 题

1. 当前网络安全形势严峻的主要原因有哪些?
2. 计算机网络安全的概念是什么? 网络安全有哪几个特征? 各特征的含义是什么?
3. 简述在网络体系结构的不同层次中可以采取的典型安全措施。
4. OSI 安全体系结构涉及哪几个方面?
5. 列出并简要定义被动和主动安全攻击的分类。
6. OSI 的安全服务和安全机制都有哪几项? 安全机制和安全服务是什么关系?
7. 什么是网络安全策略? 主要包括哪几个方面的策略?
8. 网络安全体系包括哪几个部分? 各部分又由哪些方面组成?

第2章

密 码 学

密码是通信双方按约定的法则对信息进行特定变换的一种重要保密手段。密码学是一门古老而深奥的学科，以认识密码变换为本质，以加密和解密规律为研究对象。密码学是实现网络安全服务和安全机制的基础，是网络安全的核心技术，在网络安全领域具有不可替代的重要地位。

2.1 密码学概述

2.1.1 密码学的发展

密码学有着悠久的历史。早在几千年前，人类就有了保密通信的思想。公元前1900年左右，一个埃及书吏就在碑文中使用了非标准的象形文字，这或许是目前已知的最早的密码术实例。公元前600年至公元前500年，希伯来人基于替换的原理，开发了3种加密方法，一个字母表的字母与另一个字母表的字母配对，通过配对字母替换明文字母，达到加密的目的。关于密码学的早期主要著作出现在15世纪阿拉伯科学家 al-Qalqashandi 的百科全书第14卷中，它也是最早的密码分析学著作之一。总体说来，这些早期的保密方法都是非常朴素、原始和低级的，大多数是无规律的；而且基本上依靠人工和简单机械对信息进行加密、传输和破译。我们把这个密码学发展阶段称为古典密码学阶段。

1949年，信息论的奠基人 C. Shannon 发表了一篇著名的文章《保密系统的通信理论》，为密码学的发展奠定了理论基础，使密码学成为一门真正的科学。到20世纪六七十年代，随着电子技术、信息技术的发展和结构代数、可计算理论和计算复杂度理论的发展，密码学开始步入现代密码学阶段。这同时也是计算机密码学的阶段，电子计算机成为对信息进行加密、传输和破译的主要工具。近年来，密码学的研究非常活跃，这和计算机科学的蓬勃发展是密切相关的。

计算机密码学是研究利用现代技术手段对计算机系统中的数据进行加密、破译和变化的学科，是一门新兴的数学和计算机科学交叉的学科。随着计算机网络和现代通信技术的发展，计算机密码学得到了前所未有的发展和应用。计算机密码学已成为安全领域的主要研究方向之一，也是安全课程的主要内容之一。

20世纪70年代，密码学的研究出现了两大成果，一个是1977年美国国家标准局(NBS)颁布的数据加密标准 DES，另一个是由 Diffie 和 Hellman 联合提出的公钥密码体制的新思想。DES 将传统密码学的发展推到了一个新的高度,公钥密码体制的思想则被公认为现代密码学的基石。这是密码学发展史上两个重要的成果。

随着计算机网络在人类社会生活的日益普及,密码学的应用也随之扩大。消息鉴别、数字签名、身份认证等都是由密码学派生出来的新技术和新应用。

2.1.2 密码学的基本概念

密码学是研究密码编制和密码分析的规律和手段的技术科学。研究密码变化的客观规律,设计各种加密方案,编制密码以保护信息安全的技术称为密码编码学。在不知道任何加密细节的条件下,分析、破译经过加密的消息以获取信息的技术称为密码分析学或密码破译学。密码编码学和密码分析学总称密码学。密码学为解决网络安全中的机密性、完整性、真实性、不可抵赖性等提供系统的理论和方法。

在密码学中,原始的消息称为明文,而加密后的消息称为密文。将明文变换成密文,以使非授权用户不能获取原始信息的过程称为加密;从密文恢复明文的过程称为解密。明文到密文的变换法则,即加密方案,称为加密算法;而密文到明文的变换法则称为解密算法。加/解密过程中使用的明文、密文以外的其他参数称为密钥。

密码学的模型如图 2-1 所示。

图 2-1　密码学模型

用于加解密并能够解决网络安全中的机密性、完整性、可用性、可控性和真实性等问题中的一个或几个的系统称为密码体制。密码体制可以定义为一个五元组(P, C, K, E, D),其中:

- P 称为明文空间,是所有可能的明文构成的集合。
- C 称为密文空间,是所有可能的密文构成的集合。
- K 称为密钥空间,是所有可能的密钥构成的集合。
- E 和 D 分别表示加密算法和解密算法的集合,它们满足:对每一个 $k \in K$,必然存在一个加密算法 $e_k \in E$ 和一个解密算法 $d_k \in D$,使得对任意 $m \in P$,恒有 $d_k(e_k(m)) = m$。

从技术上说,一个密码体制的安全性取决于所使用的密码算法的强度。对一个密码体制来说,如果无论攻击者获得多少可使用的密文,都不足以唯一地确定由该体制产生的密文所对应的明文,则该密码体制是无条件安全的。除了一次一密,其他所有的加密算法都不是无条件安全的。因此,实际应用中的加密算法应该尽量满足以下标准:

(1) 破译密码的代价超出密文信息的价值。

（2）破译密码的时间超出密文信息的有效生命期。

满足上述两条标准的加密体制是计算上安全的。对一个计算上安全的密码体制，虽然理论上可以破译，但是由获得的密文以及某些明文-密文对来确定明文，却需要付出巨大的代价，因而不能在希望的时间内或实际可能的条件下求出准确答案。

对于密码体制来说，一般有两种攻击方法：

（1）密码分析攻击。攻击依赖于加密/解密算法的性质和明文的一般特征或某些明密文对。这种攻击企图利用算法的特征来恢复出明文，或者推导出使用的密钥。

（2）穷举攻击。攻击者对一条密文尝试所有可能的密钥，直到把它转化为可读的有意义的明文。

根据攻击者掌握的信息，将密码分析攻击分成几种类型，如表 2-1 所示。

表 2-1   密码分析攻击

攻 击 类 型	密码分析者已知的信息
唯密文攻击	加密算法 要解密的密文
已知明文攻击	加密算法 要解密的密文 用（与待解的密文）同一密钥加密的一个或多个明文-密文对
选择明文攻击	加密算法 要解密的密文 分析者选择的明文以及对应的密文（与待解的密文使用同一密钥加密）
选择密文攻击	加密算法 要解密的密文 分析者有目的地选择的一些密文以及对应的明文（与待解的密文使用同一密钥解密）

（1）唯密文攻击。攻击者在仅已知密文的情况下，企图对密文进行解密。这种攻击是最容易防范的，因为攻击者拥有的信息量最少。

（2）已知明文攻击。攻击者获得了一些密文信息及其对应的明文，也可能知道某段明文信息的格式等。比如，特定领域的消息往往有标准化的文件头。

（3）选择明文攻击。攻击者可以选择某些他认为对攻击有利的明文，并获取其相应的密文。如果分析者能够通过某种方式让发送方在发送的信息中插入一段由他选择的信息，那么选择明文攻击就有可能实现。

（4）选择密文攻击。密码攻击者事先搜集一定数量的密文，让这些密文通过被攻击的加密算法解密，从而获得解密后的明文。

以上几种攻击的强度依次增强。如果一个密码体制能够抵抗选择密文攻击，则它能抵抗其余 3 种攻击。

使用计算机来对所有可能的密钥组合进行测试，直到有一个合法的密钥能够把密文还原成明文，这就是穷举攻击。平均来说，要获得成功必须尝试所有可能密钥的一半。

2.1.3   密码的分类

从不同角度，根据不同标准，可以将密码体制分成不同的类型。

按照密码的应用技术划分,有手工密码、机械密码、电子机内乱密码和计算机密码。

(1)手工密码以手工或辅以简单器具来完成加密和解密的过程,这是第一次世界大战之前使用的主要密码形式。

(2)机械密码以机械密码机或电动密码机为工具实现信息的加密和解密。这种密码在第一次世界大战和第二次世界大战之间得到了广泛的应用。

(3)通过电子电路,以严格的程序进行逻辑运算,以少量制乱元素产生大量的加密乱数,因为制乱是在加密和解密过程中完成的,不需要预先制作,所以称为电子机内乱密码。

(4)计算机密码则是通过计算机软件或硬件来完成加密和解密的过程,适于计算机数据保存和网络通信保密的场合。

按照加密过程中转换操作的原理,可划分为代换密码和置换密码。

(1)代换密码也称为替换密码。加密过程中,将明文的每个或每组字符由另外一个或一组字符代替,形成密文。

(2)置换密码又叫做移位密码。加密时只对明文字母进行重新排序,每个字母的位置发生了改变,形成了密文。

代换和置换广泛应用于古典密码中。

根据加解密是否使用相同的密钥,可将密码体制分为对称密码和非对称密码。

加密和解密都是在密钥的作用下进行的。对称密码体制也叫单钥密码体制、秘密密钥密码体制,而非对称密码体制也称为公钥(公开密钥)密码体制。在对称密码体制中,加密和解密使用完全相同的密钥,或者加密密钥和解密密钥彼此之间非常容易推导。在公钥密码体制中,加密和解密使用不同的密钥,而且由其中一个推导另外一个是非常困难的。这两个不同的密钥,往往其中一个是公开的,而另外一个保持秘密性。

根据明文加密时处理单元的长度,可以分为分组密码和流密码。

在分组密码体制中,加密时首先将明文序列依固定长度分组,每个明文分组用相同的密钥和算法进行变换,得到一组密文。分组密码是以分组为单位,在密钥控制下进行一系列的线性和非线性变化而得到密文的,变换过程中重复地使用了代换和置换两种基本加密变化技术。分组密码具有良好的扩散性、较强的适应性、对插入信息的敏感性等特点。

在流密码体制中,加密和解密每次只处理数据流的一个符号(如一个字符或一个比特)。典型的流密码算法每次加密一个字节的明文。加密过程中,首先把报文、语音、图像、数据等原始明文转换成明文序列,然后将密钥输入到一个伪随机数(比特)发生器,该伪随机数发生器产生一串随机的 8 位比特数,称为密钥流或密钥序列。将明文序列与密钥序列进行异或(XOR)操作产生密文流。解密需要使用相同的密钥序列,与密文相异或,得到明文。

流密码类似于"一次一密",不同的是"一次一密"使用的是真正的随机数流,而流密码使用的是伪随机数流。通过设计合适的伪随机数发生器,流密码可以提供和相应密钥长度分组密码相当的安全性。相对于分组密码,流密码的主要优点是速度更快而且需要编写的代码更少。

2.2　古典密码体制

古典密码时期的密码技术算不上真正的科学。那时的密码学家凭借直觉进行密码分析和设计,以手工方式,最多是借助简单器具,来完成加密和解密操作。这样的密码技术称为古典密码体制。

古典密码技术以字符为基本加密单元,大都比较简单,经受不住现代密码分析手段的攻击,因此已很少使用。但是,在漫长的发展演化过程中,古典密码学充分体现了现代密码学的两大基本思想:置换和代换,还将数学的方法引入到密码分析和研究中,这为后来密码学成为系统的学科以及相关学科的发展奠定了坚实的基础。研究古典密码有助于理解、分析、设计现代密码技术。

对于古典密码,有如下约定:加解密时忽略空格和标点符号。这是因为如果保留空格和标点,密文会保持明文的结构特点,为攻击者提供了便利;而解密时正确地还原这些空格和标点符号是非常容易的。

2.2.1　置换技术

对明文字母(字符、符号)按某种规律进行位置的交换而形成密文的技术称为置换。置换加密技术对明文字母串中的字母位置进行重新排列,而每个字母本身并不改变。在置换密码体系中,为了通信安全性,必须保证仅有发送方和接收方知道加密置换和对应的解密置换。

1. 栅栏密码

栅栏技术是最简单的置换技术。栅栏密码把要加密的明文分成 N 个一组,然后把每组的第一个字符连起来,再加上第二个、第三个……以此类推。本质上,是把明文字母一列一列(列高就是 N)组成一个矩阵,然后一行一行地读出。

如果令 $N=2$,则是最常见的 2 线栅栏。假设明文如下:

THE LONGEST DAY MUST HAVE AN END

去除空格后,两两组成一组,得到:

TH EL ON GE ST DA YM US TH AV EA NE ND

取每组的第一个字母,得到:

TEOGSDYUTAENN

再都取第二个字母:

HLNETAMSHVAED

连在一起就是最终的密文:

TEOGSDYUTAENNHLNETAMSHVAED

而解密的方式则是进行一次逆运算。先将密文分为两行:

T E O G S D Y U T A E N N
H L N E T A M S H V A E D

再按列读出,组合成一句话:

THE LONGEST DAY MUST HAVE AN END

一种更复杂的方案是：把消息按固定长度分组，每组写成一行，则整个消息被写成一个矩形块，然后按列读出，但是把列的次序打乱。列的次序就是算法的密钥。例如：

密钥　3412567

明文　attackp

　　　ostpone

　　　duntilt

　　　woamxyz

密文　TTNAAPTMTSUOAODWCOIXKNLYPETZ

单纯的置换密码加密得到的密文有着与原始明文相同的字母频率特征，因而较容易被识破。而且，双字母音节和三字母音节分析办法更是破译这种密码的有力工具。

2. 多步置换

多步置换密码相对来讲要复杂得多，这种置换是不容易构造出来的。前面那条消息用相同算法再加密一次：

密钥　4312567

明文　ttnaapt

　　　mtsuoao

　　　dwcoixk

　　　nlypetz

密文　NSCYAUOPTTWLTMDNAOIEPAXTTOKZ

经过两次置换，字母的排列已经没有什么明显的规律了，对密文的分析要困难得多。

2.2.2　代换技术

代换是古典密码中最基本的处理技巧，在现代密码学中也得到了广泛应用。代换法是将明文字母用其他字母、数字或符号替换的一种方法。如果明文是二进制序列，那么代换就是用密文位串来代换明文位串。代换密码要建立一个或多个代换表，加密时将需要加密的明文字母依次通过查表代换为相应的字符。明文字母被逐个代换后生成无意义的字符串，即密文。这样的代换表就是密钥。有了这个密钥，就可以进行加解密了。

1. Caesar 密码

人类第一次有史料记载的密码是由 Julius Caesar 发明的 Caesar 密码。Caesar 密码的明文空间和密文空间都是 26 个英文字母的集合，加密算法非常简单，就是对每个字母用它之后的第 3 个字母来代换。例如：veni，vidi，vici（"我来，我见，我征服"，凯撒征服本都王法那西斯后向罗马元老院宣告的名言）。

明文：venividivici

密文：YHALYLGLYLFL

既然字母表是循环的，因此 Z 后面的字母是 A。通过列出所有可能，能够定义如下所示的代换表，即密钥。

明文：a b c d e f g h i j k l m n o p q r s t u v w x y z

密文：D E F G H I J K L M N O P Q R S T U V W X Y Z A B C

如果为每一个字母分配一个数值(a 分配 0,b 分配 1,以此类推,z 分配 25)。令 m 代表明文,c 代表密文,则 Caesar 算法能够用如下的公式表示：

$$c = E(3, m) = (m + 3) \bmod 26$$

如果对字母表中的每个字母用它之后的第 k 个字母来代换,而不是固定用后面第 3 个字母,则得到了一般的 Caesar 算法：

$$c = E(k, m) = (m + k) \bmod 26$$

这里 k 的取值范围为 1～25,即一般的 Caesar 算法有 25 个可能的密钥。

相应的解密算法是

$$m = D(k, c) = (c - k) \bmod 26$$

如果已知某给定的密文是 Caesar 密码,那么穷举攻击是很容易实现的：只要简单地测试所有 25 种可能的密钥。Caesar 密码的 3 个重要特征使我们可以采用穷举攻击分析方法：

(1) 加密和解密算法已知。

(2) 密钥空间大小只有 25。

(3) 明文所用的语言是已知的,且其意义易于识别。

2. 单表代换密码

Caesar 密码仅有 25 种可能的密钥,是很不安全的。通过允许任意代换,密钥空间将会急剧增大。Caesar 密码的代换规则(密钥)如下：

明文：a b c d e f g h i j k l m n o p q r s t u v w x y z

密文：D E F G H I J K L M N O P Q R S T U V W X Y Z A B C

如果允许密文行是 26 个字母的任意置换,那么就有 26!(大于 4×10^{26})种可能的密钥,这应该可以抵挡穷举攻击了。这种方法对明文的所有字母采用同一个代换表进行加密,每个明文字母映射到一个固定的密文字母,称为单表代换密码。

例如,密钥短语密码是选一个英文短语作为密钥字(key word)或密钥短语(key phrase),如 HAPPY NEW YEAR,去掉重复字母得 HAPYNEWR。将它依次写在明文字母表之下,而后再将字母表中未在短语中出现过的字母依次写在此短语之后,就可构造出一个字母代换表,即明文字母表到密文字母表的映射规则,如下所示。

a b c d e f g h i j k l m n o p q r s t u v w x y z

H A P Y N E W R B C D F G I J K L M O Q S T U V X Z

若明文为

Casear cipher is a shift substitution

则密文为

PHONHM PBKRNM BO H ORBEQ OSAOQBQSQBJI

不过,攻击办法仍然存在。如果密码分析者知道明文(例如,未经压缩的英文文本)的属性,就可以利用语言的一些规律进行攻击。例如,首先把密文中字母使用的相对频率统计出来,然后与英文字母的使用频率分布进行比较。如果已知消息足够长,只用这种方法就已经足够了。即使已知消息相对较短,不能得到准确的字母匹配,密码分析者也可以推测可能的明文字母与密文字母的对应关系,并结合其他规律推测字母代换表。另外一种方法是统计密文中双字母组合的频率,然后与明文的双字母组合频率相对照,以此来寻找明文和密文的对应关系。

3. 多表代换加密

单表代换密码带有原始字母使用频率的一些统计学特性,较容易被攻破。一种对策是对每个明文字母提供多种代换,即对明文消息采用多个不同的单表代换。这种方法一般称为多表代换密码。比如字母 e 可以替换成 16、74、35 和 21 等,循环或随机地选取其中一个即可。如果对每个明文元素(字母)分配的密文元素(如数字等)的个数与此明文元素(字母)的使用频率成一定比例关系,那么使用频率信息就完全被隐藏起来了。

所有多表代换方法都有以下的共同特征:

(1) 采用多个相关的单表代换规则集。

(2) 由密钥决定使用的具体的代换规则。

多表代换密码引入了"密钥"的概念,由密钥来决定使用哪一个具体的代换规则。此类算法中最著名且最简单的是 Vigenere 密码。它的代换规则集由 26 个类似 Caesar 密码的代换表组成,其中每一个代换表是对明文字母表移位 0～25 次后得到的代换单表。每个密码代换表由一个密钥字母来表示,这个密钥字母用来代换明文字母 a,故移位 3 次的 Caesar 密码由密钥值 d 来代表。Vigenere 密码表如图 2-2 所示。

最左边一列是密钥字母,顶部一行是明文的标准字母表,26 个密码水平置放。加密过程很简单,例如,给定密钥字母 x 和明文字母 y,密文字母是位于 x 行和 y 列的那个字母。

加密一条消息需要与消息一样长的密钥。通常,密钥是一个密钥词的重复,比如密钥词是 relations,那么消息"to be or not to be that is the question"将被这样加密:

密钥　relationsrelationsrelationsrel

明文　tobeornottobethatisthequestion

密文　ksmehzbblksmempogajxsejcsflzsy

解密同样简单,密钥字母决定行,密文字母所在列的顶部字母就是明文字母。

这种密码的强度在于每个明文字母对应着多个密文字母,且每个使用唯一的字母,因此字母出现的频率信息被隐蔽了,抗攻击性大大增强。历史上以 Vigenere 密码表为基础又演变出很多种加密方法,其基本元素无非是密表与密钥,并一直沿用到第二次世界大战以后的初级电子密码机上。

4. Hill 密码

Hill 密码是另外一种著名的多表代换密码,运用了矩阵论中线性变换的原理,由 Lester S. Hill 在 1929 年发明。

每个字母指定为一个二十六进制数字:$a=0, b=1, c=2, \cdots, z=25$。$m$ 个连续的明文字母被看作 m 维向量,与一个 $m \times m$ 的加密矩阵相乘,再将得出的结果模 26,得到 m 个密文字母。即 m 个连续的明文字母作为一个单元,被转换成等长的密文单元。注意加密矩阵(即密钥)必须是可逆的,否则就不可能译码。

明文 / 密钥	a	b	c	d	e	f	g	h	i	j	k	l	m	n	o	p	q	r	s	t	u	v	w	x	y	z
a	A	B	C	D	E	F	G	H	I	J	K	L	M	N	O	P	Q	R	S	T	U	V	W	X	Y	Z
b	B	C	D	E	F	G	H	I	J	K	L	M	N	O	P	Q	R	S	T	U	V	W	X	Y	Z	A
c	C	D	E	F	G	H	I	J	K	L	M	N	O	P	Q	R	S	T	U	V	W	X	Y	Z	A	B
d	D	E	F	G	H	I	J	K	L	M	N	O	P	Q	R	S	T	U	V	W	X	Y	Z	A	B	C
e	E	F	G	H	I	J	K	L	M	N	O	P	Q	R	S	T	U	V	W	X	Y	Z	A	B	C	D
f	F	G	H	I	J	K	L	M	N	O	P	Q	R	S	T	U	V	W	X	Y	Z	A	B	C	D	E
g	G	H	I	J	K	L	M	N	O	P	Q	R	S	T	U	V	W	X	Y	Z	A	B	C	D	E	F
h	H	I	J	K	L	M	N	O	P	Q	R	S	T	U	V	W	X	Y	Z	A	B	C	D	E	F	G
i	I	J	K	L	M	N	O	P	Q	R	S	T	U	V	W	X	Y	Z	A	B	C	D	E	F	G	H
j	J	K	L	M	N	O	P	Q	R	S	T	U	V	W	X	Y	Z	A	B	C	D	E	F	G	H	I
k	K	L	M	N	O	P	Q	R	S	T	U	V	W	X	Y	Z	A	B	C	D	E	F	G	H	I	J
l	L	M	N	O	P	Q	R	S	T	U	V	W	X	Y	Z	A	B	C	D	E	F	G	H	I	J	K
m	M	N	O	P	Q	R	S	T	U	V	W	X	Y	Z	A	B	C	D	E	F	G	H	I	J	K	L
n	N	O	P	Q	R	S	T	U	V	W	X	Y	Z	A	B	C	D	E	F	G	H	I	J	K	L	M
o	O	P	Q	R	S	T	U	V	W	X	Y	Z	A	B	C	D	E	F	G	H	I	J	K	L	M	N
p	P	Q	R	S	T	U	V	W	X	Y	Z	A	B	C	D	E	F	G	H	I	J	K	L	M	N	O
q	Q	R	S	T	U	V	W	X	Y	Z	A	B	C	D	E	F	G	H	I	J	K	L	M	N	O	P
r	R	S	T	U	V	W	X	Y	Z	A	B	C	D	E	F	G	H	I	J	K	L	M	N	O	P	Q
s	S	T	U	V	W	X	Y	Z	A	B	C	D	E	F	G	H	I	J	K	L	M	N	O	P	Q	R
t	T	U	V	W	X	Y	Z	A	B	C	D	E	F	G	H	I	J	K	L	M	N	O	P	Q	R	S
u	U	V	W	X	Y	Z	A	B	C	D	E	F	G	H	I	J	K	L	M	N	O	P	Q	R	S	T
v	V	W	X	Y	Z	A	B	C	D	E	F	G	H	I	J	K	L	M	N	O	P	Q	R	S	T	U
w	W	X	Y	Z	A	B	C	D	E	F	G	H	I	J	K	L	M	N	O	P	Q	R	S	T	U	V
x	X	Y	Z	A	B	C	D	E	F	G	H	I	J	K	L	M	N	O	P	Q	R	S	T	U	V	W
y	Y	Z	A	B	C	D	E	F	G	H	I	J	K	L	M	N	O	P	Q	R	S	T	U	V	W	X
z	Z	A	B	C	D	E	F	G	H	I	J	K	L	M	N	O	P	Q	R	S	T	U	V	W	X	Y

图 2-2 Vigenere 密码表

例如 $m=4$，该密码体制可以描述为

$$\begin{bmatrix} c_1 \\ c_2 \\ c_3 \\ c_4 \end{bmatrix} = \begin{bmatrix} k_{11} & k_{12} & k_{13} & k_{14} \\ k_{21} & k_{22} & k_{23} & k_{24} \\ k_{31} & k_{32} & k_{33} & k_{34} \\ k_{41} & k_{42} & k_{43} & k_{44} \end{bmatrix} \begin{bmatrix} p_1 \\ p_2 \\ p_3 \\ p_4 \end{bmatrix} \mod 26$$

或

$$C = E(K, P) = KP \mod 26$$

其中 C 和 P 是长度为 4 的列向量，分别代表密文和明文，K 是一个 4×4 矩阵，代表加密矩阵(密钥)。运算按模 26 执行。

例如，对明文"cost"，用向量表示为 $[2\ 14\ 18\ 19]^T$（T 代表矩阵转置）。假设加密密

钥为

$$K = \begin{bmatrix} 1 & 3 & 5 & 7 \\ 10 & 4 & 6 & 8 \\ 2 & 3 & 6 & 9 \\ 11 & 12 & 8 & 5 \end{bmatrix}$$

则加密运算为

$$C = K \begin{bmatrix} 2 & 14 & 18 & 19 \end{bmatrix}^T = \begin{bmatrix} 3 & 10 & 9 & 23 \end{bmatrix}^T$$

即密文是字符串"dkjx"。

解密则需要用到矩阵 K 的逆，K^{-1} 由等式 $KK^{-1} = K^{-1}K = I$ 定义，其中 I 是单位矩阵。

$$P = D(K,P) = K^{-1}C \bmod 26$$

Hill 的优点是完全隐蔽了单字母频率特性。实际上，Hill 用的矩阵越大，所隐藏的频率信息就越多。而且，Hill 密码的密钥采用矩阵形式，不仅隐藏了单字母的频率特性，还隐藏了双字母的频率特性。

2.2.3　古典密码分析

古典密码中，大多数算法都不能很好地抵抗对密钥的穷举攻击，因为其密钥空间相对都不大。

在一定条件下，古典密码体制中的任何一种都可以被破译。古典密码对已知明文攻击是非常脆弱的。即使用唯密文攻击，大多数古典密码也很容易被攻破。原因在于古典密码多是用于保护英文表达的明文信息，而大多数古典密码都不能很好地隐藏明文消息的统计特征，英文的语言统计特性就成为攻击者的有力工具。

以单表代换为例。单表代换密码允许字母进行任意代换，密钥空间非常大，有 26！（大于 4×10^{26}）种可能的密钥。因此，对单表代换密码进行密钥穷举攻击计算上是不可行的。但是，自然语言(英文)的词频规律等统计特性在密文中很好地被保持，而英文语言的统计特性是公开的，这对破译非常有用。破译中经常使用的英文语言的统计特性是单字母出现频率、双字母组合出现频率、重合指数等。例如，英文语言中，字母 e 出现的频率最高，接下来是 t、a、o 等。出现频率较高的双字母组合有 th、he、er 等。经过大量统计，人们总结出了英文中单字母出现频率，如表 2-2 所示。

表 2-2　英文字母出现频率统计

A	B	C	D	E	F	G
0.0856	0.0139	0.0279	0.0378	0.1304	0.0289	0.0199
H	**I**	**J**	**K**	**L**	**M**	**N**
0.0518	0.0627	0.0013	0.0042	0.0339	0.0249	0.0707
O	**P**	**Q**	**R**	**S**	**T**	**U**
0.0797	0.0199	0.0012	0.0677	0.0607	0.1045	0.0269
V	**W**	**X**	**Y**	**Z**		
0.0092	0.0149	0.0017	0.0199	0.0008		

在仅有密文的情况下,攻击者可以通过如下步骤进行破译:

第 1 步,统计密文中每个字母出现的频率。

第 2 步,从出现频率最高的几个字母开始,并结合双字母组合、三字母组合出现频率,假定它们是英文中出现频率较高的字母和字母组合所对应的密文,逐步试探、推测各密文字母对应的明文字母。

第 3 步,重复第 2 步的试探,直到得到有意义的英文词句和段落。

2.2.4　一次一密

一种理想的加密方案叫做一次一密,是由 Major Joseph Mauborgne 和 AT&T 公司的 Gilbert Vernam 在 1917 年发明的。一次一密使用与消息等长且无重复的随机密钥来加密消息,另外,密钥只对一个消息进行加解密,之后丢弃不用。每一条新消息都需要一个与其等长的新密钥。

具体来讲,发送方维护一个密码本,密码本保存一个足够长的密钥序列,该密钥序列中的每一项都是按照均匀分布随机地从一个字符表中选取的,即满足真随机性。这个真随机的密钥序列需要双方事先协商好,并各自秘密保存。每次通信时,发送方首先从密码本的密钥序列最前端选择一个与待发送消息长度相同的一段作为密钥,然后用密钥中的字符依次加密消息中的每个字母,加密方式是将明文字母串和密钥进行逐位异或。加密完成后,发送方把密钥序列中刚使用过的这一段销毁。接收方每次收到密文消息后,使用自己保存的密钥序列最前面与密文长度相同的一段作为密钥,对密文进行解密。解密完成后,接收方同样销毁刚刚使用过的这一段密钥。

如果密码本不丢失,一次一密的密文不可能被破解。因为即使有了足够数量的密文样本,每个字符的出现概率都是相等的,每个字母组合出现的概率也是相等的,密文与明文没有任何统计关系。因为密文不包含明文的任何信息,所以无法破解。

一次一密的安全性完全取决于密钥的随机性。如果构成密钥的字符流是真正随机的,那么构成密文的字符流也是真正随机的。因此分析者没有任何攻击密文的模式和规则可用。如果攻击者不能得到用来加密消息的一次一密乱码本,这个方案是完全保密的。

理论上,对一次一密已经很清楚了。但是在实际中,一次一密提供完全的安全性存在两个基本难点:

(1)产生大规模随机密钥的实际困难。一次一密需要非常长的密钥序列,这需要相当大的代价去产生、传输和保存,而且密钥不允许重复使用进一步增大了这个困难。实际应用中提供这样规模的真正随机字符是相当艰巨的任务。

(2)密钥的分配和保护。对每一条发送的消息,需要提供给发送方和接收方等长度的密钥。因此,存在庞大的密钥分配问题。

因为上面这些困难,一次一密在实际中很少使用,而主要用于安全性要求很高的低带宽信道。比如,美国和苏联两国领导人之间的热线电话据说就是用一次一密技术加密的。

2.3 对称密码体制

对称加密是 20 世纪 70 年代公钥密码产生之前唯一的加密类型。迄今为止,它仍是两种类型的加密中使用最为广泛的加密类型。

2.3.1 对称密码体制的概念

对称密码的模型见图 2-3,共包括 5 个成分。

图 2-3 对称密码模型

- 明文。原始的信息,也就是需要被密码保护的信息。加密算法的输入。
- 加密算法。加密算法对明文进行各种变换,使之成为不可读的形式。
- 密钥。密钥也是加密算法的输入。密钥独立于明文。算法将根据所用的特定密钥而产生不同的输出。
- 密文。作为加密算法的输出,是看起来完全随机而杂乱的数据,依赖于明文和密钥。密文是随机的数据流,并且其意义是不可理解的。
- 解密算法。本质上是加密算法的逆运行,可以从加密过的信息中得到原始信息。

如图 2-3 所示,发送方产生明文消息 M,并产生一个密钥 K。通过某种安全通道,发送方将密钥告知给接收方。另一种方法是由双方共同信任的第三方生成密钥后再安全地分发给发送方和接收方。

加密算法 E 根据输入信息 M 和密钥 K 生成密文 C:

$$C = E(K, M)$$

该式表明密文 C 是明文 M 和密钥 K 的函数。对于给定的明文,不同的密钥将产生不同的密文。拥有密钥 K 的接收者可以执行解密算法 D 以从密文中恢复明文:

$$M = D(K, C)$$

一般情况下,加密算法 E 和解密算法 D 是公开的,并且密码攻击者知道可以通过相对较小的努力获得密文 C。但是密码攻击者并不知道 K 和 M，而企图得到 K 和 M 或二者之一。那么，密码分析者将通过计算密钥的估计值来恢复 K，计算明文的估计值来恢复 M。图 2-3 中，$\hat{X}$ 和 $\hat{K}$ 分别代表密码分析者猜测的明文消息和密钥。

为了保证通信的安全性，对称密码体制要满足如下两个要求：

（1）加密算法具有足够的强度，即破解的难度足够高。最起码的要求是，即使攻击方拥有一定数量的密文和产生这些密文的明文，他（或她）也不能破译密文或发现密钥。算法强度除了依赖算法本身外，还依赖于密钥的长度。密钥越长，则强度越高。

（2）发送者和接收者必须能够通过某种安全的方法获得密钥，并且密钥也是安全的。一般来讲，加密和解密的算法都是公开的。如果攻击者掌握了密钥，那么就能读出使用该密钥加密的所有通信。

分组密码是现代对称密码学的重要组成部分。人们已经对分组密码进行了大量的研究。由于加解密速度快，安全性能好，并得到许多密码芯片的支持，现代分组密码发展非常快。一般来说，分组密码的应用范围比流密码要广泛。绝大部分基于网络的对称密码应用使用的是分组密码。

一般分组密码的构造遵循以下几个原则：

（1）足够大的明文分组长度，以保证足够大的明文空间，避免给攻击者提供太多的明文统计特征信息。

（2）尽可能大的密钥空间，以抵抗穷举密钥攻击。

（3）足够强的密码算法复杂度，以增强分组密码算法自身的安全性，使攻击者无法利用简单数学关系找到破译缺口。常用方法有：

- 将一个明文分组划分为若干子组分别处理，再合并起来做适当变换，以提高密码算法强度。
- 采用乘积密码的思想。依次应用两种或两种以上的简单密码，构成强度比任何单密码都大的密码算法，克服单一密码变换的弱点。

（4）软件实现尽量采用长度为 2^n 的子块，以适应软件编程；运算尽量简单，如加法、乘法、异或、移位等指令，便于处理器运算。

（5）加解密硬件结构最好一致，便于应用大规模集成芯片实现，以简化系统结构。

在提高密码算法复杂度方面，分组密码采用了很多措施，用得最多的是 S-P 网络（Substitution-Permutation Network，代换-置换网络）。S-P 网络由 S 变换和 P 变换交替进行多次迭代，它属于迭代密码，也是乘积密码的常见表现形式。S-P 网络示意图如图 2-4 所示。

为了有效抵抗攻击者对密码体制的统计分析，C. Shannon 提出了两个分组密码设计的基本原则：混乱原则和扩散原则。混乱是指明文、密钥和密文之间的统计关系应该尽可能复杂，使得攻击者无法理出三者的相互依赖关系，从而增强了安全性。扩散是指让明文和密钥的每一位都直接或间接地影响密文中的多位，或密文的每一位都受到明文和密钥的多个位的影响，以达到隐蔽明文统计特征的目的。分组密码通常采用乘积和迭代手段，即 S-P 网络，取得较好的扩散和混乱效果。

图 2-4   S-P 网络示意图

2.3.2   DES

1. 算法概要

数据加密标准(Data Encryption Standard,DES)是使用最广泛的密码系统,出自于 IBM 公司在 20 世纪 60 年代之后一段时间内的计算机密码编码学研究项目,属于分组密码体制。1973 年,美国国家标准局(NBS,现在的美国国家标准和技术研究所,NIST)征求国家密码标准方案,IBM 公司将这一研究项目的成果——Tuchman-Meyer 方案提交给了 NBS,并于 1977 年被采纳为 DES。

DES 在出现之后的 20 多年间,在数据加密方面发挥了不可替代的作用。在进入 20 世纪 90 年代后,随着软硬件技术的发展,由于密钥长度偏短等缺陷,DES 安全性受到严重挑战,并不断传出被破译的进展情况。鉴于此,NIST 决定于 1998 年 12 月后不再使用 DES 保护官方机密,只推荐为一般商业应用,并于 2001 年 11 月发布了高级加密标准(AES),以替代 DES。无论怎样,DES 对推动分组密码理论研究,促进分组密码发展做出了重要贡献,而且它的设计思想对分组密码的理论研究和工程应用有着重要参考价值。

DES 采用了 S-P 网络结构,分组长度为 64 位,密钥长度为 56。加密和解密使用同一算法、同一密钥、同一结构。区别是加密和解密过程中 16 个子密钥的应用顺序相反。

DES 加密运算的整体逻辑结构如图 2-5 所示。对于任意加密方案,共有两个输入:明文和密钥。DES 的明文长为 64 位,密钥长为 56 位。实际中的明文分组未必为 64 位,此时要经过填充过程,使得所有分组对齐为 64 位;解密过程则需要去除填充信息。

图 2-5 中,IP 表示对 64 位分组的初始置换(Initial Permutation),L_i、R_i 均为 32 位串,K_i 为 48 位子密钥,由 64 位种子密钥经过扩展运算得到。加密过程包括 3 个阶段:首先,64 位的明文经过初始置换 IP 而被重新排列;然后进行 16 轮的迭代过程,每轮的作用中都有置换和代换,最后一轮迭代的输出有 64 位,它是输入明文和密钥的函数,将其左半部分和右半部分互换产生预输出;最后,预输出经过初始逆置换 IP^{-1}(与初始置换 IP 互逆)的作用产生 64 位的密文。

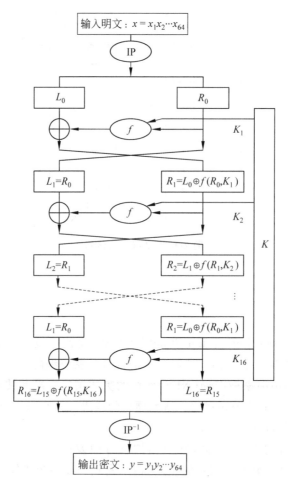

输入明文：$x = x_1 x_2 \cdots x_{64}$

IP

L_0　R_0

K_1

$L_1 = R_0$　$R_1 = L_0 \oplus f(R_0, K_1)$

K_2

$L_2 = R_1$　$R_2 = L_1 \oplus f(R_1, K_2)$

$L_1 = R_0$　$R_1 = L_0 \oplus f(R_0, K_1)$

K_{16}

$R_{16} = L_{15} \oplus f(R_{15}, K_{16})$　$L_{16} = R_{15}$

K

IP^{-1}

输出密文：$y = y_1 y_2 \cdots y_{64}$

图 2-5　DES 加密流程

1）初始置换 IP

初始置换 IP 及其逆置换 IP^{-1} 是 64 个位的置换，可表示成表的形式（见图 2-6）。置换主要用于对明文中的各位进行换位，目的在于打乱明文中各位的排列次序。在初始置换 IP 中，具体置换方式是把第 58 位（t_{58}）换到第 1 位，把第 50 位（t_{50}）换到第 2 位……把第 7 位（t_7）换到第 64 位。

2）16 轮迭代

DES 算法的第二个阶段是 16 轮的迭代过程，即乘积变换的过程。经过 IP 变换的 64 位结果分成两个部分 L_0 和 R_0，作为 16 轮迭代的输入，其中 L_0 包含前 32 位，而 R_0 包含后 32 位。密钥 K 经过密钥扩展算法，产生 16 个 48 位的子密钥 k_1，k_2，$\cdots$，k_{16}，每一轮迭代使用一个子密钥。每一轮迭代称为一个轮变换或轮函数，可以表示为

$$\begin{cases} L_i = R_{i-1} \\ R_i = L_{i-1} \oplus f(R_{i-1}, K_i) \end{cases} \quad 1 \leqslant i \leqslant 16$$

其中，L_i 与 R_i 长度均为 32 位，i 为轮数，符号 $\oplus$ 为逐位模 2 加，f 为包括代换和置换的一个

$$\begin{bmatrix} 1 & 2 & 3 & 4 & 5 & 6 & 7 & 8 \\ 9 & 10 & 11 & 12 & 13 & 14 & 15 & 16 \\ 17 & 18 & 19 & 20 & 21 & 22 & 23 & 24 \\ 25 & 26 & 27 & 28 & 29 & 30 & 31 & 32 \\ 33 & 34 & 35 & 36 & 37 & 38 & 39 & 40 \\ 41 & 42 & 43 & 44 & 45 & 46 & 47 & 48 \\ 49 & 50 & 51 & 52 & 53 & 54 & 55 & 56 \\ 57 & 58 & 59 & 60 & 61 & 62 & 63 & 64 \end{bmatrix} \xrightarrow{\text{IP}} \begin{bmatrix} 58 & 50 & 42 & 34 & 26 & 18 & 10 & 2 \\ 60 & 52 & 44 & 36 & 28 & 20 & 12 & 4 \\ 62 & 54 & 46 & 38 & 30 & 22 & 14 & 6 \\ 64 & 56 & 48 & 40 & 32 & 24 & 16 & 8 \\ 57 & 49 & 41 & 33 & 25 & 17 & 9 & 1 \\ 59 & 51 & 43 & 35 & 27 & 19 & 11 & 3 \\ 61 & 53 & 45 & 37 & 29 & 21 & 13 & 5 \\ 63 & 55 & 47 & 39 & 31 & 23 & 15 & 7 \end{bmatrix}$$

$$\begin{bmatrix} 1 & 2 & 3 & 4 & 5 & 6 & 7 & 8 \\ 9 & 10 & 11 & 12 & 13 & 14 & 15 & 16 \\ 17 & 18 & 19 & 20 & 21 & 22 & 23 & 24 \\ 25 & 26 & 27 & 28 & 29 & 30 & 31 & 32 \\ 33 & 34 & 35 & 36 & 37 & 38 & 39 & 40 \\ 41 & 42 & 43 & 44 & 45 & 46 & 47 & 48 \\ 49 & 50 & 51 & 52 & 53 & 54 & 55 & 56 \\ 57 & 58 & 59 & 60 & 61 & 62 & 63 & 64 \end{bmatrix} \xrightarrow{\text{IP}^{-1}} \begin{bmatrix} 40 & 8 & 48 & 16 & 56 & 24 & 64 & 32 \\ 39 & 7 & 47 & 15 & 55 & 23 & 63 & 31 \\ 38 & 6 & 46 & 14 & 54 & 22 & 62 & 30 \\ 37 & 5 & 45 & 13 & 53 & 21 & 61 & 29 \\ 36 & 4 & 44 & 12 & 52 & 20 & 60 & 28 \\ 35 & 3 & 43 & 11 & 51 & 19 & 59 & 27 \\ 34 & 2 & 42 & 10 & 50 & 18 & 58 & 26 \\ 33 & 1 & 41 & 9 & 49 & 17 & 57 & 25 \end{bmatrix}$$

图 2-6 初始置换 IP 与逆 IP^{-1} 的矩阵表示

变换函数，k_i 是第 i 轮的 48 位长子密钥。

注意，整个 16 轮迭代既适用于加密，也适用于解密。

3）初始逆置换 IP^{-1}

DES 算法的第三阶段是对 16 轮迭代的输出 $R_{16}L_{16}$ 进行初始逆置换，目的是为了使加解密使用同一种算法。

4）f 函数

f 函数是第二阶段 16 轮迭代过程中轮变换的核心，它是非线性的，是每轮实现混乱和扩散的关键过程。f 函数的基本思想如图 2-7 所示。f 函数包括 3 个子过程：扩展变

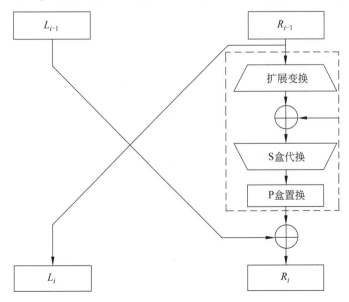

图 2-7 f 函数结构

换,又称 E 变换,将 32 位的输入扩展为 48 位;S 盒代换把 48 位的数压缩为 32 位,P 盒置换则是对 32 位的数的置换。

（1）扩展变换。

扩展变换又称为 E 变换,其功能是把 32 位扩展为 48 位,是一个与密钥无关的变换。扩展变换将 32 位输入分成 8 组,每组 4 位,经扩展后成为每组 6 位。扩展规则如图 2-8 所示。其中有 16 位出现两次。

$$
\begin{bmatrix}
1 & 2 & 3 & 4 \\
5 & 6 & 7 & 8 \\
9 & 10 & 11 & 12 \\
13 & 14 & 15 & 16 \\
17 & 18 & 19 & 20 \\
21 & 22 & 23 & 24 \\
25 & 26 & 27 & 28 \\
29 & 30 & 31 & 32
\end{bmatrix}
\xrightarrow{E}
\begin{bmatrix}
32 & 1 & 2 & 3 & 4 & 5 \\
4 & 5 & 6 & 7 & 8 & 9 \\
8 & 9 & 10 & 11 & 12 & 13 \\
12 & 13 & 14 & 15 & 16 & 17 \\
16 & 17 & 18 & 19 & 20 & 21 \\
20 & 21 & 22 & 23 & 24 & 25 \\
24 & 25 & 26 & 27 & 28 & 29 \\
28 & 29 & 30 & 31 & 32 & 1
\end{bmatrix}
$$

图 2-8　扩展变换

扩展结果与子密钥 k_i 进行异或运算,作为 S 盒的输入。

（2）S 盒。

S 盒的功能是压缩替换。S 盒把 48 位的输入分成 8 组,每组 6 位。每一个 6 位分组通过查一个 S 盒得到 4 位输出。8 个 S 盒的构造见图 2-9。

S_1	14	4	13	1	2	15	11	8	3	10	6	12	5	9	0	7
	0	15	7	4	14	2	13	1	10	6	12	11	9	5	3	8
	4	1	14	8	13	6	2	11	15	12	9	7	3	10	5	0
	15	12	8	2	4	9	1	7	5	11	3	15	10	0	6	13

S_2	15	1	8	14	6	11	3	4	9	7	2	13	12	0	5	10
	3	13	4	7	15	2	8	14	12	0	1	10	6	9	11	5
	0	14	7	11	10	4	13	1	5	8	12	6	9	3	2	15
	13	8	10	1	3	15	4	2	11	6	7	12	0	5	14	9

S_3	10	0	9	14	6	3	15	5	1	13	12	7	11	4	2	8
	13	7	0	9	3	4	6	10	2	8	5	14	12	11	15	1
	13	6	4	9	8	15	3	0	11	1	2	12	5	10	14	7
	1	10	13	0	6	9	8	7	4	15	14	3	11	5	2	12

S_4	7	13	14	3	0	6	9	10	1	2	8	5	11	12	4	15
	13	8	11	5	6	15	0	3	4	7	2	12	1	10	14	9
	10	6	9	0	12	11	7	13	15	1	3	14	5	2	8	4
	3	15	0	6	10	1	15	8	9	4	5	11	12	7	2	14

图 2-9　S 盒的构造

2	12	4	1	7	10	11	6	8	5	3	15	13	0	14	9
14	11	2	12	4	7	13	1	5	0	15	10	3	9	8	6
4	2	1	11	10	13	7	8	15	9	12	5	6	3	0	14
11	8	12	7	1	14	2	13	6	15	0	9	10	4	5	3

S_5

12	1	10	15	9	2	6	8	0	13	3	4	14	7	5	11
10	15	4	2	7	12	9	5	6	1	13	14	0	11	3	8
9	14	15	5	2	8	12	3	7	0	4	10	1	13	11	6
4	3	2	12	9	5	15	10	11	14	1	7	6	0	8	13

S_6

4	11	2	14	15	0	8	13	3	12	9	7	5	10	6	1
13	0	11	7	4	9	1	10	14	3	5	12	2	15	8	6
1	4	11	13	12	3	7	14	10	15	6	8	0	5	9	2
6	11	13	8	1	4	10	7	9	5	0	15	14	2	3	12

S_7

13	2	8	4	6	15	11	1	10	9	3	14	5	0	12	7
1	15	13	8	10	3	7	4	12	5	6	11	0	14	9	2
7	11	4	1	9	12	14	2	0	6	10	13	15	3	5	8
2	1	14	7	4	10	8	13	15	12	9	0	3	5	6	11

S_8

图 2-9（续）

每一个 S 盒都是一个 $4×16$ 的矩阵 $S=(s_{ij})$，每行均是整数 $0,1,2,\cdots,15$ 的一个全排列。48 位被分成 8 组，每组都进入一个 S 盒进行替代操作，分组 $1→S_1$，分组 $2→S_2$……以此类推。每个 S 盒都将 6 位输入映射为 4 位输出：给定 6 位输入 $x=x_1x_2x_3x_4x_5x_6$，将 x_1x_6 组成一个 2 位二进制数，对应行号；$x_2x_3x_4x_5$ 组成一个 4 位二进制数，对应列号；行与列的交叉点处的数据即为对应的输出。例如，在 S_1 中，若输入为 011001，则行是 1(01)，列是 12(1100)，该处的数值是 9，所以输出为 1001。

（3）P 盒。

P 盒是 32 个位的置换，见图 2-10，用法和 IP 类似。

16	7	20	21	29	12	28	17
1	15	23	26	5	18	31	10
2	8	24	14	32	27	3	9
19	13	30	6	22	11	4	25

图 2-10　P 盒的构造

5）子密钥产生

在 DES 第二阶段的 16 轮迭代过程中，每一轮都要使用一个长度为 48 位的子密钥，子密钥是从初始的种子密钥产生的。DES 的种子密钥 K 为 56 位，使用中在每 7 位后添加一个奇偶校验位（分布在 8,16,24,32,40,48,56,64 位），扩充为 64 位，目的是进行简单的纠错。

从 64 位带校验位的密钥 K（本质上是 56 位密钥）中生成 16 个 48 位的子密钥 K_i，用于 16 轮变换中。子密钥生成算法如图 2-11 所示。

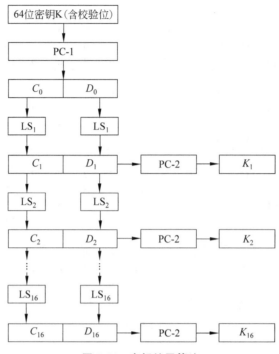

图 2-11 密钥扩展算法

子密钥生成大致包括以下几个子过程：

（1）置换选择 1（PC-1）。PC-1 从 64 位中选出 56 位的密钥 K 并适当调整位的次序，选择方法由图 2-12 给出。它表示选择第 57 位放到第 1 位，选择第 50 位放到第 2 位……选择第 7 位放到第 56 位。将前 28 位记为 C_0，后 28 位记为 D_0。

57	59	41	33	25	17	9	1	58	50	42	34	26	18	10	2
59	51	43	35	27	19	11	3	60	52	44	36	63	55	47	39
31	23	15	7	62	54	46	38	30	22	14	6	61	53	45	37
29	21	13	5	28	20	12	4								

图 2-12 PC-1

（2）循环左移 LS_i。计算模型可以表示为

$$\begin{cases} C_i = \mathrm{LS}_i C_{i-1} \\ D_i = \mathrm{LS}_i (D_{i-1}) \end{cases} \quad 1 \leqslant i \leqslant 16$$

LS_i 表示对 28 位串的循环左移：当 $i = 1, 2, 9, 16$ 时，移一位；对其他 i 移两位。

（3）置换选择 2（PC-2）。与 PC-1 类似，PC-2 则是从 56 位中拣选出 48 位的变换，即从 C_i 与 D_i 连接得到的位串 $C_i D_i$ 中选取 48 位作为子密钥 K_i，拣选方法由图 2-13 给出，使用方法和图 2-12 相同。

DES 的解密算法与加密算法是相同的，只是子密钥的使用次序相反。

2. DES 安全性

自从 DES 被 NIST 采纳为标准后，对于它的安全性就一直争论不休，焦点主要集中

14	17	11	24	1	5	3	28	15	6	21	10	23	19	12	4
26	8	16	7	27	20	13	2	41	52	31	37	47	55	30	40
51	45	33	48	44	49	39	56	34	53	46	42	50	36	29	32

图 2-13　PC-2

于密钥的长度和算法本身的安全性方面。

DES 受到的最大攻击是它的密钥长度仅有 56 位。56 位的密钥共有 2^{56} 种可能,这个数字大约为 7.2×10^{16}。在 1977 年,人们估计耗资两千万美元可以建成一个专门计算机用于 DES 的解密,需要 12 个小时的破解才能得到结果。所以,当时 DES 被认为是一种十分强壮的加密方法。1998 年 7 月,EFF(Electronic Frontier Foundation)宣布一台造价不到 25 万美元、为特殊目的设计的机器"DES 破译机"在不到 3 天时间内成功破译了 DES,DES 终于清楚地被证明是不安全的。EFF 还公布了这台机器的细节,使其他人也能建造自己的破译机。2000 年 1 月,在"第三届 DES 挑战赛"上,EFF 研制的 DES 解密机以 22.5 小时的战绩成功地破解了 DES 加密算法。随着硬件速度的提高和造价的下降,以及大规模网络并行计算技术的发展,破解 DES 的效率会越来越高。

不过,要进行真正的穷举攻击,仅仅靠简单地将所有可能的密钥代入到程序中去执行是不够的。要进行穷举攻击,需要事先知道一些有关期望明文的知识,并且需要将正确的明文从可能的明文堆里辨认出来的自动化方法。EFF 也介绍了在很多环境中很有效的自动化技术。

人们关心的另外一件事是,密码分析者有没有利用 DES 算法本身的特征来攻击它的可能性。问题集中在每轮迭代所用的 8 个代换表,即 S 盒上。因为这些 S 盒的设计标准,实际上包括整个算法的设计标准是不公开的,因此人们怀疑密码分析者若是知道 S 盒的构造方法,就可能知道 S 盒的弱点。DES 可能是当今最多的被分析和攻击对象,多年来人们也的确发现了 S 盒的许多规律和一些缺点,但是至今还没有人公开声明发现任何结构方面的缺陷和漏洞。

3. 三重 DES

由于使用了长度为 56 位的短密钥,DES 对抗穷举攻击的能力相对比较脆弱,因此很多人推出了多重 DES,希望克服这种缺陷。比较典型的是 2DES、3DES 和 4DES 等几种形式。其中 2DES 和 4DES 由于易受中间相遇攻击的威胁,实际应用中广泛采用的一般是三重 DES 方案,即使用 3 倍 DES 密钥长度的密钥,执行 3 次 DES 算法。3DES 有 4 种模式:

(1) DES-EEE3 模式。使用 3 个不同的密钥 (k_1, k_2, k_3),进行 3 次加密,密文为

$$C = \mathrm{DES}_{k_3}(\mathrm{DES}_{k_2}(\mathrm{DES}_{k_1}(M)))$$

(2) DES-EDE3 模式。使用 3 个不同的密钥 (k_1, k_2, k_3),采用加密-解密-加密模式。密文为

$$C = \mathrm{DES}_{k_3}(\mathrm{DES}_{k_2}^{-1}(\mathrm{DES}_{k_1}(M)))$$

(3) DES-EEE2 模式。使用两个不同的密钥 $(k_1 = k_3, k_2)$,进行 3 次加密。

(4) DES-EDE2 模式。使用两个不同的密钥 $(k_1 = k_3, k_2)$,采用加密-解密-加密模式。

3DES 有两个显著的优点：首先,密钥长度是 112 位(两个不同的密钥)或 168 位(3 个不同的密钥),对抗穷举攻击的能力得到极大加强。其次,3DES 的底层加密算法与 DES 的加密算法相同,而迄今为止没有人公开声称找到了针对此算法有比穷举攻击更有效的、基于算法本身的密码分析攻击方法。如果仅考虑算法安全,3DES 能成为未来数十年加密算法标准的合适选择。

3DES 的根本缺点在于用软件实现该算法的速度比较慢。这是因为 DES 一开始就是为硬件实现所设计的,难以用软件有效地实现。而 3DES 的底层加密算法与 DES 的加密算法相同,并且计算过程中轮的数量是 DES 的 3 倍,故其速度慢得多。另一个缺点是 DES 和 3DES 的分组长度均为 64 位。就效率和安全性而言,分组长度应更长。

由于这些缺陷,3DES 不能成为长期使用的加密算法标准。故 NIST 在 1997 年公开征集新的高级加密标准(Advanced Encryption Standard,AES),要求安全性能不低于 3DES,同时应具有更好的执行性能。

2.3.3 AES

1997 年,美国国家标准与技术研究所(NIST)在全球范围内征集高级加密标准算法。2002 年 10 月,NIST 宣布“Rijndael 数据加密算法”最终入选,并于 2002 年 5 月正式生效。实际上,目前通称的 AES 就是指 Rijndael 对称分组密码算法。AES 用来取代 DES,成为广泛使用的新标准。

AES 算法具有良好的有限域和有限环数学理论基础,算法随机性好,能高强度隐藏信息,算法安全性大大增强,同时又保证了算法可逆性。算法的软硬件环境适应性强,满足多平台需求。算法简单,变化的轮数较少(8~12 轮),因此算法速度较快,性能稳定。

尽管 Rijndael 算法的安全性仍处在深入讨论中,但人们对 AES 的安全性还是达成了以下几个共识：

(1) 该算法对密钥选择没有限制,迄今没有发现弱密钥和半弱密钥的存在。

(2) 因为密钥长度相较于 DES 大大加长,可以有效抵御穷举密钥攻击。

(3) 可以有效抵抗线性攻击和差分攻击。

(4) 可以抵抗积分密码分析。

目前还没有关于有效攻击 Rijndael 算法的公开报道。

AES 分组长度为 128 位;密钥长度可为 128 位、192 位或 256 位,可根据不同的加密级别选择不同的密钥长度,密钥使用方便,存储需求低,灵活性好;密钥长度 128 位可能是使用最广泛的实现方式。

AES 结构如图 2-14 所示。

加密算法的输入分组和解密算法的输出分组均为 128 位。输入分组用一个 4×4 的矩阵描述,每个元素都是 1B(8b)。该分组被复制到 State 数组,这个数组在加密或解密的每个阶段都会被改变,也被描述为一个 4×4 的字节矩阵。在算法的最后阶段,State 被复制到输出矩阵中。128 位的密钥被扩展为 44 字(每个字由 4B 组成)的序列;算法开始阶段的轮密钥加操作使用了 4B,每一轮运算同样使用了 4B。

对加密和解密操作,算法由轮密钥加开始,接着执行 9 轮迭代运算,每轮都包含 4 个

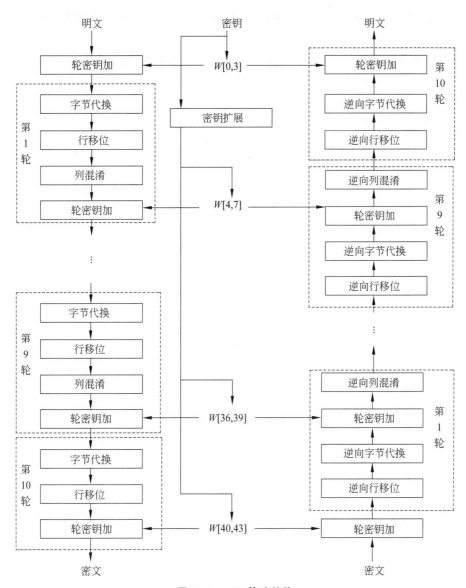

图 2-14　AES 算法结构

阶段的运算：

- 字节代换。用一个 S 盒完成分组中的按字节的代换。
- 行移位。一个简单的置换。
- 列混淆。一个利用域 $GF(2^8)$ 上的算术特性的代换。
- 轮密钥加。利用当前分组和扩展密钥的一部分进行按位异或。

最后一轮运算只包含 3 个阶段，没有列混淆。

1）字节代换

字节代换是一个简单的查表操作。AES 定义了一个 S 盒，是一个 16×16 的矩阵，每个元素都是一个字节。State 中每个字节按照如下的方式映射为一个新的字节：把该字节的高 4 位作为行值,低 4 位作为列值;然后取出 S 盒中对应行列的元素作为输出。逆字节代换则利用了逆 S 盒。

AES 的 S 盒和逆 S 盒如图 2-15 和图 2-16 所示。图中,x 表示行号,y 表示列号。

		y														
		0	1	2	3	4	5	6	7	8	9	A	B	C	D	E	F
	0	63	7C	77	7B	F2	6B	6F	C5	30	01	67	2B	FE	D7	AB	76
	1	CA	82	C9	7D	FA	59	47	F0	AD	D4	A2	AF	9C	A4	72	C0
	2	B7	FD	93	26	36	3F	F7	CC	34	A5	E5	F1	71	D8	31	15
	3	04	C7	23	C3	18	96	05	9A	07	12	80	E2	EB	27	B2	75
	4	09	83	2C	1A	1B	6E	5A	A0	52	3B	D6	B3	29	E3	2F	84
	5	53	D1	00	ED	20	FC	B1	5B	6A	CB	BE	39	4A	4C	58	CF
	6	D0	EF	AA	FB	43	4D	33	85	45	F9	02	7F	50	3C	9F	A8
x	7	51	A3	40	8F	92	9D	38	F5	BC	B6	DA	21	10	FF	F3	D2
	8	CD	0C	13	EC	5F	97	44	17	C4	A7	7E	3D	64	5D	19	73
	9	60	81	4F	DC	22	2A	90	88	46	EE	D8	14	DE	5E	0B	DB
	A	E0	32	3A	0A	49	06	24	5C	C2	D3	AC	62	91	96	95	79
	B	E7	C8	37	6D	8D	D5	4E	A9	6C	56	F4	EA	65	7A	AE	08
	C	BA	78	25	2E	1C	A6	B4	C6	E8	DD	74	1F	4B	BD	8B	8A
	D	70	3E	B5	66	48	03	F6	0E	61	35	57	B9	86	C1	1D	9E
	E	E1	F8	98	11	69	D9	8E	94	9B	1E	87	E9	CE	55	28	DF
	F	8C	A1	89	0D	BF	E6	42	68	41	99	2D	0F	B0	54	BB	16

图 2-15　AES 的 S 盒

2) 行移位

行移位的变换规则非常简单:State 的第一行保持不变,第二行循环左移一个字节,第三行循环左移两个字节,第四行循环左移 3 个字节。

逆向行移位变换则将 State 中的后三行执行相反方向的移位操作,如第三行向右循环移两个字节等。

3) 列混淆

列混淆对 State 的每列独立地操作。每列中的每个字节被映射为一个新值,该新值由该列中的 4 个字节通过函数变换得到。这个变换可由下面的基于 State 的矩阵乘法表示:

$$
\begin{bmatrix} 02 & 03 & 01 & 01 \\ 01 & 02 & 03 & 01 \\ 01 & 01 & 02 & 03 \\ 03 & 01 & 01 & 02 \end{bmatrix}
\begin{bmatrix} s_{0,0} & s_{0,1} & s_{0,2} & s_{0,3} \\ s_{1,0} & s_{1,1} & s_{1,2} & s_{1,3} \\ s_{2,0} & s_{2,1} & s_{2,2} & s_{2,3} \\ s_{3,0} & s_{3,1} & s_{3,2} & s_{3,3} \end{bmatrix}
=
\begin{bmatrix} s'_{0,0} & s'_{0,1} & s'_{0,2} & s'_{0,3} \\ s'_{1,0} & s'_{1,1} & s'_{1,2} & s'_{1,3} \\ s'_{2,0} & s'_{2,1} & s'_{2,2} & s'_{2,3} \\ s'_{3,0} & s'_{3,1} & s'_{3,2} & s'_{3,3} \end{bmatrix}
$$

结果矩阵中的每个元素均是一行和一列中所对应元素的乘积之和,这里的乘法和加法都是定义在 GF(2^8) 的。State 中第 j 列($0 \leqslant j \leqslant 3$)的列混淆变换可表示为

		y															
		0	1	2	3	4	5	6	7	8	9	A	B	C	D	E	F
x	0	52	09	6A	D5	30	36	A5	38	BF	40	A3	9E	81	F3	D7	FB
	1	7C	E3	39	82	9B	2F	FF	87	34	8E	43	44	C4	DE	E9	CB
	2	54	7B	94	32	A6	C2	23	3D	EE	4C	95	0B	42	FA	C3	4E
	3	08	2E	A1	66	28	D9	24	B2	76	5B	A2	49	6D	8B	D1	25
	4	72	F8	F6	64	86	68	98	16	D4	A4	5C	CC	5D	65	B6	92
	5	6C	70	48	50	FD	ED	B9	DA	5E	15	46	57	A7	8D	9D	84
	6	90	D8	AB	00	8C	BC	D3	0A	F7	E4	58	05	B8	B3	45	06
	7	D0	2C	1E	8F	CA	3F	0F	02	C1	AF	BD	03	01	13	8A	6B
	8	3A	91	11	41	4F	67	DC	EA	97	F2	CF	CE	F0	B4	E6	73
	9	96	AC	74	22	E7	AD	35	85	E2	F9	37	EB	1C	75	DF	6E
	A	47	F1	1A	71	1D	29	C5	89	6F	B7	62	0E	AA	18	BE	1B
	B	FC	56	3E	4B	C6	D2	79	20	9A	DB	C0	FE	78	CD	5A	F4
	C	1F	DD	A8	33	88	07	C7	31	B1	12	10	59	27	80	EC	5F
	D	60	51	7F	A9	19	B5	4A	0D	2D	E5	7A	9F	93	C9	9C	EF
	E	A0	E0	3B	4D	AE	2A	F5	B0	C8	EB	BB	3C	83	53	99	61
	F	17	2B	04	7E	BA	77	D6	26	E1	69	14	63	55	21	0C	7D

图 2-16   AES 的逆 S 盒

$$s'_{0,j} = (2s_{0,j}) \oplus (3s_{1,j}) \oplus s_{2,j} \oplus s_{3,j}$$
$$s'_{1,j} = s_{0,j} \oplus (2s_{1,j}) \oplus (3s_{2,j}) \oplus s_{3,j}$$
$$s'_{2,j} = s_{0,j} \oplus s_{1,j} \oplus (2s_{2,j}) \oplus (3s_{3,j})$$
$$s'_{3,j} = (3s_{0,j}) \oplus s_{1,j} \oplus s_{2,j} \oplus (2s_{3,j})$$

逆向列混淆变换可由如下的矩阵乘法定义：

$$\begin{bmatrix} 0E & 0B & 0D & 09 \\ 09 & 0E & 0B & 0D \\ 0D & 09 & 0E & 0B \\ 0B & 0D & 09 & 0E \end{bmatrix} \begin{bmatrix} s_{0,0} & s_{0,1} & s_{0,2} & s_{0,3} \\ s_{1,0} & s_{1,1} & s_{1,2} & s_{1,3} \\ s_{2,0} & s_{2,1} & s_{2,2} & s_{2,3} \\ s_{3,0} & s_{3,1} & s_{3,2} & s_{3,3} \end{bmatrix} = \begin{bmatrix} s'_{0,0} & s'_{0,1} & s'_{0,2} & s'_{0,3} \\ s'_{1,0} & s'_{1,1} & s'_{1,2} & s'_{1,3} \\ s'_{2,0} & s'_{2,1} & s'_{2,2} & s'_{2,3} \\ s'_{3,0} & s'_{3,1} & s'_{3,2} & s'_{3,3} \end{bmatrix}$$

4）轮密钥加

轮密钥加中，128 位的 State 按位与 128 位的密钥异或。逆向轮密钥加与轮密钥加相同，因为异或操作是其本身的逆。

5）密钥扩展

AES 密钥扩展算法的输入值是 128 位（16B，4 个字），输出值是一个 44 字（176B）的一维线性数组，为初始轮密钥加阶段和算法中的其他 10 轮中的每一轮提供 4 个字的轮密钥。扩展细节不再详述。

2.3.4　分组密码的工作模式

分组密码算法是应用最广泛的安全保护加密算法。为了将分组密码应用于各种各样的实际应用,NIST 定义了多种分组密码的"工作模式"。这些模式可用于包括三重 DES 和 AES 在内的任何分组密码,目的在于增强密码算法的安全性,或者使算法适应具体的应用。

1. 电码本模式

电码本(Electronic Codebook,ECB)模式是最简单的模式。在 ECB 模式中,明文首先被分成固定大小的若干分组(最后一个分组可能需要进行填充),然后一次处理一个明文分组;所有明文分组都是使用相同的密钥进行加密。解密也是一次处理一个密文分组,同样使用一个密钥处理所有的密文分组。ECB 模式定义为

$$C_i = E_K(P_i)$$
$$P_i = D_K(C_i)$$

P_i 代表明文,C_i 是密文,K 表示密钥,$E()$ 和 $D()$ 则分别表示加密和解密操作。

ECB 最重要的特征是:一段消息中若有几个相同的明文分组,那么加密结果中也会出现几个相同的密文分组。因此,ECB 模式特别适合于数据较少的情况,比如加密一个会话密钥。如果消息很长,利用 ECB 模式进行加密保护可能不太安全。原因在于,如果消息是非常结构化的,密码分析者就能够利用其结构特征来进行破译。

2. 密文分组链接模式

密文分组链接(Cipher Block Chaining, CBC)模式能够将重复的明文分组加密成不同的密文分组,从而克服了 ECB 的重大缺陷。在 CBC 模式中,每次加密一个明文分组的时候,加密算法的输入不是当前处理的明文分组,而是当前明文分组和上一个密文分组的异或;仍然使用同一个密钥加密所有明文分组。因此,加密算法的每次输入与明文分组没有固定的关系,本质上相当于将所有的明文分组链接起来了。因此,即使有重复的明文分组,加密后得到的密文分组仍然是不同的。

解密时,每个密文分组分别进行解密,再与上一个密文分组异或就可恢复出相应的明文分组。

需要特殊处理的是第一个明文分组,因为它不存在"上一个"密文分组。ECB 定义了初始向量(Initial Vector,IV),第一个明文分组和 IV 异或后再加密;解密时将第一个密文分组解密的结果与 IV 异或而恢复出第一个明文分组。

ECB 模式的加/解密操作可表示为

$$C_1 = E_K(P_1 \oplus \text{IV})$$
$$C_i = E_K(P_i \oplus C_{i-1}), \quad i > 1$$
$$P_1 = D_K(C_1) \oplus \text{IV}$$
$$P_i = D_K(C_i) \oplus C_{i-1}, \quad i > 1$$

IV 必须为收发双方共享;为了增加安全性,IV 应该和密钥一样加以保护,比如用 ECB 加密来保护 IV。

3. 密文反馈模式

在密文反馈(Cipher FeedBack, CFB)模式中,明文和密文单元的长度 s 通常是 8 位,而不是 DES 的分组长度 64 位或 AES 的分组长度 128 位。

加密算法的输入是一个 64 位的移位寄存器,初始化为一个初始向量 IV。加密算法首先加密移位寄存器,输出密文最左边的 s 位,并与明文 P_1 异或得到第一个密文单元 C_1;然后,移位寄存器左移 s 位,并将 C_1 填入移位寄存器最右边空出来的 s 位。以此方式连续处理,直到所有明文单元被加密完。加密过程可以表示为

$$I_1 = \text{IV},$$
$$I_j = \text{LSB}_{b-s}(I_{j-1}) \parallel C_{j-1}, \quad j > 1$$
$$O_j = E_K(I_j), \quad j \geqslant 1$$
$$C_j = P_j \oplus \text{MSB}_s(O_j), \quad j \geqslant 1$$

其中 P_j 和 C_j 是长度为 s 位的明文、密文单元,LSB() 和 MSB() 则是截取函数,b 代表分组长度。解密使用相同的办法,只是有一点不同:将收到的密文单元与加密函数的输出异或得到明文单元。解密过程可以表示为

$$I_1 = \text{IV}$$
$$I_j = \text{LSB}_{b-s}(I_{j-1}) \parallel C_{j-1}, \quad j > 1$$
$$O_j = E_K(I_j), \quad j \geqslant 1$$
$$P_j = C_j \oplus \text{MSB}_s(O_j), \quad j \geqslant 1$$

利用密文反馈模式(CFB)或下面即将讨论的输出反馈模式(OFB)以及计数器模式(CTR),可以将分组密码当作流密码使用。流密码有一个很好的性质就是密文与明文等长,不需要将明文填充到分组长度的整数倍。

4. 输出反馈模式

输出反馈(Output FeedBack, OFB)模式的结构和 CFB 很相似。区别在于,OFB 用加密函数的输出填充移位寄存器,而 CFB 是用密文单元来填充移位寄存器。

OFB 模式的加密过程可以定义如下:

$$I_1 = \text{Nonce}$$
$$I_j = O_{j-1}, \quad j = 2, 3, \cdots, N$$
$$O_j = E_K(I_j), \quad j = 1, 2, \cdots, N$$
$$C_j = P_j \oplus O_j, \quad j = 1, 2, \cdots, N-1$$
$$C_N^* = P_N^* \oplus \text{MSB}_u(O_N)$$

其中,Nonce 为临时交互号。N 为分组数目。$*$ 表示最后一个明文分块的长度为 u 位且小于分组长度,此时最后输出的分组 O_N 最左边的 u 位用来做异或运算,其余 $b-u$ 位会被丢弃。

解密过程定义如下:

$$I_1 = \text{Nonce}$$
$$I_j = \text{LSB}_{b-s}(I_{j-1}) \parallel C_{j-1}, \quad j = 2, 3, \cdots, N$$
$$O_j = E_K(I_j), \quad j = 1, 2, \cdots, N$$

$$P_j = C_j \oplus O_j, \quad j = 1, 2, \cdots, N-1$$
$$P_N^* = C_N^* \oplus \mathrm{MSB}_u(O_N)$$

OFB 模式也需要一个初始向量 IV，但 IV 必须是一个时变量，即用相同密钥加密的所有消息所使用的 IV 必须是不同的。原因在于，O_j 序列仅仅依赖于密钥和 IV，但不依赖于明文消息，如果两个消息具有共同的明文分组，并且使用相同的密钥和 IV，攻击者可以获得有利的攻击信息。

OFB 的一个优点是传输过程中在某位上发生的错误不会影响其他位，缺点是抗篡改的能力不如 CFB。

5. 计数器模式

在计数器(Counter，CTR)模式中，使用了一个和明文分组长度相同的计数器。通常计数器首先被初始化为某一值，每处理一个分组，计数器的值加 1。计数器加 1 后与明文分组异或得到密文分组。解密使用具有相同值的计数器序列，用加密后的计数器的值与密文分组异或来恢复明文组。

CTR 模式的加/解密定义如下：

$$C_j = P_j \oplus E_K(T_j), \quad j = 1, 2, \cdots, N-1$$
$$C_N^* = P_N^* \oplus \mathrm{MSB}_u(E_K(T_N))$$
$$P_j = C_j \oplus E_K(T_j), \quad j = 1, 2, \cdots, N-1$$
$$P_N^* = C_N^* \oplus \mathrm{MSB}_u(E_K(T_N))$$

在 CTR 模式中，初始计数器也必须是时变值，即使用相同密钥加密的消息必须使用不同的 T_1。

2.3.5 RC4

RC4 是 Ron Rivest 在 RSA 公司设计的一种可变密钥长度的、面向字节操作的流密码。RC4 可能是应用最广泛的流密码。它被用于 SSL/TLS(安全套接字协议/传输层安全协议)标准，以保护互联网的 Web 通信。它也应用于作为 IEEE 802.11 无线局域网标准一部分的 WEP(Wired Equivalent Privacy，有线等效保密)协议，保护无线链接的安全。

RC4 算法非常简单，易于描述。它以一个足够大的表 S 为基础，对表进行非线性变换，产生密钥流。一般 S 表取作 256B 大小，用可变长度的种子密钥 K(1～256B)初始化表 S，S 的元素记为 $S[0]$，$S[1]$，$\cdots$，$S[255]$。加密和解密的时候，密钥流中的一个字节由 S 中 256 个元素按一定方式选出一个元素而生成，同时 S 中的元素被重新置换一次。

1. 初始化 S

对 S 进行线性填充，S 中元素的值被置为按升序排列的 0～255，即 $S[0]=0$，$S[1]=1$，$\cdots$，$S[255]=255$。同时用种子密钥填充另一个 256B 长的 K 表。如果种子密钥的长度为 256B，则将种子密钥赋给 K；否则，若密钥长度为 $n(n<256)$ 字节，则将种子密钥赋给 K 的前 n 个元素，并循环重复用种子密钥的值赋给 K 剩下的元素，直到 K 的所有元素都被赋值。

然后用 K 产生 S 的初始置换，从 $S[0]$ 到 $S[255]$，对每个 $S[i]$，根据由 $K[i]$ 确定的方案，将 $S[i]$ 置换为 S 中的另一字节：

```
j=0;
for i=0 to 255 do
  j=(j+S[i]+K[i]) mod 256;
  Swap(S[i], S[j]);
```

因为对 S 的操作仅是交换,所以唯一的改变就是置换。S 仍然包含所有值为 $0\sim255$ 的元素。

2. 密钥流的生成

表 S 一旦完成初始化,种子密钥就不再被使用。为密钥流生成字节的时候,从 $S[0]$ 到 $S[255]$ 随机选取元素,并修改 S 以便下一次的选取。对每个 $S[i]$,根据当前 S 的值,将 $S[i]$ 与 S 中的另一字节置换。当 $S[255]$ 完成置换后,操作继续重复,从 $S[0]$ 开始。选取算法描述如下:

```
i, j=0;
while(true)
  i= (i+1) mod 256;
  j= (j+S[i]) mod 256;
  Swap(S[i], S[j]);
  t= (S[i]+S[j]) mod 256;
  k=S[t];
```

加密中,将 k 的值与下一明文字节异或;解密中,将 k 的值与下一密文字节异或。

2.4　公钥密码体制

1976 年 Diffie 和 Hellman 发表了《密码学的新方向》一文,提出了公开密钥密码体制(简称公钥密码体制)的思想,奠定了公钥密码学的基础。公钥密码体制是现代密码学最重要的发明和进展,开创了密码学的新时代。

传统的对称密码体制中,加密和解密使用相同的密钥,每对用户之间都需要共享一个密钥,而且需要保持该密钥的机密性。当通信的用户数目比较多的时候,密钥的产生、存储和分发是一个很大的问题。而公钥密码体制则将加密密钥、解密密钥甚至加密算法、解密算法分开,用户只需掌握解密密钥,而将加密密钥和加密函数公开。任何人都可以加密,但只有掌握解密密钥的用户才能解密。公钥密码体制从根本上改变了密钥分发的方式,给密钥管理带来了诸多便利。公钥密码体制不仅用于加解密,而且可以广泛用于消息鉴别、数字签名和身份认证等服务,是密码学中一个开创性的成就。

公钥密码体制最大的优点是适应网络的开放性要求,密钥管理相对于对称密码体制要简单得多。但是,公钥密码体制并不会取代对称密码体制,原因在于公钥密码体制算法相对复杂,加解密速度较慢。实际应用中,公钥密码和对称密码经常结合起来使用,加解密使用对称密码技术,而密钥管理使用公钥密码技术。

2.4.1　公钥密码体制原理

从密码学产生至 20 世纪 70 年代公钥密码产生之前,传统密码体制,包括古典密码和现代对称密码,都是基于代换和置换这些初等方法。公钥密码学与其前的密码学完全不同。首先,公钥算法建立在数学函数基础上,而不是基于代换和置换。其安全性基于数学上难解的问题,如大整数因子分解问题、有限域的离散对数问题、平方剩余问题、椭圆曲线的离散对数问题等。其次,与只使用一个密钥的传统密码技术不同,公钥密码是非对称的,加/解密分别使用两个独立的密钥:加密密钥可对外界公开,称为公开密钥或公钥;解密密钥只有所有者知道,称为秘密密钥或私钥。公钥和私钥之间具有紧密联系,用公钥加密的信息只能用相应的私钥解密,反之亦然。要想由一个密钥推知另一个密钥,在计算上是不可能的。基于公钥密码体制,通信双方无须预先商定密钥就可以进行秘密通信,克服了对称密码体制中必须事先使用一个安全通道约定密钥的缺点。

1. 公钥密码体制的概念

公钥密码算法依赖于一个加密密钥和一个与之相关的不同的解密密钥,这些算法都具有下述重要特点:

- 加密、解密使用不同的密钥。
- 发送方拥有加密密钥或解密密钥,而接收方拥有另一个密钥。
- 根据密码算法和加密密钥以及若干密文,要恢复明文在计算上是不可行的。
- 根据密码算法和加密密钥,确定对应的解密密钥在计算上是不可行的。

公钥密码体制有 6 个组成部分,如图 2-17 所示。

图 2-17　公钥密码体制

- 明文。算法的输入,它们是可读信息或数据。
- 加密算法。对明文进行各种转换。
- 公钥和私钥。算法的输入,这对密钥中一个用于加密,另一个用于解密。加密算法执行的变换依赖于公钥和私钥。
- 密文。算法的输出,它依赖于明文和密钥,对给定的消息,不同的密钥产生的密文不同。

• 解密算法。该算法接收密文和相应的密钥,并产生原始的明文。

公钥密码体制的主要工作步骤如下:

(1) 每一用户产生一对密钥,分别用来加密和解密消息。

(2) 每一用户将其中一个密钥存于公开的寄存器或其他可访问的文件中,该密钥称为公钥。另一密钥是私有的。任一用户可以拥有若干其他用户的公钥。

(3) 发送方用接收方的公钥对消息加密。

(4) 接收方收到消息后,用其私钥对消息解密。由于只有接收方知道其自身的私钥,所以其他的接收者均不能解密出消息。

利用这种方法,通信各方均可访问公钥,而私钥是各通信方在本地产生的,所以不必进行分配。只要用户的私钥受到保护,保持秘密性,那么通信就是安全的。在任何时刻,系统可以改变其私钥,并公布相应的公钥以替代原来的公钥。

表 2-3 总结了对称密码和公钥密码的一些重要特征。

表 2-3　对称密码和公钥密码

密码体制	对称密码	公钥密码
一般要求	加密和解密使用相同的密钥	加密和解密使用不同密钥
	收发双方必须共享密钥	发送方拥有加密或解密密钥,而接收方拥有另一密钥
安全性要求	密钥必须是保密的	两个密钥之一必须是保密的
	若没有其他信息,则解密消息是不可能或至少是不可行的	若没有其他信息,则解密消息是不可能或至少是不可行的
	知道算法和若干密文不足以确定密钥	知道算法和其中一个密钥以及若干密文不足以确定另一密钥

公钥密码的两种基本用途是用来进行加密和认证。不妨假设消息的发送方为 A,相应的密钥对为 $(\text{PU}_A, \text{PR}_A)$,其中 PU_A 表示 A 的公钥,PR_A 表示 A 的私钥。同理,假设消息的接收方为 B,相应的密钥对为 $(\text{PU}_B, \text{PR}_B)$,其中 PU_B 表示 B 的公钥,PR_B 表示 B 的私钥。现 A 欲将消息 X 发送给 B。A 从自己的公钥环中取出接收方 B 的公钥 PU_B,对作为输入的消息 X 加密,生成密文 Y:

$$Y = E(\text{PU}_B, X)$$

B 收到加密消息后,用自己的私钥 PR_B 对密文进行解密,恢复明文 X:

$$X = D(\text{PR}_B, Y)$$

整个过程如图 2-18 所示。

由于 A 是用 B 的公钥 PU_B 对消息进行加密,因此只有用 B 的私钥 PR_B 才能解密密文 Y,而 B 的私钥 PR_B 是由 B 秘密保存的。由于攻击者没有 B 的私钥 PR_B,因此攻击者仅根据密文 C 和 B 的公钥 PU_B 解密消息是不可能的。由此,就实现了保密性的功能。

除了用于实现保密性之外,公钥密码还可以用来实现身份认证功能,实现过程如图 2-19 所示。在这种方法中,A 向 B 发送消息前,先用 A 的私钥 PR_A 对消息 X 加密:

$$Y = E(\text{PR}_A, X)$$

图 2-18　公钥密码用于保密

B 则用 A 的公钥 PU_A 对消息解密：

$$X = D(PU_A, Y)$$

图 2-19　公钥密码用于认证

由于只有发送方 A 拥有私钥 PR_A，因此只要接收方 B 能够正确解密密文 Y，就可以认为消息的确是由发送方 A 发出的。这样就实现了对发送方 A 的身份认证。

上述方法是对整条消息加密，尽管这种方法可以验证发送方和消息的有效性，但需要大量的存储空间。在实际使用中，只对一个称为认证符的小数据块加密，它是该消息的函数，对该消息的任何修改必然会引起认证符的变化。

在图 2-19 所示的认证过程中，由于攻击者也可以知道 A 的公钥，因此攻击者也可以解密密文消息 Y。也就是说，这里只能实现认证能力，而无法实现保密能力。如果要同时实现保密和认证功能，需要对消息进行两次加密，如图 2-20 所示。

在这种方法中，发送方首先用其私钥对消息加密，得到数字签名，然后再用接收方的公钥加密：

$$Z = E(PU_B, E(PR_A, X))$$

所得的密文只能被拥有相应私钥的接收方解密：

$$X = D(PU_A, D(PR_B, Z))$$

图 2-20 公钥密码用于保密和认证

这种方式既可实现消息的保密性,又可以实现对发送方的身份认证。但这种方法的缺点是在每次通信中要执行 4 次复杂的公钥算法。

2. 对公钥密码的要求

Diffie 和 Hellman 给出了公钥密码体制应满足的 5 个基本条件:

(1) 产生一对密钥(公钥 PU,私钥 PR)在计算上是容易的。

(2) 已知接收方 B 的公钥 PU_B 和要加密的消息 M,消息发送方 A 产生相应的密文在计算上是容易的:

$$C = E(PU_B, M)$$

(3) 消息接收方 B 使用其私钥对接收的密文解密以恢复明文在计算上是容易的:

$$M = D(PR_B, C) = D[PR_B, E(PU_B, M)]$$

(4) 已知公钥 PU_B 时,攻击者要确定对应的私钥 PR_B 在计算上是不可行的。

(5) 已知公钥 PU_B 和密文 C,攻击者要恢复明文 M 在计算上是不可行的。

有研究者认为还可以增加一个附加条件:

(6) 加密和解密函数的顺序可以交换,即

$$M = D[PU_B, E(PR_B, M)] = D[PR_B, E(PU_B, M)]$$

比如,著名的 RSA 密码就满足上述附加条件。但是,这一条件并不是必需的,不是所有的公钥密码都满足该条件。

在公钥密码学概念提出后的几十年中,只有两个满足这些条件的算法(RSA 和椭圆曲线密码体制)为人们普遍接受,这一事实表明要满足上述条件是不容易的。这是因为,公钥密码体制是建立在数学中的单向陷门函数的基础之上的。

单向函数是满足下列性质的函数:每个函数值都存在唯一的逆;对定义域中的任意 x,计算函数值 $f(x)$ 是非常容易的;但对 f 的值域中的所有 y,计算 $f^{-1}(y)$ 在计算上是不可行的,即求逆是不可行的。

一个单向函数,如果给定某些辅助信息(称为陷门信息),就易于求逆,则称这样的单向函数为一个单向陷门函数。即单向陷门函数是满足下列条件的一类可逆函数 f_k:

（1）若 k 和 X 已知,则容易计算 $Y = f_k(X)$。

（2）若 k 和 Y 已知,则容易计算 $X = f_k^{-1}(Y)$。

（3）若 Y 已知但 k 未知,则计算出 $X = f_k^{-1}(Y)$ 是不可行的。

公钥密码体制就是基于这一原理,将辅助信息(陷门信息)作为私钥而设计的。这类密码的安全强度取决于它所依据的问题的计算复杂度。由此可见,寻找合适的单向陷门函数是公钥密码体制应用的关键。目前比较流行的公钥密码体制主要有两类:一类是基于大整数因子分解问题的,最典型的代表是 RSA;另一类是基于离散对数问题的,比如椭圆曲线公钥密码体制。

2.4.2 RSA 算法

MIT 的 Ron Rivest、Adi Shemir 和 Len Adleman 于 1978 年在题为《获得数字签名和公开密钥密码系统的方法》的论文中提出了基于数论的非对称密码体制,称为 RSA 密码体制。RSA 算法是最早提出的满足上述要求的公钥算法之一,也是被广泛接受且被实现的通用公钥加密方法。

RSA 是一种分组密码体制,其理论基础是数论中"大整数的素因子分解是困难问题"的结论,即求两个大素数的乘积在计算机上是容易实现的,但要将一个大整数分解成两个大素数之积则是困难的。RSA 公钥密码体制安全,易实现,是目前广泛应用的一种密码体制,既可以用于加密,又可以用于数字签名。

1. 算法描述

RSA 明文和密文均是 0 至 $n-1$ 的整数,通常 n 的大小为 1024 位二进制数,即 $n < 2^{1024}$。

1）密钥生成

首先必须生成一个公钥和对应的私钥。选择两个大素数 p 和 q(一般约为 256 位),p 和 q 必须保密。计算这两个素数的乘积 $n = pq$,并根据欧拉函数计算小于 n 且与 n 互素的正整数的数目:

$$\phi(n) = (p-1)(q-1)$$

随机选择与 $\phi(n)$ 互素且小于 $\phi(n)$ 的数 e,则得到公钥 $<e, n>$。计算 $e \bmod \phi(n)$ 的乘法逆 d,即 d 满足

$$ed \equiv 1 (\bmod \phi(n))$$

则得到了私钥 $<d, n>$。

2）加密运算

RSA 算法中,明文以分组为单位进行加密。将明文消息 M 按照 n 位长度分组,依次对每个分组做一次加密,所有分组的密文构成的序列即是原始消息的密文 C。加密算法如下:

$$C = M^e \bmod n$$

其中收发双方均已知 n,发送方已知 e,只有接收方已知 d。

3）解密运算

解密算法如下:

$$M = C^d \bmod n = (M^e)^d \bmod n = M^{ed} \bmod n$$

图 2-21 归纳总结了 RSA 算法。

选择 p, q, p 和 q 都是素数，$p \neq q$
计算 $n = p \times q$
计算 $\phi(n) = (p-1)(q-1)$
选择整数 e，$\gcd(\phi(n), e) = 1; 1 < e < \phi(n)$
计算 d，$d \equiv e^{-1}(\bmod \phi(n))$
公钥 PU = $\{e, n\}$
私钥 PR = $\{d, n\}$

(a) 密钥产生

明文 $M < n$
密文 $C = M^e \bmod n$

(b) 加密

密文 C
明文 $M = C^d \bmod n$

(c) 解密

图 2-21 RSA 算法

RSA 的缺点主要有以下几个：

(1) 产生密钥很麻烦。受到素数产生技术的限制，因而难以做到一次一密。

(2) 分组长度太大。为保证安全性，n 至少也要 600 位以上，使运算代价很高，尤其是速度较慢，较对称密码算法慢几个数量级；且随着大数分解技术的发展，这个长度还在增加，不利于数据格式的标准化。因此，一般来说 RSA 只用于少量数据加密。

2．RSA 的安全性

1）因子分解

RSA 算法的安全性建立在"大整数因子分解困难"这一事实上。由算法过程可以看出，分解 n 与求 $\phi(n)$ 等价，若分解出 n 的因子，则 RSA 算法将变得不安全。因此分解 n 是最明显的攻击方法。

利用因子分解进行的攻击主要有如下两种具体做法：

- 分解 n 为两个素数因子 p、q，这样就可以计算出 $\phi(n) = (p-1)(q-1)$，从而可以计算出 $d \equiv e^{-1}(\bmod \phi(n))$。

- 直接确定 $\phi(n)$ 而不先确定 p 和 q。这同样也可以确定 $d \equiv e^{-1}(\bmod \phi(n))$。

对 RSA 的密码分析的讨论大都集中于第一种攻击方法，即将 n 分解为两个素数因子从而计算出私钥。RSA 的安全性依赖于大数分解，但是否等同于大数分解一直未能得到理论上的证明，因为没有证明破解 RSA 就一定需要作大数分解。目前，RSA 的一些变种算法已被证明等价于大数分解。不管怎样，分解 n 是最显然的攻击方法，大量的数学高手也试图通过这个途径破解 RSA，但至今一无所获。因此，从经验上，RSA 是安全的。

但需要注意的是,尽管因子分解具有大素数因子的数 n 仍然是一个难题,但已不像以前那么困难。计算能力的不断增强和因子分解算法的不断改进给大密钥的使用造成了威胁。因此在选择 RSA 的密钥大小时必须选大一些,一般而言取 1024～2048 位,具体大小视应用而定。

为了防止可以很容易地分解 n,RSA 算法的发明者建议 p 和 q 还应满足下列限制条件:

(1) p 和 q 的长度应仅相差几位。这样对 1024 位的密钥而言,p 和 q 都应大约为 $10^{75}\sim10^{100}$。

(2) $(p-1)$ 和 $(q-1)$ 都应有一个大的素数因子。

(3) $\gcd(p-1,q-1)$ 应该较小。

另外,已经证明,若 $e<n$ 且 $d<n^{1/4}$,则 d 很容易被确定。

2) 选择密文攻击

RSA 在选择密文攻击面前很脆弱。一般攻击者是将某一信息做一下伪装,让拥有私钥的实体签署。然后,经过计算就可得到他所想要的信息。

比如,Eve 在 Alice 的通信过程中进行窃听,获得了一个用 Alice 的公开密钥加密的密文 C,并试图恢复明文 M。从数学上讲,即计算 $M=C^d \bmod n$。为了恢复 M,Eve 首先选择一个随机数 $r(r<n)$,然后计算:

$$X = r^e \bmod n, \quad Y = XC \bmod n$$

以及 $r \bmod n$ 的乘法逆 t,即 t 满足

$$tr = 1 \bmod n$$

现在 Eve 想方设法让 Alice 用她的私钥对 Y 整体签名:

$$u = Y^d \bmod n$$

因为 $r=X^d \bmod n$,所以 $r^{-1}X^d \bmod n=1$,通过计算

$$tu \bmod n = r^{-1}Y^d \bmod n = r^{-1} X^d C^d \bmod n = C^d \bmod n = m$$

Eve 就轻松地获得 Alice 发送的明文 M 了。

实际上,攻击利用的都是同一个弱点,即存在这样一个事实:乘幂保留了输入的乘法结构:

$$(XM)^d = X^dM^d \bmod n$$

这个固有的问题来自公钥密码系统最有用的特征:每个人都能使用公钥。从算法上无法解决这一问题,主要措施有两条:一条是采用好的公钥协议,保证工作过程中实体不对其他实体任意产生的信息解密,不对自己一无所知的信息签名;另一条是决不对陌生人送来的随机文档签名,签名时首先对文档作散列处理,或同时使用不同的签名算法。

2.4.3　ElGamal 公钥密码体制

ElGamal 公钥密码体制是由 ElGamal 于 1985 年提出来的,是一种基于离散对数问题的密码体制。ElGamal 既可以用于加密,又可以用于签名,是 RSA 之外最有代表性的公钥密码体制之一,并得到了广泛的应用。数字签名标准 DSS 就是采用了 ElGamal 签名方案的一种变形。

1. 密钥生成

首先选择一个大素数 p，并要求 p 有大素数因子。$\mathbf{Z}_p$ 是一个有 p 个元素的有限域，$\mathbf{Z}_p^*$ 是 $\mathbf{Z}_p$ 中非零元构成的乘法群，$g \in \mathbf{Z}_p^*$ 是一个本源元。然后选择随机数 k，满足 $1 \leqslant k \leqslant p-1$。计算 $y = g^k \bmod p$，则公钥为 (y, g, p)，私钥为 k。

2. 加密算法

待加密的消息为 $M \in \mathbf{Z}_p$。选择随机数 $r \in \mathbf{Z}_{p-1}^*$，然后计算

$$c_1 = g^r \bmod p$$
$$c_2 = My^r \bmod p$$

则密文 $C = (c_1, c_2)$。

3. 解密算法

收到密文 $C = (c_1, c_2)$ 后，执行以下计算：

$$M = c_2 / c_1^k \bmod p$$

则消息 M 被恢复。

4. ElGamal 的安全性

ElGamal 密码体制的安全性基于有限域 $\mathbf{Z}_p$ 上的离散对数问题的困难性。目前，尚没有求解有限域 $\mathbf{Z}_p$ 上的离散对数问题的有效算法。所以当 p 足够大时（一般是 160 位以上的十进制数），ElGamal 密码体制是安全的。

此外，加密中使用了随机数 r。r 必须是一次性的，否则攻击者获得 r 就可以在不知道私钥的情况下加密新的密文。

2.4.4　Diffie-Hellman 密钥交换协议

Diffie 和 Hellman 于 1976 年发表的论文中首次提出了一个公钥算法，标志着公钥密码学新时代的开始。Diffie 和 Hellman 提出的公钥密码算法既不用于加密，也不用于签名，它只完成一个功能：允许两个实体在公开环境中协商一个共享密钥，以便在后续的通信中用该密钥对消息加密。由于该算法本身限于密钥交换的用途，因此该算法通常称为Diffie-Hellman 密钥交换。Diffie-Hellman 公钥密码系统出现在 RSA 之前，是最早的公钥密码系统。

Diffie-Hellman 算法的安全性建立在"计算离散对数是很困难的"这一基础之上。简言之，可以如下定义离散对数。首先定义素数 p 的本原根。素数 p 的本原根是一个整数，且其幂可以产生 1 到 $p-1$ 之间的所有整数，也就是说，若 a 是素数 p 的本原根，则

$$a \bmod p, a^2 \bmod p, \cdots, a^{p-1} \bmod p$$

各不相同，并且是从 1 到 $p-1$ 的所有整数的一个排列。

对任意整数 b 和素数 p 的本原根 a，可以找到唯一的指数，使得

$$b \equiv a^i (\bmod p), \quad 0 \leqslant i \leqslant (p-1)$$

指数 i 称为 b 的以 a 为底的模 p 离散对数，记为 $d\log_{a,p}(b)$。

1. Diffie-Hellman 算法

图 2-22 概述了 Diffie-Hellman 密钥交换算法。

在这种方法中，有两个全局公开的参数：一个素数 q 和一个整数 α，并且 α 是 q 的一

q（为素数）

α（$\alpha < q$ 且 α 是 q 的本原根）

(a) 全局公开量

选择秘密的 X_A，$X_A < q$

计算公开的 Y_A，$Y_A = \alpha^{X_A} \bmod q$

(b) 用户A的密钥产生

选择秘密的 X_B，$X_B < q$

计算公开的 Y_B，$Y_B = \alpha^{X_B} \bmod q$

(c) 用户B的密钥产生

$K = (Y_B)^{X_A} \bmod q$

(d) 用户A计算产生密钥

$K = (Y_A)^{X_B} \bmod q$

(e) 用户B计算产生密钥

图 2-22　Diffie-Hellman 密钥交换算法

个本原根。假定用户 A 和 B 希望协商一个共享的密钥以用于后续通信,那么用户 A 选择一个随机整数 $X_A < q$ 作为其私钥,并计算公钥 $Y_A = \alpha^{X_A} \bmod q$。类似地,用户 B 也独立地选择一个随机整数 $X_B < q$ 作为私钥,并计算公钥 $Y_B = \alpha^{X_B} \bmod q$。A 和 B 分别保持 X_A 和 X_B 是其私有的,但 Y_A 和 Y_B 是公开可访问的。用户 A 计算 $K = (Y_B)^{X_A} \bmod q$ 并将其作为密钥,用户 B 计算 $K = (Y_A)^{X_B} \bmod q$ 并将其作为密钥。这两种计算所得的结果是相同的:

$$
\begin{aligned}
K &= (Y_B)^{X_A} \bmod q \\
&= (\alpha^{X_A} \bmod q)^{X_A} \bmod q \\
&= (\alpha^{X_B})^{X_A} \bmod q \\
&= \alpha^{X_B X_A} \bmod q \\
&= (\alpha^{X_A})^{X_B} \bmod q \\
&= (\alpha^{X_A} \bmod q)^{X_B} \bmod q \\
&= (Y_A)^{X_B} \bmod q
\end{aligned}
$$

至此,A 和 B 完成了密钥协商的过程。由于 X_A 和 X_B 的私有性,攻击者可以利用的参数只有 q、α、Y_A 和 Y_B。这样,他就必须求离散对数才能确定密钥。例如,要对用户 B 的密钥进行攻击,攻击者就必须先计算

$$
X_B = d \log_{\alpha, q}(Y_B)
$$

然后他就可以像用户 B 那样计算出密钥 K。

Diffie-Hellman 密钥交换的安全性建立在下述事实之上:求关于素数的模幂运算相对容易,而计算离散对数却非常困难;对于大素数,求离散对数被认为是不可行的。

下面给出例子。密钥交换基于素数 $q=97$ 和 97 的一个本原根 $\alpha=5$。A 和 B 分别选择 $X_A=36$ 和 $X_B=58$，并分别计算其公钥。

A 计算 Y_A：

$$Y_A = 5^{36} \bmod 97 = 50$$

B 计算 Y_B：

$$Y_B = 5^{58} \bmod 97 = 44$$

A 和 B 相互获取了对方的公钥之后，双方均可计算出公共的密钥。

A 计算 K：

$$K = (Y_B)^{X_A} \bmod 97 = 44^{36} \bmod 97 = 75$$

B 计算 K：

$$K = (Y_A)^{X_B} \bmod 97 = 50^{36} \bmod 97 = 75$$

攻击者能够得到下列信息：

$$q = 97, \quad \alpha = 5, \quad Y_A = 50, \quad Y_B = 44$$

但是，从通信双方的公钥$|50,44|$出发，攻击者要计算出 75 很不容易。

2. Diffie-Hellman 密钥交换协议

图 2-23 描述了一个基于 Diffie-Hellman 算法的简单的密钥交换协议。假定 A 希望与 B 建立连接，并使用密钥对该次连接中的消息加密。用户 A 产生一次性私钥 X_A，计算 Y_A，并将 Y_A 发送给 B；用户 B 也产生私钥 X_B，计算 Y_B，并将 Y_B 发送给 A。这样 A 和 B 都可以计算出密钥。当然，在通信前 A 和 B 都应已知公开的 q 和 α，如可由用户 A 选择 q 和 α，并将 q 和 α 放入第一条消息中。

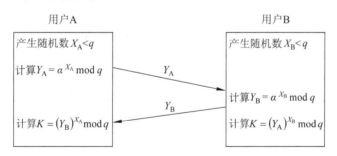

图 2-23　密钥交换协议

Diffie-Hellman 算法具有两个很有吸引力的特征：

(1) 仅当需要时才生成密钥，减小了将密钥存储很长一段时间而致使遭受攻击的机会。

(2) 除对全局参数的约定外，密钥交换不需要事先存在的基础结构。

然而，该算法也存在许多不足：

(1) 在协商密钥的过程中，没有对双方身份的认证。

(2) 它是计算密集性的，因此容易遭受阻塞性攻击：攻击方请求大量的密钥，而受攻击者花费了相对多的计算资源来求解无用的幂系数而不是在做真正的工作。

(3) 没办法防止重放攻击。

（4）容易遭受"中间人攻击"，即恶意第三方 C 在和 A 通信时扮演 B，和 B 通信时扮演 A，与 A 和 B 都协商了一个密钥，然后 C 就可以监听和传递通信量。

假设 A 和 B 要通过 Diffie-Hellman 算法协商一个共享密钥，同时第三方 C 准备实施"中间人攻击"。攻击按如下方式进行：

① C 生成两个随机的私钥 X_{C_1} 和 X_{C_2}，然后计算相应的公钥 Y_{C_1} 和 Y_{C_2}。

② A 在给 B 的消息中发送他的公开密钥 Y_A。

③ C 截获并解析该消息，将 A 的公开密钥 Y_A 保存下来，并给 B 发送消息，该消息具有 A 的用户 ID 但使用 C 的公开密钥 Y_{C_1}，并且伪装成来自 A。同时，C 计算 $K_2 = (Y_A)^{X_{C_2}} \mod q$。

④ B 收到 C 的报文后，将 Y_{C_1}（认为是 Y_A）和 A 的用户 ID 存储在一起，并计算 $K_1 = (Y_{C_1})^{X_B} \mod q$。

⑤ 类似地，C 截获 B 发给 A 的公开密钥 Y_B，使用 Y_{C_2} 向 A 发送伪装来自 B 的报文。C 计算 $K_1 = (Y_B)^{X_{C_1}} \mod q$。

⑥ A 收到 Y_{C_2}（认为是 Y_B）并计算 $K_2 = (Y_{C_2})^X_A \mod q$。

此时，A 和 B 认为他们已共享了密钥。但实际上，B 和 C 共享密钥 K_1，而 A 和 C 共享密钥 K_2。从现在开始，C 就可以截获 A 和 B 之间的加密消息并解密，根据需要修改后转发给目的地。而 A 和 B 都不知道他们在和 C 共享通信。

对抗中间人攻击的一种方法是让每一方拥有相对比较固定的公钥和私钥，并且以可靠的方式发布公钥，而不是每次通信之前临时选择随机的数值；另一种常用方法是在密钥协商过程中加入身份认证机制。

2.5　密码学的新进展

随着云计算和移动计算的迅猛发展，人们将越来越多的数据存储在资源强大的云端，并将越来越多的计算任务推至云端。新的应用模式也对安全提出了新的需求。本节将简单介绍几种相对较新的加密算法。

2.5.1　同态加密

传统加密算法为数据增加了安全性，但同时也为数据的处理带来了诸多不便。例如，对若干加密的数据进行运算，只能是拥有解密密钥的一方先解密，然后再进行明文之间的运算。这种运算模式会带来几个问题：一是增加了计算的复杂度，因为每一次解密运算都会消耗计算资源；二是计算只能通过解密密钥拥有者，其他参与方需要将密文发送给解密方，这会带来一定的通信开销；三是安全方面的考虑，如果参与方只希望解密方获取最后的计算结果，对每个密文数据都解密会造成一定的信息泄露。

密码学的研究学者试图寻找一种新的数据处理方法，使得密文之间可进行计算，同态加密（homomorphic encryption）应运而生。与一般加密算法相比，同态加密除了能实现基本的加/解密操作之外，还能实现密文间的多种计算功能。对多个经过同态加密的密文进行计算得到一个输出，将这一输出解密，其结果与对这些密文对应的明文进行某种处理

的输出结果是一样的。同态加密的这个特性对于保护信息的安全具有重要意义：可以先
对多个密文进行计算之后再解密，不必对每一个密文解密而花费高昂的计算代价；可以实
现无密钥方对密文的计算，既可以减少通信代价，又可以转移计算任务，从而平衡各方的
计算代价；可以实现让解密方只能获知最后的结果，而无法获得每一个密文的消息，进而
提高了数据的安全性。

简单地说，对一个加密算法，如果满足 $D(E(a) \otimes E(b)) = a \oplus b$，其中 E 代表加密，D
代表解密，$\otimes$ 和 $\oplus$ 分别表示密文和明文空间的某种运算，则此加密算法是同态的。根据运
算符 $\oplus$ 的不同，可对同态加密算法进行分类：如果算法满足 $D(E(a) \otimes E(b)) = a + b$，则
称此算法满足加法同态性；如果算法满足 $D(E(a) \otimes E(b)) = a \times b$，则称此算法满足乘法
同态性；以此类推。仅仅能实现一种同态性的算法称为半同态加密算法；满足所有同态性
质的算法称为全同态加密算法。

早在 1978 年，同态加密由 Rivest 等人以"隐私同态"的概念第一次提出。RSA 和
ElGamal 算法具有乘法同态性，但不具有加法同态性。1999 年，Paillier 提出了一个满足
加法同态性的公钥加密系统。2009 年，IBM 公司的研究员 Craig Gentry 对全同态加密做
了详细的介绍并第一次构造了全同态加密方案。该方案是同态加密领域的重大突破，给
全同态加密方案的研究提出了新的方向。但是，该方案在工作效率上仍存在一定的问题
而未能实际应用。其他全同态加密算法同样存在效率上的问题。

下面介绍著名的 Paillier 算法。Paillier 算法由于其加法同态性取得了广泛的应用。
加法是最简单的运算之一，加法同态性可方便多个参与方之间进行保密的科学计算，在许
多领域取得了广泛应用。

(1) 密钥生成：设 p, q 是两个大素数，$N = pq, g \in \mathbf{Z}_{N^2}^*$，记 $L(x) = (x-1)/N$，公钥
$p_k = (N, g)$，私钥 $s_k = \lambda(N) = \text{lcm}(p-1, q-1)$。

(2) 加密算法：对任意明文 $m \in \mathbf{Z}_n$，随机选择 $r \in \mathbf{Z}_n^*$，则密文 $c = E_{pk}(m) = g^m r^N \mod N^2$。

(3) 解密算法：$m = D_{sk}(c) = L(c^{\lambda(N)} \mod N^2)/L(g^{\lambda(N)} \mod N^2) \mod N$。

可以验证，Paillier 算法满足加法同态性：

$$E(m_1) = g^{m_1} r_1^N \mod N^2$$
$$E(m_2) = g^{m_2} r_2^N \mod N^2$$
$$E(m_1 + m_2) = g^{m_1+m_2} r^N \mod N^2$$
$$E(m_1)E(m_2) = (g^{m_1} r_1^N \mod N^2)(g^{m_2} r_2^N \mod N^2) = g^{m_1+m_2} r_1^N r_2^N \mod N^2$$
$$D(E(m_1)E(m_2)) = D(g^{m_1+m_2} r_1^N r_2^N \mod N^2) = m_1 + m_2$$

与 RSA 不同，Paillier 算法是一个随机化的加密体制：每次加密都随机选择一个 $r \in \mathbf{Z}_n^*$。基于这种随机化，同一明文两次加密会产生不同密文，从而给选择明文攻击带来了
不小的难度，提高了加密方案的安全性。

同态加密在云计算环境中有着广阔的应用场景。用户可以将同态加密的数据保存在
云端；云端在密文上执行用户指定的运算，并将运算结果返回给用户；用户解密得到最终
运算结果。这种运算模式利用了云端强大的计算能力，同时又保护了用户的隐私。

2.5.2　属性基加密

在分布式计算环境下,数据提供方需要制定灵活可扩展的访问控制策略,从而控制数据的共享范围,并且需要保证数据的机密性。大规模分布式应用也迫切需要支持一对多的通信模式,从而降低为每个用户加密数据带来的巨大开销。传统的密码体制无法满足这些需求。

属性基加密(Attribute-Based Encryption,ABE)机制以用户属性为公钥,将密文和用户私钥与属性关联,能够灵活地表示访问控制策略,从而极大地降低了数据共享细粒度访问控制带来的网络带宽和发送节点的处理开销。因此,ABE 在细粒度访问控制领域具有广阔的应用前景。

ABE 属于公钥加密机制,其面向的解密对象是一个群体,而不是单个用户。实现这个特点的关键是引入了属性概念。属性是描述用户的信息要素,例如,学生具有院系、年级、专业等属性;教师具有院系、职称、教龄等属性。群体就是指具有某些属性组合的用户集合。ABE 使用群体的属性组合作为群体的公钥,所有用户向群体发送数据时都使用相同的公钥。私钥则由属性授权机构根据用户属性计算并分配给个体。

Sahai 和 Waters 于 2005 年提出了基本 ABE,系统中每个属性用散列函数映射到 $\mathbf{Z}_p^*$ 中,密文和用户密钥都与属性相关。该机制支持基于属性的门限策略:只有用户属性集与密文属性集交集的大小达到或超过系统规定的门限参数时,用户才能解密。比如,某数据的属性集为{计算机,硕士,安全},属性加密门限参数为 2,则属性集为{计算机,安全}、{计算机,硕士}、{硕士、安全}、{计算机,硕士,安全}的用户都可以加密该数据,但属性集为{计算机,学士}的用户则不可以。

基本 ABE 包括如下几个步骤:

(1) 初始化。产生两个阶为素数 q 的群 G_1、G_2,以及双线性对 $e:G_1 \times G_2 \to G_2$,d 为门限参数。授权机构选择 $y,t_1,t_2,\cdots,t_n \in \mathbf{Z}_q$,系统公钥 PK 为($T_1=g^{t_1}$,$T_2=g^{t_2}$,$\cdots$,$T_n=g^{t_n}$,$Y=e(g,g)^y$),主密钥 MK=($y,t_1,t_2,\cdots,t_n$)。

(2) 私钥生成。授权机构为每个用户生成私钥。对用户 u,授权机构随机选择一个 $d-1$ 次多项式 p,令 $p(0)=y$,用户私钥 SK 为 $\{D_i=g^{p(i)/t_i}\}_{\forall i \in A_u}$。$A_u$ 代表 u 的属性集合。

(3) 加密。对任一明文消息 $M \in G_2$,发送方为密文选择属性集合 A_C,随机选择 $s \in \mathbf{Z}_q$,密文为(A_C,$E=Y^s M=e(g,g)^{ys} M$,$\{E_i=g^{t_i s}\}_{\forall i \in A_C}$)。

(4) 解密。由接收方 u 执行。如果 $|A_u \bigcap A_C|>d$,则选择 d 个属性 $i \in A_u \bigcap A_C$,计算 $e(E_i,D_i)=e(g,g)^{p(i)s}$,再用拉格朗日差值找到 $Y^s=e(g,g)^{p(0)s}=e(g,g)^{ys}$,得到 $M=E/Y^s$。

基本 ABE 只能表示属性的门限操作,且门限参数由授权机构设置,访问控制策略并不能由发送方决定。而现实中,许多应用需要按照灵活的访问控制策略支持属性的与、或、门限和非操作,实现发送方在加密时规定访问控制策略。因此,Goyal 等人提出由接收方制定访问策略的 KP-ABE 机制,支持属性的与、或、门限操作;Bethencourt 等人提出由发送方规定访问策略的 CP-ABE 机制。本书对这两种 ABE 不做详细介绍,有兴趣的读者请参考相应的文献。

2.5.3　可搜索加密

随着云计算的迅速发展,用户开始将数据迁移到云端服务器。为了保证数据安全和用户隐私,数据一般是以密文存储,但是用户将会遇到如何在密文上进行查找的难题。可搜索加密(Searchable Encryption,SE)是近年来发展的一种支持用户在密文上进行关键字查找的密码技术,它能够为用户节省大量的网络和计算开销,并充分利用云端服务器庞大的计算资源进行密文上的关键字查找。

由于现今 SE 机制的构造方法众多,因此其形式化描述方法各不相同。基本的 SE 机制主要包括以下 4 种算法:

(1) Setup。该算法主要由权威机构或者数据所有者执行以生成密钥。在基于公钥密码学的 SE 机制中,该算法会根据输入的安全参数(security parameter)来产生公钥和私钥;在基于对称密码学的 SE 机制中,该算法会产生一些私钥,例如伪随机函数的密钥等。

(2) BuildIndex。该算法由数据所有者执行。数据所有者将根据文件内容选出相应的关键字集合,并使用可搜索加密机制建立索引表。在基于公钥密码学的 SE 机制中,数据所有者会使用公钥对每个文件的关键字集进行加密;在基于对称密码学的 SE 机制中,数据所有者会使用对称密钥或者使用基于密钥的哈希算法对关键字集进行加密。无论是基于公钥密码学还是基于对称密码学的 SE,文件内容主体都会使用对称加密算法进行加密。

(3) GenToken。该算法以根据用户需要搜索的关键字为输入,产生相应的搜索凭证。算法的执行者主要由应用场景决定,可以是数据所有者、用户或者权威机构。

(4) Query。该算法由服务器端执行。服务器以接收到的搜索凭证和每个文件中的索引表为输入,进行协议所预设的计算,最后通过输出结果是否与协议预设的结果相同来判断该文件是否满足搜索请求。服务器最后将搜索结果返回。

最后,用户在获得返回的文件密文之后,再使用相应的对称密钥对数据密文进行解密。

Curtmola、Garay、Kamara 和 Ostrovsky 于 2006 年提出了基于对称加密的 SSE-1 方案。定义明文文件集 $D=(D_1,D_2,\cdots,D_n)$,关键字集合 $\Delta=\{W_1,W_2,\cdots,W_d\}$。SSE-1 为支持高效检索,引入额外数据结构:对任意关键词 $W\in\Delta$,①数组 A 存储 $D(W)$ 的加密结果,$D(W)$ 表示包含关键字 W 的所有文件的标识符集合;②速查表 T 存储 W 的相关信息,以高效定位相应关键词信息在 A 中的位置。

SSE-1 构建索引过程包括如下几个步骤:

(1) 构建数组 A。

初始化全局计数器 ctr=1,并扫描明文文件集 D,对于 $W_i\in\Delta$,生成文件标识符集合 $D(W_i)$,记 $id(D_{ij})$ 为 $D(W_i)$ 中字典序下第 j 个文件标识符,随机选取对称密钥 K_{i0},然后按照如下方式构建并加密由 $D(W_i)$ 中各文件标识符形成的链表 L_{w_i}:对 $1\leqslant j\leqslant|D(W_i)|-1$,随机选取对称密钥 K_{ij},并按照“文件标识符‖下一个节点解密密钥‖下一个节点在

数组 A 的存放位置"这一形式创建链表 L_{w_i} 的第 j 个节点：

$$N_{ij} = \mathrm{id}(D_{ij}) \parallel K_{ij} \parallel \Psi(K_1, \mathrm{ctr}+1)$$

这里，K_1 为 SSE-1 的一个子密钥，$\Psi(\cdot)$ 为伪随机函数，$\parallel$ 代表连接。使用对称密钥 $K_{i(j-1)}$ 加密 N_{ij} 并存储至数组 A 的相应位置，即 $A[\Psi(K_1, \mathrm{ctr})] = E(K_{i(j-1)}, N_{ij})$；而对于 $j = |D(W_i)|$，首先创建其链表节点 $N_{i|D(w_i)|} = \mathrm{id}(D_{i|D(w_i)|}) \parallel 0^\lambda \parallel \mathrm{NULL}$，然后将此节点加密并存储至数组 A，即 $A[\Psi(K_1, \mathrm{ctr})] = E(K_{i(|D(W_i)|-1)}, N_{i|D(W_i)|})$，最后置 $\mathrm{ctr} = \mathrm{ctr}+1$。

（2）构建速查表 T。

对于所有关键词 $W_i \in \Delta$，构建速查表 T 以加密存储关键词链表 L_{w_i} 首节点的位置及密钥信息，即

$$T[\pi(K_3, W_i)] = (\mathrm{addr}_A(N_{i1}) \parallel K_{i0}) \ \mathrm{XOR} \ f(K_2, W_i)$$

其中 K_2 和 K_3 为 SSE-1 的另外两个子密钥，$f(\cdot)$ 为伪随机函数，$\pi(\cdot)$ 为伪随机置换，$\mathrm{addr}_A(\cdot)$ 表示链表节点在数组 A 中的地址。

检索所有包含 W 的文件，只需提交陷门 $T_W = (\pi(K_3, W), f(K_2, W))$ 至服务器，服务器使用 $\pi(K_3, W)$ 在 T 中找到 W 相关链表首节点的间接地址 $\theta = T[(\pi(K_3, W))]$，执行 θ XOR $f(K_2, W) = \alpha \parallel K'$，$\alpha$ 为 L_W 首节点在 A 中的地址，K' 为首节点加密使用的对称密钥。由于在 L_W 中，除尾节点外所有节点都存储下一节点的对称密钥及其在 A 中的地址，服务器获得首节点的地址和密钥后，即可遍历链表的所有节点，以获得包含 W 的文件的标识符，并将相应的文件密文发回给检索的用户。

SSE-1 避免了关键词查询过程中逐个文件进行检索的缺陷，具备较高的效率。然而，由于 SSE-1 需构建关键词相关链表，并将其节点加密后存储至数组 A，意味着现有文件的更新删除或新文件的添加需重新构建索引，造成较大开销。因此，SSE-1 更适用于文件集合稳定，具有较少文件添加、更新和删除操作的情况。

其他可搜索加密机制不再详细介绍，请读者参考相应的文献。

思 考 题

1. 简述密码体制的概念及其组成成分。

2. 有哪些常见的密码分析攻击方法？各自有什么特点？

3. 古典密码学常用的两个技术是什么？各自有什么特点？

4. 简述对称密码算法的基本原理。

5. 简述 DES 算法的加密流程。

6. 简述对称密码和非对称密码的主要区别。

7. RSA 算法的理论基础是什么？简述 RSA 算法的流程。

第3章

消息鉴别与数字签名

经典的密码学是关于加密和解密的理论,主要用于保密。目前,密码学已经得到了更加深入、广泛的发展和应用,不再局限于单一的加解密技术,而是被有效、系统地用于保证电子数据的机密性、完整性和真实性。这是因为,在公开的计算机网络环境中,传输中的数据可能遭到的威胁不仅仅局限于泄密,而是多种形式的攻击:

(1) 泄密。消息的内容被泄露给没有合法权限的任何人或过程。

(2) 通信业务量分析。分析通信双方的通信模式。在面向连接的应用中,确定连接的频率和持续时间;在面向连接或无连接的环境中,确定双方的消息数量和长度。

(3) 伪造消息。攻击者假冒真实发送方的身份,向网络中插入一条消息,或者假冒接收方发送一个消息确认。

(4) 篡改消息。分成3种情形:

① 内容篡改。对消息内容的修改,包括插入、删除、调换和修改。

② 序号篡改。在依赖序号的通信协议,如 TCP,对通信双方消息序号进行修改,包括插入、删除和重新排序。

③ 时间篡改。对消息进行延时和重放。在面向连接的应用中,整个消息序列可能是前面某合法消息序列的重放,也可能是消息序列中的一条消息被延时或重放;在面向无连接的应用中,可能是一条消息(如数据报)被延时或重放。

(5) 行为抵赖。发送方否认发送过某消息,或者接收方否认接收到某消息。

对抗前两种攻击的方法属于消息保密性范畴,前面讲过的对称密码学和公钥密码学都是围绕这个主题展开的;对付第3种和第4种攻击的方法一般称为消息鉴别;对付第5种攻击的方法属于数字签名。一般而言,数字签名方法也能够抗第3种和第4种中的某些或全部攻击。

3.1 消 息 鉴 别

完整性是安全的基本要求之一。篡改消息是对通信系统进行主动攻击的常见形式,被篡改的消息是不完整的;信道的偶发干扰和故障也破坏了消息的完整性。接收者应该能够检查所收到消息是否完整。另外,攻击者还可以将一条声称来自合法授权用户的虚假消息插入网络,或者冒充消息的合法接收者发回假确认。因此,消息接收者还应该能够识别收到的消息是否确实来源于该消息所声称的主体,即验证消息来源的真实性。

保障消息完整性和真实性的重要手段是消息鉴别技术。

3.1.1 消息鉴别的概念

消息鉴别也称为"报文鉴别"或"消息认证",是一个对收到的消息进行验证的过程,验证的内容包括两个方面:

(1) 真实性。消息的发送者是真正的而不是冒充的。

(2) 完整性。消息在传送和存储过程中未被篡改过。

从功能上看,一个消息鉴别系统可以分成两个层次,如图 3-1 所示。

底层是一个鉴别函数,其功能是产生一个鉴别符,鉴别符是一个用来鉴别消息的值,即鉴别的依据。在此基础上,上层的鉴别协议调用该鉴别函数,实现对消息真实性和完整性的验证。鉴别函数是决定鉴别系统特性的主要因素。

图 3-1　消息鉴别系统的功能分层结构

根据鉴别符的生成方式,鉴别函数可以分为如下 3 类:

(1) 基于消息加密。以整个消息的密文作为鉴别符。

(2) 基于消息鉴别码(MAC)。利用公开函数＋密钥产生一个较短的定长值作为鉴别符,并与消息一同发送给接收方,实现对消息的验证。

(3) 基于散列函数。利用公开函数将任意长的消息映射为定长的散列值,并以该散列值作为鉴别符。

目前,像对称加密、公钥加密等常规加密技术已经发展得非常成熟。但是,出于多种原因,常规加密技术并没有被简单地应用到消息鉴别符的生成中,实际应用中一般采用独立的消息鉴别符。避免加密的方法提供消息鉴别符受到广泛的重视,而最近几年消息鉴别的热点转向由 Hash 函数导出 MAC 的方法。

3.1.2 基于 MAC 的鉴别

1. 消息鉴别码原理

消息鉴别码(Message Authentication Code,MAC),又称密码校验和(cryptographic checksum),其实现鉴别的原理是:用公开函数和密钥生成一个固定大小的小数据块,即 MAC,并将其附加在消息之后传输;接收方利用与发送方共享的密钥进行鉴别。基于 MAC 提供消息完整性保护,MAC 可以在不安全的信道中传输,因为 MAC 的生成需要密钥。

基于 MAC 的鉴别原理见图 3-2。假定通信双方,比如 A 和 B,共享密钥 K。A 向 B 发送消息时,A 计算 MAC,它是消息和密钥 K 的函数,即 $MAC=C(K,M)$,其中,M 为输入消息,C 为 MAC 函数,K 为共享的密钥,MAC 为消息鉴别码。

消息和 MAC 一起被发送给接收方 B。接收方 B 对收到的消息用相同的密钥 K 进行相同的计算得出新的 MAC,并与接收到的 MAC 进行比较。如果假定只有收发双方知道该密钥,那么若接收到的 MAC 与计算得出的 MAC 相等,则:

(1) 接收方 B 可以相信消息在传送途中未被非法篡改。因为假定攻击者不知道密钥

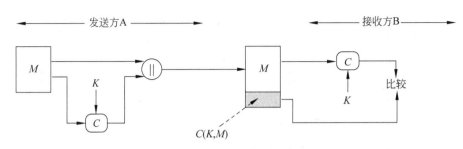

图 3-2　MAC 鉴别原理

K，攻击者可能修改消息，但不知道应如何改变 MAC 才能使其与修改后的消息相一致。这样，接收方计算出的 MAC 将不等于接收到的 MAC。

（2）接收方 B 可以相信消息来自真正的发送方 A。因为其他各方均不知道密钥，因此他们不能产生具有正确 MAC 的消息。

（3）如果消息中含有序列号（如 TCP 序列号），那么接收方可以相信消息顺序是正确的，因为攻击者无法成功地修改序列号并保持 MAC 与消息一致。

图 3-2 所示的过程仅仅提供鉴别而不能提供保密性，因为消息是以明文形式传送的。若将 MAC 附加在明文消息后对整个信息块加密，则可以同时提供保密和鉴别。这需要两个独立的密钥，并且收发双方共享这两个密钥。

MAC 函数与加密类似，但加密算法必须是可逆的，而 MAC 算法则不要求可逆性，在数学上比加密算法易受攻击的弱点要少。与加密算法相比，MAC 算法更不易被攻破。

2. 基于 DES 的消息鉴别码

构造 MAC 的常用方法之一就是基于分组密码，并按 CBC 模式操作。在 CBC 模式中，每个明文分组在用密钥加密之前，要先与前一个密文分组进行异或运算。用一个初始向量 IV 作为密文分组初始值。

数据鉴别算法也称为 CBC-MAC（密文分组链接消息鉴别码），它建立在 DES 之上，是使用最广泛的 MAC 算法之一，也是 ANSI 的一个标准。

数据鉴别算法采用 DES 运算的密文分组链接（CBC）方式，参见图 3-3。其初始向量 IV 为 0，需要鉴别的数据分成连续的 64 位的分组 $D_1, D_2, \cdots, D_N$，若最后分组不足 64 位，则在其后填 0 直至成为 64 位的分组。利用 DES 加密算法 E 和密钥 K 计算数据鉴别码（DAC）的过程如下：

$$O_0 = \mathrm{IV}$$
$$O_1 = E_K(D_1 \oplus O_0)$$
$$O_2 = E_K(D_2 \oplus O_1)$$
$$O_3 = E_K(D_3 \oplus O_2)$$
$$\vdots$$
$$O_N = E_K(D_N \oplus O_{N-1})$$

其中，DAC 可以取整个块 O_N，也可以取其最左边的 M 位，其中 $16 \leqslant M \leqslant 64$。

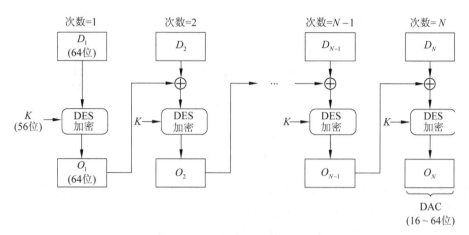

图 3-3　数据鉴别算法

3.1.3　基于散列函数的鉴别

　　散列(hash)函数是消息鉴别码的一种变形。与消息鉴别码一样,散列函数的输入是可变大小的消息 M,输出是固定大小的散列码 $H(M)$,也称为消息摘要或散列值。与 MAC 不同的是,散列函数并不使用密钥,它仅是输入消息的函数。使用没有密钥的散列值作为消息鉴别码的机制是不安全的,因此实践中常将散列函数和加密结合起来使用。

　　图 3-4 给出了将散列码用于消息鉴别的两种常用方法。

图 3-4　基于散列函数的消息鉴别

　　在图 3-4(a)中,消息发送方 A 首先计算明文消息 M 的散列值 $H(M)$,并将 $H(M)$ 串接在 M 后,然后用对称密码算法对消息及附加在其后的散列值加密,将密文发送给对方。

在接收方 B,首先解密密文得到散列值 $H(M)$ 和明文消息 M,然后 B 自己亦根据同样的散列算法计算散列值 $H'(M)$ 并验证 $H(M) = H'(M)$ 是否成立。如果成立,由于只有 A 和 B 共享密钥并且散列函数是一个单向函数,所以 B 可以确认消息一定是来自 A 且未被修改过。散列码提供了鉴别所需的结构或冗余,并且由于该方法是对整个消息和散列码加密,所以也提供了保密性。

图 3-4(b)用对称密码仅对散列码加密。$E_K(H(M))$ 是变长消息 M 和密钥 K 的函数,它产生定长的输出值,若攻击者不知道密钥,则他无法得出这个值。这个方案只能提供鉴别,而无法提供保密。

近年来,人们对于利用散列函数设计 MAC 越来越感兴趣。这是因为利用对称加密算法产生 MAC 要对全部消息进行加密,运算速度较慢,而散列函数执行速度比对称分组密码要快。

散列函数并不是专为 MAC 而设计的,不依赖于密钥,所以它不能直接用于 MAC。目前,已经提出了许多方案将密钥加到现有的散列函数中。HMAC(Hash-based Message Authentication Code)是最受支持的方案,它是一种依赖于密钥的单向散列函数,同时提供对数据的完整性和真实性的验证。HMAC 是 IP 安全必须实现的 MAC 方案,并且其他 Internet 协议中(如 SSL)也使用了 HMAC。

RFC 2104 给出了 HMAC 的设计目标:

- 不必修改而直接使用现有的散列函数。即将散列函数看作是"黑盒",可以使用多种散列函数。
- 如果找到或需要更快或更安全的散列函数,应能很容易地替代原来嵌入的散列函数。
- 应保持散列函数的原有性能,不能过分降低其性能。
- 对密钥的使用和处理应较简单。
- 如果已知嵌入的散列函数的强度,则完全可以知道认证机制抗密码分析的强度。

图 3-5 给出了 HMAC 的总体结构。

定义下列符号:

H——嵌入的散列函数(如 MD5、SHA-1、RIPEMD-160)。

IV——作为散列函数输入的初始值。

M——HMAC 的消息输入(包括由嵌入散列函数定义的填充位)。

Y_i——M 的第 i 个分组,$0 \leqslant i \leqslant L-1$。

L——M 中的分组数。

b——每一分组所含的位数。

n——嵌入的散列函数所产生的散列码长。

K——密钥;建议密钥长度 $\geqslant n$。若密钥长度大于 b,则将密钥作为散列函数的输入,来产生一个 n 位的密钥。

K^+——为使 K 为 b 位长而在 K 左边填充 0 后所得的结果。

ipad——内层填充,00110110(十六进制数 36)重复 $b/8$ 次的结果。

opad——外层填充,01011100(十六进制数 5C)重复 $b/8$ 次的结果。

图 3-5   HMAC 的总体结构

HMAC 可描述如下：

$$\mathrm{HMAC}(K,M) = H[(K^+ \oplus \mathrm{opad}) \parallel H[(K^+ \oplus \mathrm{ipad}) \parallel M]]$$

说明如下：

（1）在 K 左边填充 0，得到 b 位的 K^+（例如，若 K 是 160 位，$b=512$，则在 K 中加入 44 个 0 字节 0x00）。

（2）K^+ 与 ipad 执行异或运算（逐位异或）产生 b 位的分组 S_i。

（3）将 M 附于 S_i 后。

（4）将 H 作用于步骤（3）所得出的结果。

（5）K^+ 与 opad 执行异或运算（逐位异或）产生 b 位的分组 S_o。

（6）将步骤（4）中的散列码附于 S_o 后。

（7）将 H 作用于步骤（6）所得出的结果，并输出该函数值。

注意，K 与 ipad 异或后，其信息位有一半发生了变化；同样，K 与 opad 异或后，其信息位的另一半也发生了变化，这样，通过将 S_i 与 S_o 传给散列算法中的压缩函数，可以从 K 伪随机地产生出两个密钥。

HMAC 多执行了 3 次散列压缩函数（对 S_i，S_o 和内部的散列产生的分组），但是对于长消息，HMAC 和嵌入的散列函数的执行时间应该大致相同。

3.1.4　散列函数

散列函数又叫作散列算法,是一种将任意长度的消息映射到某一固定长度消息摘要(散列值或哈希值)的函数。消息摘要相当于消息的"指纹",用来防止对消息的非法篡改。如果消息被篡改,则"指纹"就不正确了。即使消息不具有保密性,也可以通过消息摘要来验证其完整性。

令 h 代表一个散列函数,M 代表一个任意长度的消息,则 M 的散列值 h 表示为

$$h = H(M)$$

且 $H(M)$ 长度固定。假设 h 安全,发送方将散列值 h 附于消息 M 后发送;接收方通过重新计算散列值 h' 并比较 $h = h'$ 是否成立,可以验证该消息的完整性。

1. 散列函数安全性

对散列函数最直接的攻击就是攻击者得到消息 M 的散列值 $h(M)$ 后,试图伪造消息 M',使得 $h(M') = h(M)$。因此,密码学中的散列函数必须满足一定的安全特征,主要包括 3 个方面:单向性、强对抗碰撞性和弱对抗碰撞性。

单向性是指对任意给定的散列码 h,找到满足 $H(x) = h$ 的 x 在计算上是不可行的,即给定散列函数 h,由消息 M 计算散列值 $H(M)$ 是容易的,但是由散列值 $H(M)$ 计算 M 是不可行的。

强对抗碰撞性是指散列函数满足下列 4 个条件:

(1) 散列函数 h 的输入是任意长度的消息 M。

(2) 散列函数 h 的输出是固定长度的数值。

(3) 给定 h 和 M,计算 $h(M)$ 是容易的。

(4) 给定散列函数 h,寻找两个不同的消息 M_1 和 M_2,使得 $h(M_1) = h(M_2)$,在计算上是不可行的。(如果有两个消息 M_1 和 M_2,$M_1 \neq M_2$ 但是 $h(M_1) = h(M_2)$,则称 M_1 和 M_2 是碰撞的。)

弱对抗碰撞性的散列函数满足强抗碰撞散列函数的前 3 个条件,但具有一个不同的条件:给定 h 和一个随机选择的消息 M,寻找消息 M',使得 $h(M) = h(M')$ 在计算上是不可行的,即不能找到与给定消息具有相同散列值的另一消息。

2. SHA-1 算法

目前人们已经设计出了大量的散列算法,其中,SHA(Secure Hash Algorithm,安全散列算法)和 MD5 是最著名的两个。

SHA 是美国国家安全局(NSA)设计,美国国家标准与技术研究所(NIST)发布的一系列密码散列函数。1993 年发布了 SHA,后来人们给它取了一个非正式的名称 SHA-0,以避免与它的后继者混淆。1995 年发布了 SHA-1,该算法产生 160b 的散列值。另外还有 3 种变体:SHA-256、SHA-384 和 SHA-512,其散列值长度分别为 256b、384b、512b。

SHA-1 算法的输出是 160b 的消息摘要,输入消息以 512b 分组为单位进行处理。处理消息和输出摘要的过程包含下列步骤。

步骤 1:附加填充位。

填充消息使其长度模 512 与 448 同余,即长度在对 512 取模以后的余数是 448。即

使消息已经满足上述长度要求,仍然需要进行填充。填充是这样进行的:先补一个 1,然后再补 0,直到长度满足对 512 取模后余数是 448。因此,填充是至少填充一位,最多填充 512 位。

步骤 2:附加长度。

将原始数据的长度补到已经进行了填充操作的消息后面。通常用一个 64 位的数据来表示原始消息的长度。

前两步的结果是产生了一个长度为 512b 整数倍的扩展消息。然后,扩展的消息被分成长度为 512b 的消息块 $M_1, M_2, \cdots, M_N$,因此扩展消息的长度为 $N \times 512b$。

步骤 3:初始化散列缓冲区。

SHA-1 算法的计算过程中需要两个缓冲区,每个都由 5 个 32 位的字组成。第一个 5 个字的缓冲区被标识为 $A \sim E$,第二个 5 个字的缓冲区被标识为 $H_0 \sim H_4$,并将第一个 5 个字的缓冲区初始化为下列 32b 的整数(十六进制值):

$$A = 0x67452301$$
$$B = 0xEFCDAB89$$
$$C = 0x98BADCFE$$
$$D = 0x10325476$$
$$E = 0xC3D2E1F0$$

还需要一个 80 个 32 位字的缓冲区,标识为 W_0 到 W_{79},以及一个字的 TEMP 缓冲区。

步骤 4:计算消息摘要。

步骤 2 中得到长度 512b 的消息块 $M_1, M_2, \cdots, M_N$ 会依次进行处理,处理每个消息块 M_i 都要运行一个具有 80 轮运算的函数,每一轮都把 160b 缓冲区的值 $ABCDE$ 作为输入,并更新缓冲区的值。

每一轮运算将使用附加的常数 K_t,其中 $0 \leqslant t \leqslant 79$($t$ 代表运算的轮数),这些常数如下:

$$K_t = 0x5A827999 (0 \leqslant t \leqslant 19)$$
$$K_t = 0x6ED9EBA1 (20 \leqslant t \leqslant 39)$$
$$K_t = 0x8F1BBCDC (40 \leqslant t \leqslant 59)$$
$$K_t = 0xCA62C1D6 (60 \leqslant t \leqslant 79)$$

每一轮还将使用一个非线性函数 f_t:

$$f_t(X, Y, Z) = \begin{cases} (X \wedge Y) \vee (\overline{X} \wedge Z), & 0 \leqslant t \leqslant 19 \\ X \oplus Y \oplus Z, & 20 \leqslant t \leqslant 39 \\ (X \wedge Y) \vee (X \wedge Z) \vee (Y \wedge Z), & 40 \leqslant t \leqslant 59 \\ X \oplus Y \oplus Z, & 60 \leqslant t \leqslant 79 \end{cases}$$

其中,$\wedge$ 表示逐位与,$\vee$ 表示逐位或,$\oplus$ 表示逐位异或,$\overline{X}$ 则表示 X 的逐位取反。

对一个消息块 M_i,首先用下面的算法将消息块(16 个 32b,共 512b)变成 80 个 32b 子块(W_0 到 W_{79}):

$$W_j = \begin{cases} M_j, & 0 \leqslant j \leqslant 15 \\ (W_{j-3} \oplus W_{j-8} \oplus W_{j-14} \oplus W_{j-16}) << 1, & 16 \leqslant j \leqslant 79 \end{cases}$$

其中,<<表示循环左移位。

将第一个 5 个字的缓冲区内容复制到第二个 5 个字的缓冲区:
$$H_0 = A, \quad H_1 = B, \quad H_2 = C, \quad H_3 = D, \quad H_4 = E$$

对每一个 $W_j(1 \leqslant j \leqslant 79)$:

$$\text{TEMP} = (A << 5) + f_j(B, C, D) + E + W_j + K_j$$

$$E = D$$

$$D = C$$

$$C = B << 30$$

$$B = A$$

$$A = \text{temp}$$

其中,+表示模 2^{32} 的加法运算。

最后,执行

$$A = H_0 + A, \quad B = H_1 + B, \quad C = H_2 + C, \quad D = H_3 + D, \quad E = H_4 + E$$

步骤 5:输出。

所有的 N 个 512b 消息块都处理完以后,输出的是 $ABCDE$,即长度为 160b 的消息摘要。

3. MD5

MD5(Message-Digest Algorithm 5,消息摘要算法 5)是广泛使用的散列算法之一。MD5 的设计者是麻省理工学院的 Ronald L. Rivest,经 MD2、MD3 和 MD4 发展而来。MD4 算法发布于 1990 年,该算法没有基于任何假设和密码体制,运行速度快,实用性强,受到了广泛的关注。但后来人们发现 MD4 存在安全缺陷,于是 Rivest 于 1991 年对 MD4 做了几点改进,改进的算法就是 MD5。虽然 MD5 比 MD4 稍微慢一些,但更为安全。

MD5 输入任意长度的消息,生成 128b 的散列值。输入消息被以 512b 长度来分组,且每一分组又被划分为 16 个 32b 子分组,经过了一系列的处理后,算法的输出由 4 个 32b 分组组成,将这 4 个 32b 分组级联后生成一个 128b 散列值。

MD5 计算消息摘要时执行下述步骤。

步骤 1:消息填充。

在 MD5 算法中,首先需要对消息进行填充,使其长度(以二进制位为单位)对 512 求余的结果等于 448。因此,信息的位长将被扩展至 $N \times 512 + 448$,即 $N \times 64 + 56$ 个字节,N 为一个正整数。填充的方法如下,在消息的后面填充一个 1 和多个 0,直到满足长度对 512 求余的结果等于 448 才停止填充。

步骤 2:添加长度。

消息填充的结果后面附加一个以 64 位二进制表示的填充前消息长度。经过这两步的处理,现在的消息的位长= $N \times 512 + 448 + 64 = (N+1) \times 512$,即长度恰好是 512 的整数倍。换句话说,消息长度现在是 16 个 32 位字的整数倍。这样做是为了满足后面处理中对信息长度的要求。

步骤 3：初始化缓冲区。

MD5 中用一个 4 字缓冲区表示 4 个 32 位寄存器，也被称作链接变量（chaining variable）。这个 128 位缓冲区用于计算消息摘要。这 4 个寄存器被初始化为

$$a = 0x01234567$$
$$b = 0x89abcdef$$
$$c = 0xfedcba98$$
$$d = 0x76543210$$

将上面 4 个链接变量复制到另外 4 个变量中：a 到 AA，b 到 BB，c 到 CC，d 到 DD。

当设置好这 4 个链接变量后，就开始进入算法的主循环，循环的次数是消息中 512 位消息分组的数目。

步骤 4：定义辅助函数。

MD5 算法要用到 4 个辅助函数。这 4 个非线性函数（每轮一个）都以 3 个 32 位字为输入，生成一个 32 位字输出。它们被表示为

$$F(X,Y,Z) = (X \wedge Y) \vee (\overline{X} \wedge Z)$$
$$G(X,Y,Z) = (X \wedge Z) \vee (Y \wedge \overline{Z})$$
$$H(X,Y,Z) = X \oplus Y \oplus Z$$
$$I(X,Y,Z) = Y \oplus (X \vee \overline{Z})$$

这里，$\wedge$ 表示逐位与，$\vee$ 表示逐位或，$\oplus$ 表示逐位异或，$\overline{X}$ 则表示 X 的逐位取反。

此外，MD5 还使用了 4 种操作。假设 M_j 表示消息的第 j 个子分组（0～15），则 4 种操作如下：

$FF(a, b, c, d, M_j, s, t_i)$　表示 $a = b + ((a + F(b, c, d) + M_j + t_i) << s)$
$GG(a, b, c, d, M_j, s, t_i)$　表示 $a = b + ((a + G(b, c, d) + M_j + t_i) << s)$
$HH(a, b, c, d, M_j, s, t_i)$　表示 $a = b + ((a + H(b, c, d) + M_j + t_i) << s)$
$II(a, b, c, d, M_j, s, t_i)$　表示 $a = b + ((a + I(b, c, d) + M_j + t_i) << s)$

其中，$<< s$ 表示循环左移 s 位，$+$ 表示整数模 2^{32} 加法运算。

步骤 5：4 轮计算。

主循环有 4 轮（MD4 只有 3 轮），每一轮循环都很相似。每一轮进行 16 次操作。每次操作对 a、b、c 和 d 中的 3 个作一次非线性函数运算，然后将所得结果加上第 4 个变量、一个子分组和一个常数，再将所得结果循环左移，并加上 a、b、c、d 之一。最后用该结果取代 a、b、c、d 之一。

这 4 轮循环如下。

第一轮：

$$FF(a, b, c, d, M_0, 7, 0xd76aa478)$$
$$FF(d, a, b, c, M_1, 12, 0xe8c7b756)$$
$$FF(c, d, a, b, M_2, 17, 0x242070db)$$
$$FF(b, c, d, a, M_3, 22, 0xc1bdceee)$$
$$FF(a, b, c, d, M_4, 7, 0xf57c0faf)$$
$$FF(d, a, b, c, M_5, 12, 0x4787c62a)$$

$\text{FF}(c, d, a, b, M_6, 17, \text{0xa8304613})$

$\text{FF}(b, c, d, a, M_7, 22, \text{0xfd469501})$

$\text{FF}(a, b, c, d, M_8, 7, \text{0x698098d8})$

$\text{FF}(d, a, b, c, M_9, 12, \text{0x8b44f7af})$

$\text{FF}(c, d, a, b, M_{10}, 17, \text{0xffff5bb1})$

$\text{FF}(b, c, d, a, M_{11}, 22, \text{0x895cd7be})$

$\text{FF}(a, b, c, d, M_{12}, 7, \text{0x6b901122})$

$\text{FF}(d, a, b, c, M_{13}, 12, \text{0xfd987193})$

$\text{FF}(c, d, a, b, M_{14}, 17, \text{0xa679438e})$

$\text{FF}(b, c, d, a, M_{15}, 22, \text{0x49b40821})$

第二轮：

$\text{GG}(a, b, c, d, M_1, 5, \text{0xf61e2562})$

$\text{GG}(d, a, b, c, M_6, 9, \text{0xc040b340})$

$\text{GG}(c, d, a, b, M_{11}, 14, \text{0x265e5a51})$

$\text{GG}(b, c, d, a, M_0, 20, \text{0xe9b6c7aa})$

$\text{GG}(a, b, c, d, M_5, 5, \text{0xd62f105d})$

$\text{GG}(d, a, b, c, M_{10}, 9, \text{0x02441453})$

$\text{GG}(c, d, a, b, M_{15}, 14, \text{0xd8a1e681})$

$\text{GG}(b, c, d, a, M_4, 20, \text{0xe7d3fbc8})$

$\text{GG}(a, b, c, d, M_9, 5, \text{0x21e1cde6})$

$\text{GG}(d, a, b, c, M_{14}, 9, \text{0xc33707d6})$

$\text{GG}(c, d, a, b, M_3, 14, \text{0xf4d50d87})$

$\text{GG}(b, c, d, a, M_8, 20, \text{0x455a14ed})$

$\text{GG}(a, b, c, d, M_{13}, 5, \text{0xa9e3e905})$

$\text{GG}(d, a, b, c, M_2, 9, \text{0xfcefa3f8})$

$\text{GG}(c, d, a, b, M_7, 14, \text{0x676f02d9})$

$\text{GG}(b, c, d, a, M_{12}, 20, \text{0x8d2a4c8a})$

第三轮：

$\text{HH}(a, b, c, d, M_5, 4, \text{0xfffa3942})$

$\text{HH}(d, a, b, c, M_8, 11, \text{0x8771f681})$

$\text{HH}(c, d, a, b, M_{11}, 16, \text{0x6d9d6122})$

$\text{HH}(b, c, d, a, M_{14}, 23, \text{0xfde5380c})$

$\text{HH}(a, b, c, d, M_1, 4, \text{0xa4beea44})$

$\text{HH}(d, a, b, c, M_4, 11, \text{0x4bdecfa9})$

$\text{HH}(c, d, a, b, M_7, 16, \text{0xf6bb4b60})$

$\text{HH}(b, c, d, a, M_{10}, 23, \text{0xbebfbc70})$

$\text{HH}(a, b, c, d, M_{13}, 4, \text{0x289b7ec6})$

$$HH(d, a, b, c, M_0, 11, 0xeaa127fa)$$
$$HH(c, d, a, b, M_3, 16, 0xd4ef3085)$$
$$HH(b, c, d, a, M_6, 23, 0x04881d05)$$
$$HH(a, b, c, d, M_9, 4, 0xd9d4d039)$$
$$HH(d, a, b, c, M_{12}, 11, 0xe6db99e5)$$
$$HH(c, d, a, b, M_{15}, 16, 0x1fa27cf8)$$
$$HH(b, c, d, a, M_2, 23, 0xc4ac5665)$$

第四轮：

$$II(a, b, c, d, M_0, 6, 0xf4292244)$$
$$II(d, a, b, c, M_7, 10, 0x432aff97)$$
$$II(c, d, a, b, M_{14}, 15, 0xab9423a7)$$
$$II(b, c, d, a, M_5, 21, 0xfc93a039)$$
$$II(a, b, c, d, M_{12}, 6, 0x655b59c3)$$
$$II(d, a, b, c, M_3, 10, 0x8f0ccc92)$$
$$II(c, d, a, b, M_{10}, 15, 0xffeff47d)$$
$$II(b, c, d, a, M_1, 21, 0x85845dd1)$$
$$II(a, b, c, d, M_8, 6, 0x6fa87e4f)$$
$$II(d, a, b, c, M_{15}, 10, 0xfe2ce6e0)$$
$$II(c, d, a, b, M_6, 15, 0xa3014314)$$
$$II(b, c, d, a, M_{13}, 21, 0x4e0811a1)$$
$$II(a, b, c, d, M_4, 6, 0xf7537e82)$$
$$II(d, a, b, c, M_{11}, 10, 0xbd3af235)$$
$$II(c, d, a, b, M_2, 15, 0x2ad7d2bb)$$
$$II(b, c, d, a, M_9, 21, 0xeb86d391)$$

常数 t_i 可以按如下方法选择：在第 i 步中，t_i 是 $4294967296 \times abs(\sin(i))$ 的整数部分，i 的单位是弧度（4294967296 等于 2 的 32 次方）。

所有这些完成之后，将 a、b、c、d 分别加上 AA、BB、CC、DD，然后用下一分组数据继续运行算法，最后的输出是 A、B、C 和 D 的级联。

3.2 数字签名

在实际生活中,许多事情的处理需要人们手写签名。签名起到了鉴别、核准、负责等作用,表明签名者对文档内容的认可,并产生某种承诺或法律上的效应。数字签名是手写签名的数字化形式,是公钥密码学发展过程中最重要的概念之一,也是现代密码学的一个最重要的组成部分之一。数字签名的概念自从 1976 年被提出就受到了特别的关注。数字签名已成为计算机网络不可缺少的一项安全技术,在商业、金融、军事等领域得到了广泛的应用。很多国家对数字签名的使用颁布了相应的法案。美国 2000 年通过的《电子签名全球与国内贸易法案》就规定数字签名与手写签名具有同等法律效力,我国的《电子签名法》也规定可靠的数字签名与手写签名或印章有同等法律效力。

3.2.1　数字签名简介

1. 数字签名的必要性

消息鉴别通过验证消息完整性和真实性,可以保护信息交换双方不受第三方的攻击,但是它不能处理通信双方内部的相互攻击,这些攻击可以有多种形式。

例如,B 可以伪造一条消息并称该消息发自 A。此时,B 只需产生一条消息,用 A 和 B 共享的密钥产生消息鉴别码,并将消息鉴别码附于消息之后。因为 A 和 B 共享密钥,则 A 无法证明自己没有发送过该消息。

又比如,A 可以否认曾发送过某条消息。同样道理,因为 A 和 B 共享密钥,B 可以伪造消息,所以无法证明 A 确实发送过该消息。

在通信双方彼此不能完全信任对方的情况下,就需要除消息鉴别之外的其他方法来解决这些问题。数字签名是解决这个问题的最好方法,它的作用相当于手写签名。用户 A 发送消息给 B,B 只要通过验证附在消息上的 A 的签名,就可以确认消息是否确实来自 A。同时,因为消息上有 A 的签名,A 在事后也无法抵赖所发送过的消息。因此,数字签名的基本目的是认证、核准和负责,防止相互欺骗和抵赖。数字签名在身份认证、数据完整性、不可否认性和匿名性等方面有着广泛的应用。

2. 数字签名的概念及其特征

数字签名在 ISO 7498-2 标准中定义为"附加在数据单元上的一些数据,或是对数据单元所做的密码变换,这种数据和变换允许数据单元的接收者用以确认数据单元来源和数据单元的完整性,并保护数据,防止被人(例如接收者)进行伪造"。

数字签名体制也叫数字签名方案,一般包含两个主要组成部分,即签名算法和验证算法。对消息 M 签名记为 $s = \mathrm{Sig}(m)$,而对签名 s 的验证可记为 $\mathrm{Ver}(s) \in \{0,1\}$。数字签名体制的形式化定义如下。

定义 3-1　一个数字签名体制是一个五元组 (M, A, K, S, V),其中:

- M 是所以可能的消息的集合,即消息空间。
- A 是所有可能的签名组成的一个有限集,称为签名空间。
- K 是所有密钥组成的集合,称为密钥空间。
- S 是签名算法的集合,V 是验证算法的集合,满足:对任意 $k \in K$,有一个签名算法 Sig_k 和一个验证算法 Ver_k,使得对任意消息 $m \in M$,每一签名 $a \in A$,$\mathrm{Ver}_k(m,a) = 1$,当且仅当 $a = \mathrm{Sig}_k(m)$。

在数字签名体制中,$a = \mathrm{Sig}_k(m)$ 表示使用密钥 k 对消息 m 签名,(m,a) 称为一个消息 - 签名对。发送消息时,通常将签名附在消息后。

数字签名必须具有下列特征:

- 可验证性。信息接收方必须够验证发送方的签名是否真实有效。
- 不可伪造性。除了签名人之外,任何人不能伪造签名人的合法签名。
- 不可否认性。发送方在发送签名的消息后,无法抵赖发送的行为;接收方在收到消息后,也无法否认接收的行为。

- 数据完整性。数字签名使得发送方能够对消息的完整性进行校验。换句话说,数字签名具有消息鉴别的功能。

根据这些特征,数字签名应满足下列条件:

- 签名必须是与消息相关的二进制位串。
- 签名必须使用发送方某些独有的信息,以防伪造和否认。
- 产生数字签名比较容易。
- 识别和验证签名比较容易。
- 伪造数字签名在计算上是不可行的。无论是从给定的数字签名伪造消息,还是从给定的消息伪造数字签名,在计算上都是不可行的。
- 保存数字签名的副本是可行的。

基于公钥密码算法和对称密码算法都可以获得数字签名,目前主要采用基于公钥密码算法的数字签名。在基于公钥密码的签名体制中,签名算法必须使用签名人的私钥,而验证算法则只使用签名人的公钥。因此,只有签名人才可能产生真实有效的签名,只要他的私钥是安全的。签名的有效性能被任何人验证,因为签名人的公钥是公开可访问的。

3.2.2　基于公钥密码的数字签名原理

假定接收方已知发送方的公钥,则发送方可以用自己的私钥对整个消息或消息的散列码加密来产生数字签名,接收方用发送方的公钥对签名进行验证从而确认签名和消息的真实性,如图 3-6 所示。

图 3-6　基于公钥密码的数字签名原理

在实际应用中,考虑到效率,一般采用第二种方法,即发送方用自己的私钥对消息的散列值加密来产生数字签名。假设发送方否认发送过消息 M,则接收方只需要提供 M 和

签名 $E(\mathrm{PR}_A, H(M))$。第三方可以用 A 的公钥解密签名得到 $H(M)$，并与自己计算得到的散列值进行比较。如果相等，由于签名是 A 用自己的私钥加密的，则 M 肯定是 A 发送的，A 无法抵赖自己的发送行为。

　　如果发送方用接收方的公钥(公钥密码)和共享的密钥(对称密码)再对整个消息和签名加密，则可以获得保密性，如图 3-7 所示。

(a) 方法一

(b) 方法二

图 3-7　签名和保密

　　注意，这里是先进行签名，然后才执行外层的加密，这样在发生争执时，第三方可以查看消息及其签名。若先对消息加密，然后才对消息的密文签名，那么第三方必须知道解密密钥才能读取原始消息。但是签名若是在内层进行，那么接收方可以存储明文形式的消息及其签名，以备将来解决争执时使用。

　　签名的有效性依赖于发送方私钥的安全性。如果发送方想否认以前曾发送过某条消息，那么他可以称其私钥已丢失或被盗用，其他人伪造了他的签名。可以通过在私钥的安全性方面进行控制来阻止或至少减少这种情况的发生。比较典型的做法是，要求每条要签名的消息都包含一个时间戳(日期和时间)，以及在密钥被泄露后应立即向管理中心报告。

3.2.3　数字签名算法

　　自数字签名的概念被提出，人们设计了多种数字签名的算法。比较著名的有 RSA、EIGamal、Schnorr、DSS 等。

1. 基于 RSA 的数字签名

　　RSA 密码体制既可以用于加密，又可以用于签名。RSA 数字签名方案是最容易理解和实现的数字签名方案，其安全性基于大整数因子分解的困难性。

　　图 3-8 描述了基于 RSA 的数字签名方法。RSA 数字签名方法要使用一个散列函

数,散列函数的输入是要签名的消息,输出是定长的散列码。发送方用其私钥和 RSA 算法对该散列码加密形成签名,然后发送消息及其签名。接收方收到消息后计算散列码,并用发送方的公钥对签名解密得到发送方计算的散列码,如果两个散列码相同,则认为签名是有效的。因为只有发送方拥有私钥,因此只有发送方能够产生有效的签名。

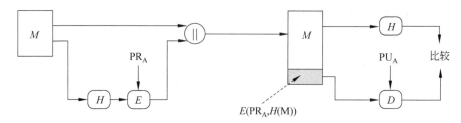

图 3-8　RSA 数字签名

2. 数字签名标准

美国国家标准与技术研究所(NIST)于 1991 年提出了一个联邦数字签名标准,称为数字签名标准(DSS)。DSS 使用安全散列算法(SHA),给出了一种新的数字签名方法,即数字签名算法(DSA)。与 RSA 不同,DSS 是一种公钥方法,但只提供数字签名功能,不能用于加密或密钥分配。

DSS 数字签名方法如图 3-9 所示。

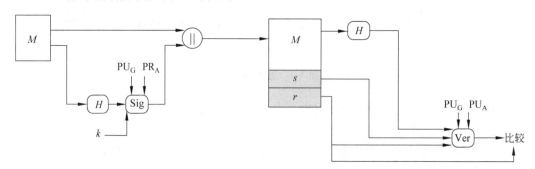

图 3-9　DSS 数字签名方法

DSS 方法也使用散列函数,它产生的散列码和为此次签名而产生的随机数 k 作为签名函数的输入,签名函数依赖于发送方的私钥(PR_A)和一组参数,这些参数为一组通信伙伴所共有,可以认为这组参数构成全局公钥(PU_G)。

接收方对接收到的消息产生散列码,这个散列码和签名一起作为验证函数的输入,验证函数依赖于全局公钥和发送方公钥 PU_A,若验证函数的输出等于签名中的 r 成分,则签名是有效的。签名函数保证只有拥有私钥的发送方才能产生有效签名。

DSA 安全性基于计算离散对数的困难性,并起源于 ElGamal 和 Schnorr 提出的数字签名方法。

图 3-10 归纳总结了 DSA 算法。公钥由 3 个参数 p、q、g 组成,并为一组用户所共有。首先选择一个 160 位的素数 q,然后选择一个长度为 512~1024 的素数 p,并且使得 q 是 $p-1$ 的素因子;最后选择形为 $h^{(p-1)/q} \bmod p$ 的 g,其中 h 是 1 到 $p-1$ 之间的整数,且 g

大于 1。

全局公钥组成
p 为素数，其中 $2^{L-1} < p < 2^L$，$512 \leqslant L \leqslant 1024$ 且 L 是 64 的倍数，即 L 的位长为 $512 \sim 1024$ 并且并其增量为 64 位。q 为 $p-1$ 的素因子，其中 $2^{159} < q < 2^{160}$，即位长为 160 位。$g = h^{(p-1)/q} \bmod p$，其中 h 是满足 $1 < h < p-1$，并且 $h^{(p-1)/q} \bmod p > 1$ 的任何整数

用户的私钥
x 为随机或伪随机整数且 $0 < x < q$

用户的公钥
$y = g^x \bmod p$

与用户每条消息相关的秘密值
k 等于随机或伪随机整数且 $0 < k < q$

签名
$r = (g^k \bmod p) \bmod q$ $s = [k^{-1}(H(M)+xr)] \bmod q$ 签名 $= (r, s)$

验证
$w = (s')^{-1} \bmod q$ $u_1 = [H(M')w] \bmod q$ $u_2 = (r')w \bmod q$ $v = [(g^{u_1} y^{u_2}) \bmod p] \bmod q$ 检验：$v = r'$

M——要签名的消息
$H(M)$——使用 SHA-1 求得的 M 的散列码
M', r', s'——接收到的 M, r, s

图 3-10　数字签名算法 DSA

选定这些参数后，每个用户选择私钥并产生公钥。私钥 x 必须是随机或伪随机选择的素数，取值区间是 $[1, q-1]$，公钥则根据公式 $y = g^x \bmod p$ 计算得到。由给定的 x 计算 y 比较简单，而由给定的 y 确定 x 则在计算上是不可行的，因为这就是求 y 的以 g 为底的模 p 的离散对数，而求离散对数是困难的。

假设要对消息 M 进行签名。发送方需计算两个参数 r 和 s，它是公钥 (p, q, g)、用户私钥 (x)、消息的散列码 $H(M)$ 和附加整数 k 的函数，其中 k 是随机或伪随机产生的，$0 < k < q$，且 k 对每次签名是唯一的。

为了对签名进行验证，接收方计算值 v，它是公钥 (p, q, g)、发送方公钥、接收到的消息的散列码的函数，若 v 与签名中的 r 相同，则签名是有效的。

图 3-11 描述了上述签名和验证函数。

$$s = f_1(H(M), k, x, r, q) = (k^{-1}(H(M)+xr)) \bmod q$$
$$r = f_2(k, p, q, g) = (g^k \bmod p) \bmod q$$

(a) 签名

$$w = f_3(s', q) = (s')^{-1} \bmod q$$
$$v = f_4(y, q, g, H(M'), w, r')$$
$$= ((g^{H(M')w \bmod q} y^{r'w \bmod q}) \bmod p) \bmod q$$

(b) 验证

图 3-11　DSS 签名和验证函数

DSA 算法有这样一个特点：接收端的验证依赖于 r，但是 r 却根本不依赖于消息，它是 k 和全局公钥的函数。$k \bmod p$ 的乘法逆元传给函数的输入还包含消息的散列码和用户私钥，函数的这种结构使接收方可利用其收到的消息、签名、接收方的公钥以及全局公钥来恢复 r。

由于求离散对数的困难性，攻击者从 r 恢复出 k 或从 s 恢复出 x 都是不可行的。

思 考 题

1. 消息鉴别主要用于对抗哪些类型的攻击？

2. 根据鉴别符的生成方式，鉴别函数可以分为哪几类？各自具有什么特点？

3. 什么是 MAC？其实现的基本原理是什么？

4. 散列函数应该具有哪些安全特性？

5. 简述 SHA-1 算法处理消息和输出摘要的过程。

6. 什么是数字签名？数字签名具有哪些特征？

7. 为什么说"消息鉴别无法处理内部矛盾（比如发送方否认发送过某消息，或者接收方否认接收到某消息），而数字签名可以"？

8. 简述基于公钥密码的数字签名原理。

第 4 章

身 份 认 证

在现实世界中,人们常常被问到"你是谁?"为了证明自己的身份,人们通常要出示一些证件,比如身份证、户口本等。在计算机网络世界中,这个问题仍然非常重要。在进行通信之前,必须弄清楚对方是谁,确定对方的身份,以确保资源被合法用户合理地使用。认证是防止主动攻击的重要技术,是安全服务的最基本内容之一。

计算机网络领域的身份认证是通过将一个证据与实体绑定来实现的。实体可能是用户、主机、应用程序甚至是进程。证据与身份之间是一一对应的关系。双方通信过程中,一方实体向另一方提供这个证据证明自己的身份,另一方通过相应的机制来验证证据,以确定该实体是否与证据所宣称的身份一致。身份认证技术在网络安全中处于非常重要的地位,是其他安全机制的基础。只有实现了有效的身份认证,才能保证访问控制、安全审计、入侵防范等安全机制的有效实施。

根据被认证实体的不同,身份认证包括两种情况:第一是计算机认证人的身份,称为用户认证;第二种是计算机认证计算机,主要出现在通信过程中的认证握手阶段。

本章首先介绍计算机认证人(用户认证)和计算机认证计算机(认证协议)的基本原理,然后介绍 3 个在网络上提供身份认证服务的标准:Kerberos、X. 509 和 PKI。

4.1 用 户 认 证

用户认证是由计算机对用户身份进行识别的过程,用户向计算机系统出示自己的身份证明,以便计算机系统验证该用户确实是所声称的用户,允许该用户访问系统资源。一个典型的场景是用户要使用公共场所安装的工作站。用户认证的实质是计算机认证人的身份,以查明用户是否具有他所请求的信息使用权利。用户认证是对访问者授权的前提,即用户获得访问系统权限的第一步。若用户身份得不到系统的认可,则无法进入系统访问资源。

用户认证的依据主要包括以下 3 种:

(1)用户所知道的信息,比如身份证号码、账号密码、口令等。

(2)用户所拥有的物品,比如 IC 卡、USB Key 等。

(3)用户所具有的独一无二的身体特征,比如指纹、虹膜、声音等。

4.1.1　基于口令的认证

1. 静态口令

基于用户名/口令的身份认证是最简单、最易实现、最容易理解和接受的一种认证技术，也是目前应用最广泛的认证方法。例如，操作系统及邮件系统等一些应用系统的登录和权限管理，都是采用"用户账户加静态口令"的身份识别方式。口令是一种根据"所知道的信息"实现身份认证的方法，其优势在于实现的简单性，无须任何附加设备，成本低，速度快。

从技术角度讲，静态口令的认证必须解决下面两个问题：

（1）口令存储。如果口令以明文方式存储，则易受字典攻击，即使用一个预先定义好的单词列表，逐一地尝试所有可能的口令的攻击方式。一般系统的口令文件存储的是口令的散列值，即使攻击者得到口令文件，由于散列函数的单向性，也无法得到用户口令。

（2）口令传输。在网络环境中，基于口令的身份认证系统一般采用客户/服务器模式，如各种 Web 应用。服务器统一管理多个用户账户，用户口令要从客户机传送到服务器上进行验证。为了保证传输过程中口令的安全，一般采用双方协商好的加密算法或单向散列函数对口令进行处理后传输。

基于静态口令的认证方式存在如下的安全问题：

- 它是一种单因素的认证方式，安全性全部依赖于口令，口令一旦被泄露，用户即可被冒充。
- 为了便于记忆，用户往往选择简单、容易被猜测的口令，如生日。这使得口令被破解的难度大大降低。
- 口令在网络上传输的过程中可能被截获。
- 系统中所有用户的口令以文件形式存储在认证方，攻击者可以利用系统中存在的漏洞获取系统的口令文件。即使口令经过加密，如果口令文件被窃取，那么就可以进行离线的字典式攻击。
- 用户在访问多个不同安全级别的系统时，都要求用户提供口令，用户为了记忆的方便，往往采用相同的口令。而低安全级别系统的口令更容易被攻击者获得，从而用来对高安全级别系统进行攻击。
- 口令方案无法抵抗重放攻击。
- 只能进行单向认证，即系统可认证用户，而用户无法对系统进行认证，攻击者可能伪装成系统骗取用户的口令。

因此，传统的静态口令认证方式正受到越来越多的挑战，已经成为网络应用的薄弱环节。

2. 动态口令

为了有效地改进口令认证的安全性，人们提出了各种基于动态口令的身份识别方法。动态口令又叫作一次性口令，是指在用户登录系统进行身份认证的过程中，送入计算机系统的验证数据是动态变化的。动态口令的主要思路是在登录过程中加入不确定因素，如时间，系统执行某种加密算法 E（用户名＋密码＋时间），产生一个无法预测的动态口令，以提高登录过程安全性。

动态口令的产生方式一般包括以下几种：

（1）共享一次性口令表。系统和用户共享一个秘密口令表，每个口令只使用一次。用户登录时，系统需要检查用户的口令是否使用过。

（2）口令序列。用户拥有一个长度为 N、单向的、根据某种单向算法前后相关的口令序列，每个口令只使用一次，而计算机系统只记录一个口令，假设是第 M 个。用户用第 $M-1$ 个口令登录时，系统用单向算法计算第 M 个口令，并与自己保存的第 M 个口令比对，实现对用户的认证。用户登录 N 次后，必须重新初始化口令序列。

（3）挑战-响应方式。用户登录时，系统产生一个随机数发送给用户。用户使用某种单向算法将自己的口令和随机数混合起来运算，结果发送给系统。系统用同样的方式进行运算，并通过结果比对实现对用户的认证。

（4）时间-事件同步机制。这种方式可以看作"挑战-响应"方式的变形，区别在于以用户登录时间作为随机因素。这种方式要求双方的时间要同步。

典型地，基于电子令牌卡生成口令的工作原理如下：

用户和计算机系统之间共享同一个用户口令。用户还拥有一种叫作动态令牌的专用硬件，内置电源、密码生成芯片和显示屏，并拥有一个运行专门的密码算法的密码生成芯片。当用户向认证系统发出登录请求时，认证系统向用户发送挑战数据。挑战数据通常是由两部分组成的，一部分是种子值，它是分配给用户的在系统内具有唯一性的一个数值，而另一部分是随时间或次数不断变化的数值。用户接收到挑战后，将种子值、随机数值和用户口令输入到动态令牌中进行计算，并把结果作为应答发送给远程认证系统。远程认证系统使用相同的算法和数据进行计算，与从用户那里接收到的应答数据作对比，认证用户的合法性。

动态口令具有以下几个技术特点：

- 动态性。登录口令是不断变化的。
- 随机性。口令的产生是随机的，具有不可预测性。
- 一次性。每个口令只使用一次，以后不再使用。
- 方便性。用户不需记忆口令。

因此，动态口令极大地提高了用户身份认证的安全性。

4.1.2　基于智能卡的认证

智能卡（SmartCard）是一种集成的带有智能的电路卡，内置可编程的微处理器，可存储数据，并提供硬件保护措施和加密算法。在智能卡中存储用户个性化的秘密信息，同时在验证服务器中也存放该秘密信息，进行认证时，用户输入 PIN（个人身份识别码），智能卡认证 PIN 成功后，即可读出智能卡中的秘密信息，进而利用该秘密信息与主机之间进行认证。其中，基于 USB Key 的身份认证是当前比较流行的智能卡身份认证方式。

USB Key 结合了现代密码学技术、智能卡技术和 USB 技术，具有以下特点：

- 双因子认证。每一个 USB Key 都具有硬件 PIN 码保护，PIN 码和硬件构成了用户使用 USB Key 的两个必要因素，即所谓"双因子认证"。用户只有同时取得了

USB Key 和用户 PIN 码,才可以登录系统。即使用户的 PIN 码被泄露,只要用户持有的 USB Key 不被盗取,合法用户的身份就不会被假冒;如果用户的 USB Key 遗失,拾到者由于不知道用户的 PIN 码,也无法假冒合法用户的身份。

- 带有安全存储空间。USB Key 具有 8～128KB 的安全数据存储空间,可以存储数字证书、用户密钥等秘密数据,对该存储空间的读写操作必须通过程序实现,用户无法直接读取,其中用户私钥是不可导出的,杜绝了复制用户数字证书或身份信息的可能性。
- 硬件实现加密算法。USB Key 内置 CPU 或智能卡芯片,可以实现数据摘要、数据加解密和签名的各种算法,加解密运算在 USB Key 内进行,保证了用户密钥不会出现在计算机内存中,从而杜绝了用户密钥被黑客截取的可能性。
- 便于携带,安全可靠。如拇指般大的 USB Key 非常便于随身携带,并且密钥和证书不可导出;USB Key 的硬件不可复制,更显安全可靠。

基于 USB Key 的身份认证主要包括以下几种方式:

(1) 基于挑战/应答的双因子认证方式。先由客户端向服务器发出一个验证请求,服务器接到此请求后生成一个随机数(此为挑战)并通过网络传输给客户端。客户端将收到的随机数通过 USB 接口提供给计算单元,由计算单元使用该随机数与存储在安全存储空间中的密钥进行运算并得到一个结果(此为应答)作为认证证据传给服务器。与此同时,服务器也使用该随机数与存储在服务器数据库中的该客户密钥进行相同运算,如果服务器的运算结果与客户端回传的应答结果相同,则认为客户端是一个合法用户。密钥运算分别在硬件计算单元和服务器中运行,不出现在客户端内存中,也不在网络上传输,从而保护了密钥的安全,也就保护了用户身份的安全。

(2) 基于数字证书的认证方式。随着 PKI 技术日趋成熟,许多应用中开始使用数字证书进行身份认证与数据加密。数字证书是由权威公正的第三方机构即 CA 中心签发的,以数字证书为核心的加密技术可以对网络上传输的信息进行加密和解密、数字签名和签名验证,确保网上传递信息的机密性、完整性以及交易实体身份的真实性、签名信息的不可否认性,从而保障网络应用的安全性。USB Key 作为数字证书的存储介质,可以保证数字证书不被复制,并可以实现所有数字证书的功能。

基于智能卡的身份认证也有其严重的缺陷:系统只认卡不认人,智能卡可能丢失,拾到或窃得智能卡的人将可能假冒原持卡人的身份。而且对于智能卡认证,需要在每个认证端添加读卡设备,增加了硬件成本。

4.1.3　基于生物特征的认证

基于生物特征识别的认证方式以人体具有的唯一的、可靠的、终生稳定的生物特征为依据,利用计算机图像处理和模式识别技术来实现身份认证。生物特征识别技术目前主要利用指纹、虹膜、脸形、掌纹这几个方面的特征进行识别。

与传统的身份认证技术相比,基于生物特征的身份认证技术具有以下优点:

- 不易遗忘或丢失。
- 防伪性能好,不易伪造或被盗。

• "随身携带",方便使用。

目前,已有的生物特征识别技术主要有指纹识别、掌纹识别、手形识别、人脸识别、虹膜识别、视网膜识别、声音识别和签名识别等。其中,指纹识别是最早得到研究并利用的,也是最方便、最可靠的生物识别技术之一。指纹识别主要包括 3 个过程:指纹图像读取、特征提取、比对。首先,通过指纹读取设备读取到人体指纹的图像,进行初步的处理,使之清晰;然后,通过指纹图像进行指纹特征数据的提取,这是一种单方向的转换;最后,计算机通过某种指纹匹配算法进行比对,得到两个指纹的匹配结果。

此外,人们还研究了其他的一些生物特征,如手部静脉血管模式、DNA、耳形、身体气味、击键的动态特性、指甲下面的真皮结构等。这些技术与上述几大技术相比普及性较差,主要用于一些特定的应用领域。

尽管生物学特征的身份验证机制提供了很高的安全性,但其生物特征信息采集、认证装备的成本较高,只适用于安全级别比较高的场所。

4.2 认 证 协 议

在开放的网络环境中,为了通信的安全,一般都要求有一个初始的认证握手过程,以实现对通信双方或某一方的身份验证过程。身份认证协议在网络安全中占据十分重要的地位,对网络应用的安全有着非常重要的作用。

4.2.1 单向认证

单向认证是指通信双方中只有一方对另一方进行认证。通常,单向认证协议包括 3 个步骤:应答方 B 通过网络发送一个挑战;发起方 A 回送一个对挑战的响应;应答方 B 检查此响应,然后再进行通信。单向认证既可以采用对称密码技术实现,也可以采用公钥密码技术实现。

基于对称加密的单向认证方案如图 4-1 所示。

在图 4-1(a)中,B 随机选择一个挑战 R 发送给 A,A 收到后使用共享的密钥 K_{AB} 加密 R 并将解密结果发送给 B,则 B 加密得到 R',通过验证 $R=R'$ 来实现对 A 的单向身份认证。图 4-1(b)的方案是图 4-1(a)的一个变形。B 随机选择一个挑战 R,并将 R 加密发送给 A。A 收到后使用共享的密钥 K_{AB} 解密收到的数据,得到 R' 并发送给 B。同样,B 可以验证 $R=R'$ 来实现对 A 的单向身份认证。

(a) 方案一

(b) 方案二

图 4-1 基于对称加密的单向认证

如果存在一个密钥分发中心(Key Distribution Center,KDC),则基于对称加密实现单向认证的方案如图 4-2 所示。

每个用户与 KDC 共享唯一的一个主密钥,A 有一

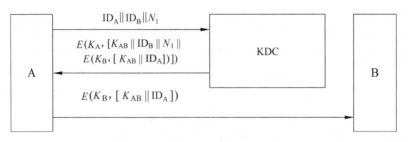

图 4-2　基于对称加密的、KDC 干预的单向认证

个除了自己外只有 KDC 知道的密钥 K_A，同样，B 有一个 K_B。设 A 要与 B 建立一个逻辑连接，需要用一个一次性的会话密钥来保护数据的传输。具体过程如下：

（1）A 向 KDC 请求一个会话密钥以保护与 B 的逻辑连接。消息中有 A 和 B 的标识及唯一的标识 N_1，这个标识称为临时交互号（Nonce）。

（2）KDC 以用 K_A 加密的消息做出响应。消息中有两项内容是给 A 的：

- 一次性会话密钥 K_{AB}，用于会话。
- 原始请求消息，包括临时交互号，以使 A 使用适当的请求匹配这个响应。

此外，消息中有两项内容是给 B 的：

- 一次性会话密钥 K_{AB}，用于会话。
- A 的标识符 ID_A。

这两项用 K_B（KDC 与 B 共享的主密钥）加密。它们将发送给 B，以建立连接并证明 A 的标识。

（3）A 存下会话密钥备用，并将消息的后两项发给 B，即 $E(K_B, [K_{AB} \| ID_A])$。现在 B 已知道会话密钥 K_{AB}，知道它稍后的通话伙伴是 A（来自 ID_A），且知道这些消息来自 KDC（因为它是用 K_B 加密的）。至此，B 实现了对 A 的认证过程。

基于公钥加密的简单单向认证方案如图 4-3 所示。

(a) 方案一

(b) 方案二

图 4-3　基于公钥加密的单向认证

在图 4-3(a)所示方案中，B 给 A 发送一个挑战 R，而 A 则用自己的私钥对 R 加密，B 可以通过 A 的公钥解密并验证 A 的身份。图 4-3(b)中，B 将挑战 R 用 A 的公钥加密后发送，A 则用自己的私钥解密得到 R'，B 通过验证 $R = R'$ 来实现对 A 的单向身份认证。

4.2.2　双向认证

双向认证是一个重要的应用领域，指通信双方相互验证对方的身份。双向认证协议可以使通信双方确信对方的身份并交换会话密钥。保密性和及时性是认证的密钥交换中两个重要的问题。为防止假冒和会话密钥的泄密，用户标识和会话密钥这样的重要信息必须以密文的形式传送，这就需要事先已有能用于这一目的的密钥或公钥。因为可能存在消息重放,所以及时性非常重要,在最坏情况下,攻击者可以利用重放攻击威胁会话密钥或者成功地假冒另一方。

对付重放攻击的方法之一是在每个用于认证交换的消息后附加一个序列号,只有序列号正确的消息才能被接收。但是这种方法存在这样一个问题,即它要求每一通信方都要记录其他通信各方最后的序列号,因此,认证和密钥交换一般不使用序列号,而是使用下列两种方法之一:

- 时间戳。仅当消息包含时间戳并且在 A 看来这个时间戳与其所认为的当前时间足够接近时,A 才认为收到的消息是新消息,这种方法要求通信各方的时钟应保持同步。
- 挑战/应答。若 A 要接收 B 发来的消息,则 A 首先给 B 发送一个临时交互号(挑战),并要求 B 发来的消息(应答)包含该临时交互号。

时间戳方法不适合于面向连接的应用。第一,它需要某种协议保持通信各方的时钟同步,为了能够处理网络错误,该协议必须能够容错,并且还应能抗恶意攻击;第二,如果由于通信一方时钟机制出错而使同步失效,那么攻击成功的可能性就会增大;第三,由于各种不可预知的网络延时,不可能保持各分布时钟精确同步。因此,任何基于时间戳的程序都应有足够长的时限以适应网络延时,同时应有足够短的时限以使攻击的可能性最小。

另一方面,挑战/应答不适合无连接的应用,因为它要求在任何无连接传输之前必须先握手,这与无连接的主要特征相违背。

与单向认证类似,双向认证既可以采用对称密码技术实现,也可以采用公钥密码技术实现。

1. 基于对称加密的双向认证

可以通过使用两层对称加密密钥的方式来保证分布式环境中通信的保密性。通常,这种方法要使用一个可信的密钥分发中心(KDC)。在网络中,各方与 KDC 共享一个称为主密钥的密钥,KDC 负责产生通信双方通信时短期使用的密钥(称为会话密钥),并用主密钥保护这些会话密钥的分配。基于 KDC 实现双向认证的经典协议是 Needham 和 Schroder 设计的一个协议,如图 4-4 所示。

图 4-4　基于对称加密的双向认证

该协议可归纳如下:

(1) A→KDC：$ID_A \parallel ID_B \parallel N_1$

(2) KDC→A：$E(K_A, [K_{AB} \parallel ID_B \parallel N_1 \parallel E(K_B, [K_{AB} \parallel ID_A])])$

(3) A→B：$E(K_B, [K_{AB} \parallel ID_A]) \parallel E(K_{AB}, N_2)$

(4) B→A：$E(K_{AB}, N_2, N_3)$

(5) A→B：$E(K_{AB}, f(N_3))$

A、B 和 KDC 分别共享密钥 K_A 和 K_B，该协议的目的是要保证将会话密钥 K_{AB} 安全地分配给 A 和 B。A 首先告诉 KDC，要和 B 通信。N_1 的作用是防止攻击方通过消息重放假冒 KDC。在步骤(2)，A 安全地获得新的会话密钥 K_{AB}。在步骤(3)，A 发送一个包括两个部分的消息给 B：第一部分来自 KDC，是用 K_B 加密的会话密钥 K_{AB} 和 A 的标识，第二部分是用 K_{AB} 加密的挑战 N_2。在步骤(4)，B 解密得到会话密钥 K_{AB} 和挑战 N_2，然后 B 用 K_{AB} 加密 N_2 和新的挑战 N_3，并发送给 A，N_2 的作用是证明 B 知道 K_{AB}，N_3 的作用是要求 A 证明自己知道 K_{AB}。步骤(5)使 B 确信 A 已知 K_{AB}。至此，A 和 B 相互认证了对方的身份，并且建立了会话密钥 K_{AB}。

2. 基于公钥加密的双向认证

用公钥密码进行会话密钥分配的方法见图 4-5。

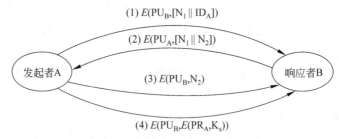

图 4-5　基于公钥密码的双向认证

(1) A 用 B 的公钥对含有其标识 ID_A 和挑战(N_1)的消息加密，并发送给 B。其中 N_1 用来唯一标识本次交易。

(2) B 发送一条用 PU_A 加密的消息，该消息包含 A 的挑战(N_1)和 B 产生的新挑战(N_2)。因为只有 B 可以解密消息(1)，所以消息(2)中的 N_1 可使 A 确信其通信伙伴是 B。

(3) A 用 B 的公钥对 N_2 加密，并返回给 B，这样可使 B 确信其通信伙伴是 A。

至此，A 与 B 实现了双向认证。

(4) A 选择密钥 K_s，并将 $M = E(PU_B, E(PR_A, K_s))$ 发送给 B。使用 B 的公钥对消息加密可以保证只有 B 才能对它解密；使用 A 的私钥加密可以保证只有 A 才能发送该消息。

(5) B 计算 $D(PU_A, D(PR_B, M))$ 得到密钥。

步骤(4)、(5)实现了对称密码的密钥分配。

4.3　Kerberos

Kerberos 是 20 世纪 80 年代美国麻省理工学院(MIT)开发的一种基于对称密码算法的网络认证协议，允许一个非安全的网络上的两台计算机通过交换加密消息互相证明身份。一旦身份得到验证，Kerberos 协议给这两台计算机提供密钥，以进行安全的通信。

Kerberos 阐述了这样一个问题：假设有一个开放的分布环境，用户通过用户名和口令登录到工作站。从登录到登出这段时间称为一个登录会话。在某个登录过程中，用户可能希望通过网络访问各种远程资源，这些资源需要认证用户的身份。用户工作站替用户实施认证过程，以获得资源使用权，而用户不需知道认证的细节。服务器能够只对授权用户提供服务，并能鉴别服务请求的种类。

Kerberos 的设计目的就是解决分布式网络环境下用户访问网络资源时的安全问题，即工作站的用户希望获得服务器上的服务，服务器能够对服务请求进行认证，并能限制授权用户的访问。

Kerberos 是为 TCP/IP 网络设计的可信第三方认证协议，利用可信第三方 KDC（密钥分发中心）进行集中的认证。

目前常用的 Kerberos 有两个版本。版本 4 被广泛使用，而版本 5 改进了版本 4 中的安全性，并成为 Internet 标准草案（RFC 1510）。

4.3.1 Kerberos 版本 4

Kerberos 通过提供一个集中的认证服务器来负责用户对服务器的认证和服务器对用户的认证。Kerberos 的实现包括一个运行在网络上某个物理安全节点处的密钥分发中心（KDC）以及一个函数库，需要认证用户身份的各个分布式应用程序调用这个函数库实现对用户的认证。Kerberos 的设计目标是使用户通过用户名和口令登录到工作站，工作站基于口令生成密钥，并使用密钥和 KDC 联系，以代替用户获得远程资源的使用授权。

1. Kerberos 配置

Kerberos 的版本 4 在协议中使用 DES 来提供认证服务。每个实体都有自己的密钥，称为该实体的主密钥，这个主密钥是和 KDC 共享的。用户主密钥从用户口令生成，因此用户需要记住自己的口令；而网络设备则存储自己的主密钥。Kerberos 服务器称为 KDC，包括两个重要的模块：认证服务器（Authentication Server，AS）和门票授权服务器（TGS）。KDC 有一个记录实体名字和相应主密钥的数据库。为保证 KDC 数据库的安全，这些实体主密钥用 KDC 的主密钥加密。

用户通过用户名和口令登录到工作站，主密钥根据其口令生成。工作站可以记住用户名和口令，并使用这些信息来完成后面的认证过程。但是这样做不是很安全。如果用户在登录会话过程中运行了不可信软件，则易造成口令的泄露。为了降低风险，在用户登录后，工作站首先向 KDC 申请一个会话密钥，而且只用于本次会话。随后，工作站忘掉用户名和口令，使用这个会话密钥和 KDC 联系，完成认证的过程，获得远程资源的使用授权。会话密钥只在一段时间内有效，这大大降低了该密钥泄露造成安全问题的风险。

2. 服务认证交换：获得会话密钥和 TGT

在用户 A 登录工作站的时候，工作站向 AS 申请会话密钥。AS 生成一个会话密钥 S_A 并用 A 的主密钥加密发送给 A 的工作站。此外，AS 还发送一个门票授权门票（Ticket-Granting Ticket，TGT），TGT 包含用 KDC 主密钥加密的会话密钥 S_A、A 的 ID

以及密钥过期时间等信息。A 的工作站用 A 的主密钥解密,然后工作站就可以忘记 A 的用户名和口令,而只需要记住 S_A 和 TGT。每当用户申请一项新的服务,工作站就用 TGT 证明自己的身份,向 TGS 发出申请。此过程如图 4-6 所示。

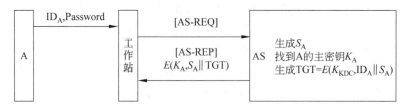

图 4-6　获得会话密钥和 TGT

用户 A 输入用户名和口令登录工作站,工作站以明文方式发送请求消息给 KDC,消息中包括 A 的用户名。收到请求后,KDC(AS 模块)使用 A 的主密钥加密访问 TGS 所需的证书,该证书包括:

- 会话密钥 S_A。
- TGT。TGT 包括会话密钥、用户名和过期时间,并用 KDC 的主密钥加密,因此只有 KDC 才可以解密该 TGT。

证书使用 A 的主密钥 K_A 加密,并发送给 A 的工作站。工作站将 A 的口令转换为 DES 密钥。工作站收到证书后,就用密钥解密证书,如果解密成功,则工作站抛弃 A 的主密钥,只保留 TGT 和会话密钥。

Kerberos 中,将工作站发送给 KDC 的请求称为 KRB_AS_REQ,即 Kerberos 认证服务器请求(Kerberos Authentication Server Request);将 KDC 的应答消息称为 KRB_AS_REP,即 Kerberos 认证服务器响应(Kerberos Authentication Server Response)。消息交换过程可以简单描述如下:

(1) A→AS:$ID_A \parallel ID_{TGS} \parallel TS_1$

(2) AS→A:$E(K_A, [S_A \parallel ID_{TGS} \parallel TS_2 \parallel Lifetime_2 \parallel TGT])$

$\qquad TGT = E(K_{KDC}, [S_A \parallel ID_A \parallel AD_A \parallel ID_{TGS} \parallel TS_2 \parallel Lifetime_2])$

两条消息的具体元素如表 4-1 所示。

表 4-1　服务认证交换:获得 TGT

消　　息	字　　段	说　　明
KRB_AS_REQ (用户申请 TGT)	ID_A	告知 AS 工作站的用户标识
	ID_{TGS}	告知 AS 用户请求访问 TGS
	TS_1	使 AS 能验证工作站时钟是否与 AS 时钟同步
KRB_AS_REP (AS 返回 TGT)	K_A	基于用户口令的密钥便得 AS 与工作站能验证口令,保护消息的内容
	S_A	工作站可访问的会话密钥,由 AS 创建,使得工作站和 TGS 在不需要共享永久密钥的前提下安全交换信息
	ID_{TGS}	标识该门票是为 TGS 生成的

续表

消　　息	字　　段	说　　明
KRB_AS_REP （AS 返回 TGT）	TS_2	通知客户端门票发放的时间戳
	$Lifetime_2$	通知客户端门票的生命期
	TGT	客户端用于访问 TGS 的门票

3. 服务授权门票交换：请求访问远程资源

有了 TGT 和会话密钥，A 就可以与 TGS 通话。假设 A 请求访问远程服务器 B 的资源。由工作站向 TGS 发送消息，消息中包含 TGT 和所申请服务的标识 ID。另外，此消息中还包含一个认证值，包括 B 的用户标识 ID、网络地址和时间戳。与 TGT 的可重用性不同，此认证值仅能使用一次且生命期极短。Kerberos 中将这个请求消息称为 KRB_TGS_REQ。

当 TGS 接到 KRB_TGS_REQ 消息后，用 S_A 解密 TGT，TGT 包含的信息说明用户 A 已得到会话密钥 S_A，即相当于宣布"任何使用 S_A 的用户必为 A"。接着，TGS 使用该会话密钥解密认证消息，用得到的信息检查消息来源的网络地址，如匹配，则 TGS 确认该门票的发送者与门票的所有者是一致的，从而验证了 A 的身份。

TGS 为 A 与 B 生成一个共享密钥 K_{AB}，并给 A 生成一个访问 B 的服务授权门票，门票的内容是使用 B 的主密钥加密的共享密钥 K_{AB} 和 A 的 ID。A 无法读取门票中的信息，因为门票用 B 的主密钥加密。为了获得 B 上的资源使用授权，A 将门票发送给 B，B 可以解密该门票，获得会话密钥 K_{AB} 和 A 的 ID。然后，TGS 给 A 发送一个应答消息，此消息称为 KRB_TGS_REP，用 TGS 和 A 的共享会话密钥加密。此应答消息内容包括 A 与服务器 B 的共享密钥 K_{AB}、服务器 B 的标识 ID 以及 A 访问 B 的服务授权门票。

服务授权门票的消息交换过程如图 4-7 所示。

图 4-7　获得服务授权门票

这一消息交换过程可以简单描述如下：

(1) $A \rightarrow TGS$：$ID_B \parallel TGT \parallel Authenticator_A$

(2) $TGS \rightarrow A$：$E(S_A, [K_{AB} \parallel ID_B \parallel TS_4 \parallel Ticket_B])$

$\qquad TGT = E(K_{KDC}, [S_A \parallel ID_A \parallel AD_A \parallel ID_{TGS} \parallel TS_2 \parallel Lifetime_2])$

$\qquad Ticket_B = E(K_B, [K_{AB} \parallel ID_A \parallel AD_A \parallel ID_B \parallel TS_4 \parallel Lifetime_4])$

$\qquad Authenticator_A = E(S_A, [ID_A \parallel AD_A \parallel TS_3])$

两条消息的具体元素如表 4-2 所示。

表 4-2 服务授权门票交换

消 息	字 段	说 明
KRB_TGS_REQ (客户端申请服务授权门票)	ID_B	告知 TGS 用户希望访问的服务器 B
	TGT	告知 TGS 该用户已被 AS 认证
	$Authenticator_A$	客户端生成的合法门票
KRB_TGS_REP (TGS 返回服务授权门票)	S_A	用 A 与 TGS 共享的密钥保护消息的内容
	K_{AB}	客户端可访问的会话密钥,由 TGS 创建,使得客户端和服务器在不需要共享永久密钥的前提下安全交换信息
	ID_B	标识该门票是为服务器 B 生成的
	TS_4	通知客户端门票发放的时间戳
	$Ticket_B$	客户端用于访问服务器 B 的门票
	TGT	重用,以免用户重新输入口令
	K_{KDC}	由 AS 和 TGS 共享的密钥加密的门票,防止伪造
	S_A	TGS 可访问的会话密钥,用于解密认证消息即认证门票
	ID_A	标识门票的合法所有者
	AD_A	防止门票在与申请门票时的不同工作站上使用
	ID_{TGS}	向服务器确保门票解密正确
	TS_2	通知 TGS 门票发放的时间
	$Lifetime_2$	防止门票过期后继续使用
	$Authenticator_A$	向 TGS 确保此门票的所有者与门票发放时的所有者相同,用短生命期防止重用
	S_A	用客户端与 TGS 共享的密钥加密认证消息,防止伪造
	ID_A	门票中必须与认证消息匹配的标识 ID
	AD_A	门票中必须与认证消息匹配的网络地址
	TS_3	通知 TGS 认证消息的生成时间

需要注意的是,某些字段,如 S_A、ID_A、AD_A,在多条消息中出现。实际上,这些字段都是相同的,但在不同消息中的作用不同。因此,基于多个不同的消息,这些字段会有多个不同的解释。

4. 客户/服务器认证交换:访问远程资源

用户 A 访问远程服务器 B 的过程如图 4-8 所示。

用户 A 的工作站给服务器 B 发送一个请求消息,此消息在 Kerberos 中称为 KRB_AP_REQ,即"应用请求"消息。AP_REQ 包含访问 B 的门票和认证值。认证值的形式是用 A 和 B 共享的会话密钥 K_{AB} 加密当前时间。

图 4-8 访问远程资源

B 解密 A 发送的门票得到密钥 K_{AB} 和 A 的 ID。然后,B 解密认证值以确认和他通信的实体确实知道密钥,同时检查时间,以保证这个消息不是重放消息。现在,B 已经认证了 A 的身份。B 的应答消息在 Kerberos 中称为 KRB_AP_REP。AP_REP 的消息作用是为了实现 A 对 B 的认证。具体实现机制是:B 将解密得到的时间值加 1,用 K_{AB} 加密后发回给 A。A 解密消息后可得到增加后的时间戳,由于消息是被会话密钥加密的,A 可以确信此消息只可能由服务器 B 生成。消息中的内容确保该应答不是一个对以前消息的应答。

至此,客户端 A 与服务器 B 实现了双向认证,并共享一个密钥 K_{AB},该密钥可以用于加密在它们之间传递的消息或交换新的随机会话密钥。

这一消息交换过程可以简单描述如下:

(1) A→B: $\text{Ticket}_B \| \text{Authenticator}_A$

(2) B→A: $E(K_{AB}, [TS_5+1])$(对所有认证)

$$\text{Ticket}_B = E(K_B, [K_{AB} \| ID_A \| AD_A \| ID_B \| TS_4 \| \text{Lifetime}_4])$$

$$\text{Authenticator}_A = E(K_{AB}, [ID_A \| AD_A \| TS_5])$$

表 4-3 总结了这一阶段两条消息中的各元素。

表 4-3 客户/服务器认证交换

消 息	字 段	说 明
KRB_AP_REQ (客户端申请服务)	Ticket_B	向服务器证明该用户通过了 AS 的认证
	Authenticator_A	客户端生成的认证值
KRB_AP_REP (可选的客户端认证服务器)	K_{AB}	向客户端 A 证明该消息来源于服务器 B
	TS_5+1	向客户端 A 证明该应答不是对原来消息的应答
	Ticket_B	可重用,使得用户在多次使用同一服务器时不需要向 TGS 申请新门票
	K_B	用 TGS 与服务器共享的密钥加密的门票,防止仿造
	K_{AB}	客户端可访问的会话密钥,用于解密认证消息
	ID_A	标识门票的合法所有者
	AD_A	防止门票在与申请门票时的不同工作站上使用
	ID_B	确保服务器能正确解密门票
	TS_4	通知服务器门票发放的时间

消　息	字　段	说　明
KRB_AP_REP （可选的客户端认证服务器）	Lifetime$_4$	防止门票超时使用
	Authenticator$_A$	向服务器确保此门票的所有者与门票发放时的所有者相同，用短生命期防止重用
	K_{AB}	用客户端与服务器共享的密钥加密的认证消息，防止假冒
	ID$_A$	门票中必须与认证消息匹配的标识 ID
	AD$_A$	门票中必须与认证消息匹配的网络地址
	TS$_5$	通知服务器认证消息的生成时间

5. Kerberos 域和多重 Kerberos

Kerberos 环境包括 Kerberos 服务器、若干客户端和若干应用服务器：

（1）Kerberos 服务器必须有存放用户标识（UID）和用户口令的数据库。所有用户必须在 Kerberos 服务器注册。

（2）Kerberos 服务器必须与每个应用服务器共享一个特定的密钥。所有应用服务器必须在 Kerberos 服务器注册。

这种环境称为一个 Kerberos 域。Kerberos 域是一组受管节点，它们共享同一 Kerberos 数据库。Kerberos 数据库驻留在 Kerberos 主控计算机系统上，该计算机系统应位于物理上安全的房间内。Kerberos 数据库的只读副本也可以驻留在其他 Kerberos 计算机系统上。但是，对数据库的所有更改都必须在主控计算机系统进行。更改或访问 Kerberos 数据库要求有 Kerberos 主控密码。还有一个概念是 Kerberos 主体。Kerberos 主体是 Kerberos 系统指导的服务或用户。每个 Kerberos 主体通过主体名称进行标识。主体名称由 3 部分组成：服务或用户名称、实例名称以及域名。

隶属于不同行政机构的客户/服务器网络通常构成了不同域，在一个 Kerberos 服务器中注册的客户与服务器属于同一个行政区域，但由于一个域中的用户可能需要访问另一个域中的服务器，而某些服务器也希望能给其他域的用户提供服务，所以也应该为这些用户提供认证。

Kerberos 提供了一种支持这种域间认证的机制。为支持域间认证，应满足一个需求：每个互操作域的 Kerberos 服务器应共享一个密钥，双方的 Kerberos 服务器应相互注册。

这种模式要求一个域的 Kerberos 服务器必须信任其他域的 Kerberos 服务器对其用户的认证。另外，其他域的应用服务器也必须信任第一域中的 Kerberos 服务器。

有了以上规则，可以用图 4-9 来描述该机制：当用户访问其他域的服务时，必须获得其他域中该服务的服务授权门票。用户按照通常的程序与本地 TGS 交互，并申请获得远程 TGS（另一个域的 TGS）的门票授权门票。客户端可以向远程 TGS 申请远程 TGS 域中服务器的服务授权门票。

送往远程服务器（V$_{rem}$）的门票表明了用户原认证所在的域，服务器可以决定是否接

图 4-9 跨域访问

收远程请求。

4.3.2 Kerberos 版本 5

Kerberos 版本 5 对版本 4 存在的一些缺陷进行了改进:

(1) 加密系统依赖性。版本 4 使用 DES,因此,它依赖于 DES 的强度,而 DES 的安全性一直受到人们的质疑;而且,DES 还有出口限制。版本 5 用加密类型标记密文,可以使用任何加密技术。加密密钥也加上类型和长度标记,允许不同的算法使用相同的密钥。

(2) Internet 协议依赖性。版本 4 需要使用 IP 地址,不支持其他地址类型。版本 5 用类型和长度标记网络地址,允许使用任何类型的网络地址。

(3) 消息字节顺序。版本 4 中,由消息的发送者用标记说明规定消息的字节顺序,而不遵循已有的惯例。在版本 5 中,所有消息结都遵循抽象语法表示(ASN.1)和基本编码规则(BER)的规定,提供一个明确无二义的消息字节顺序。

(4) 门票的生命期。版本 4 中,门票的生命期用一个 8 位表示,每个单位代表 5min。因此,最大生命期为 $2^8 \times 5 = 1280\text{min}$,约为 21h。这对某些应用可能不够长。在版本 5 中,门票中包含了精确的起始时间和终止时间,允许门票拥有任意长度的生命期。

（5）向前认证。在版本 4 中,不允许发给一个客户端的证书被转发到其他主机或被其他用户用来进行其他相关操作。此操作是指服务器为了完成客户端请求的服务而请求其他服务器协作的能力。例如,客户端申请打印服务器的服务,而打印服务器需要利用客户端证书访问文件服务器得到客户文件。版本 5 提供了这项功能。

（6）域间认证。版本 4 中,N 个域的互操作需要 N^2 个 Kerberos-to-Kerberos 关系。版本 5 中支持一种需要较少连接的方法。

（7）冗余加密。版本 4 中,对提供给客户端的门票进行两次加密,第一次使用的是目标服务器的密钥,第二次使用的是客户端密钥。版本 5 取消了第二次加密,即用用户密钥进行的加密,因为第二次加密并不是必需的。

（8）PCBC 加密。版本 4 加密使用 DES 的非标准模式 PCBC,此种模式已被证明易受交换密码块攻击。版本 5 提供了精确的完整性检查机制,并能够用标准的 CBC 模式加密。

（9）会话密钥。版本 4 中,每张门票中包含一个会话密钥,此门票被多次用来访问同一服务器,因而可能遭受重放攻击。在版本 5 中,客户端与服务器可以协商一个用于特定连接的子会话密钥,每个子会话密钥仅被使用一次。这种新的客户端访问方式将会降低重放攻击的机会。

图 4-10 描述了版本 5 的基本会话。

图 4-10　Kerberos 版本 5 消息交换

首先考虑认证服务交换。消息（1）是客户端请求门票授权门票过程。如前所述,它包括用户和 TGS 的标识,新增的元素包括：

• Realm：标识用户所属的域。
• Options：用于请求在返回的门票中设置指定的标志,如表 4-4 所示。
• Times：用于客户端请求在门票中设置时间：

- ◆ from：请求门票的起始时间。
- ◆ till：请求门票的过期时间。
- ◆ rtime：请求 till 更新时间。
- Nonce：在消息(2)中重复使用的临时交互号，用于确保应答是刷新的，且未被攻击者使用。

消息(2)返回门票授权门票，标识客户端信息和一个用用户口令形成的密钥加密的数据块。该数据块包含客户端和 TGS 间使用的会话密钥、消息(1)中设定的时间和临时交互号以及 TGS 的标识信息。门票本身包含会话密钥、客户端的标识信息、需要的时间值、影响门票状态的标志和选项。这些标志为版本 5 带来的一些新功能将在以后讨论。

版本 4 和版本 5 的服务授权门票交换有一些不同。两者的消息(3)均包含认证码、门票和请求服务的名字。在版本 5 中，还包括与消息(1)类似的门票请求的时间、选项和一个临时交互号；认证码的作用与版本 4 中相同。

消息(4)与消息(2)结构相同，返回门票和一些客户端需要的信息，后者被客户端和 TGS 共享的会话密钥加密。

最后，版本 5 对客户/服务器认证交换进行了一些改进，如在消息(5)中，客户端可以请求选择双向认证选项。认证也增加了以下新域：

- Subkey：客户端选择一个子密钥保护某一特定应用会话，如果此域被忽略，则使用门票中的会话密钥 $K_{c,v}$。
- Sequence：可选域，用于说明在此次会话中服务器向客户端发送消息的序列号。将消息排序可以防止重放攻击。

如果请求双向认证，则服务器按消息(6)应答。该消息中包含从认证消息中得到的时间戳。在版本 4 中该时间戳被加 1，而在版本 5 中，由于攻击者不可能在不知道正确密钥的情况下创建消息(6)，因此不需要对时间戳进行上述处理。如果有子密钥域存在，则覆盖消息(5)中相应的子密钥域。而选项序列号则说明了客户端使用的起始序列号。

版本 5 门票中的标志域支持许多版本 4 中没有的功能。表 4-4 总结了门票中可能包含的标志。

表 4-4　Kerberos 版本 5 标志

INITIAL	按照 AS 协议发布的服务授权门票，而不是基于门票授权门票发布的
PRE-AUTHENT	在初始认证中，客户在授予门票前即被 KDC 认证
HW-AUTHENT	初始认证协议要求使用带名客户端独占硬件资源
RENEWABLE	告知 TGS 此门票可用于获得最近超时门票的新门票
MAY-POSTDATE	告知 TGS 事后通知的门票可能基于门票授权门票
POSTDATED	表示该门票是事后通知的，终端服务器可以检查 authtime 域，查看认证发生的时间
INVALID	不合法的门票在使用前必须通过 KDC 使之合法化
PROXIABLE	告知 TGS 根据当前门票可以发放给不同网络地址新的服务授权门票

续表

PROXY	表示该门票是一个代理
FORWARDABLE	告知 TGS 根据此门票授权门票可以发放给不同网络地址新的门票授权门票
FORWARDED	表示该门票或是经过转发的门票或是基于转发的门票授权门票认证后发放的门票

标志 INITIAL 用于表示门票是由 AS 发放的,而不是由 TGS 发放的。当客户端向 TGS 申请服务授权门票时,必须拥有 AS 发放的门票授权门票。在版本 4 中,这是唯一获得服务授权门票的方法。版本 5 提供了一种可以直接从 AS 获得服务授权门票的手段,其机制是:一个服务器(如口令变更服务器)希望知道客户端口令近来已被验证。

标志 PRE-AUTHENT 如果被设置,则表示当 AS 接收初始请求(消息(1))时,在发放门票前应先对客户端进行认证,其预认证的确切格式在此未做详细说明。例如,MIT 实现版本 5 时,加密的时间戳默认设置为预认证。当用户想得到一个门票时,它将一个带有临时交互号的预认证块、版本号和时间戳用基于客户口令的密钥加密后送往 AS。AS 解密后,如果预认证块中的时间戳不在允许的时间范围之内(时间间隔取决于时钟迁移和网络延迟),则 AS 不返回门票授权门票。另一种可能性是使用智能卡(smart card)生成不断变化的口令,将其包含在预认证消息中。卡所生成的口令基于用户口令,但经过了一定的变换,使得生成的口令具有随机性,防止了简单猜测口令的攻击。如果使用了智能卡或其他相似设备,则设置 HW-AUTHENT 标志。

当门票的生命期较长时,就在相当一段时间内存在门票被攻击者窃取并使用的威胁。而缩短门票的生命期可降低这种威胁,主要开销将在于获取新门票,如对门票授权门票而言,客户端可以通过存储用户密钥(危险性较大)或重复向用户询问口令来解决。一种解决方案是使用可重新生成的门票。一个具有标志 RENEWABLE 的门票中包含两个有效期:一个是此特定门票的有效期,另一个是最大许可值的有效期。客户端可以通过将门票提交给 TGS 申请得到新的有效期的方法获得新门票。如果这个新的有效期在最大有效期的范围之内,TGS 即发放一个具有新的会话时间和有效期的新门票。这种机制的好处在于,TGS 可以拒绝更新已报告为被盗用的门票。

客户端可请求 AS 提供一个具有标志 MAY-POSTDATE 的门票授权门票。客户端可以使用此门票从 TGS 申请一个具有标志 POSTDATED 或 INVALID 的门票,然后,客户端提交合法的超时门票。这种机制在服务器上运行批处理任务和经常需要门票时特别有用。客户端可以通过一次会话得到一组具有扩展性时间值的门票。但第一个门票被初始化为非法标志,当执行进行到某一阶段需要某一特定门票时,客户端即将相应的门票合法化。用这种方法,客户端就不再需要重复使用授权门票去获取服务授权门票。

在版本 5 中,服务器可以作为客户端的代理,获取客户端的信任和权限,并向其他服务器申请服务。如果客户端想使用这种机制,需要申请获得一个带有 PROXIABLE 标志的门票授权门票。当此门票传给 TGS 时,TGS 发布一个具有不同网络地址的服务授权门票。该门票的标志 PROXY 被设置,接收到这种门票的应用可以接收它或请求进一步认证,以提供审计跟踪。

代理在转发时有一些限制。如果门票被设置为 FORWARDABLE,TGS 给申请者发放一个具有不同网址和 FORWARDED 标志的门票授权门票,于是此门票可以被送往远程 TGS。这使得用户端在不需要每个 Kerberos 都包含与其他各不同域中的 Kerberos 共享密钥的前提下,可以访问不同域的服务器。例如,各域具有层次结构时,客户端可以向上遍历到一个公共节点后再向下到达目标域。每一步都是转发门票授权门票到图中的下一个 TGS。

4.4　X.509 认证服务

X.509 是由国际电信联盟(ITU-T)制定的关于数字证书结构和认证协议的一种重要标准,并被广泛使用。S/MIME、IPSec、SSL/TLS 与 SET 等都使用了 X.509 证书格式。

为了在公用网络中提供用户目录信息服务,ITU-T 于 1988 年制定了 X.500 系列标准。目录是指管理用户信息数据库的服务器或一组分布服务器,用户信息包括用户名到网络地址的映射等用户信息或其他属性。在 X.500 系列标准中,X.500 和 X.509 是安全认证系统的核心。X.500 定义了一种命名规则,以命名树来确保用户名称的唯一性;X.509 则定义了使用 X.500 目录服务的认证服务。X.509 规定了实体认证过程中广泛使用的证书语法和数据接口,称之为证书。每个证书包含用户的 X.500 名称和公钥,并由一个可信的认证中心用私钥签名,以确定名称和公钥的绑定关系。另外,X.509 还定义了基于公钥证书的一个认证协议。

X.509 是基于公钥密码体制和数字签名的服务。其标准中并未规定使用某个特定的算法,但推荐使用 RSA;其数字签名需要用到散列函数,但并没有规定具体的散列算法。

最初的 X.509 版本公布于 1988 年,版本 3 的建议稿于 1994 年公布,1995 年获得批准,2000 年被再次修改。

4.4.1　证书

X.509 的核心是与每个用户相关的公钥证书。所谓证书就是一种经过签名的消息,用来确定某个名字和某个公钥的绑定关系。这些用户证书由一些可信的认证中心(CA)创建并被 CA 或用户放入目录服务器中。目录服务器本身不创建公钥和证书,仅仅为用户获得证书提供一种简单的存取方式。如果用户 A 校验一个证书链,则 A 称为校验者,被校验公钥的拥有者称为当事人。校验者通过某种方法证实为可信的、能够签署证书的公钥称为信任锚(trust anchor)。在一个可校验的证书链中,第一张证书就是由信任锚签署的,即某个 CA。

1. 证书格式

X.509 证书包含以下信息:

(1)版本号(Version)。区分合法证书的不同版本。目前定义了 3 个版本,版本 1 的编号为 0,版本 2 的编号为 1,版本 3 的编号为 2。

(2)序列号(Serial number)。一个整数,和签发该证书的 CA 名称一起唯一标识该证书。

（3）签名算法标识（Signature algorithm identifier）。指定证书中计算签名的算法，包括一个用来识别算法的子域和算法的可选参数。

（4）签发者（Issuer name）。创建、签名该证书的 CA 的 X.500 格式名字。

（5）有效期（Period of validity）。包含两个日期，即证书的生效日期和终止日期。

（6）证书主体名（Subject name）。持有证书的主体的 X.500 格式名字，证明此主体是公钥的所有者。

（7）证书主体的公钥信息（Subject's public-key information）。主体的公钥以及将被使用的算法标识，带有相关的参数。

（8）签发者唯一标识（Issuer unique identifier）。版本 2 和版本 3 中可选的域，用于唯一标识认证中心 CA。

（9）证书主体唯一标识（Subject unique identifier）。版本 2 和版本 3 中可选的域，用于唯一标识证书主体。

（10）扩展（Extensions）。仅仅出现在版本 3 中，一个或多个扩展域集。

（11）签名（Signature）。覆盖证书的所有其他域，以及其他域被 CA 私钥加密后的散列代码，以及签名算法标识。

X.509 使用如下格式定义证书：

$$CA《A》=CA\{V,SN,AI,CA,T_A,A,Ap\}$$

其中，$Y《X》$ 表示用户 X 的证书，是认证中心 Y 发放的；$Y\{I\}$ 为 Y 签名 I，包含 I 和 I 被加密后的散列代码。

CA 用它的私钥对证书签名，如果用户知道相应的公钥，则用户可以验证 CA 签名证书的合法性，这是一种典型的数字签名方法。

2. 证书获取

如果只有一个 CA，所有用户都属于此 CA，并且普遍信任该 CA。所有用户的证书均可存放于同一个目录中，以被所有用户存取。另外，用户也可以直接将其证书传给其他用户。一旦用户 B 获得了 A 的证书，B 即可确信用 A 的公钥加密的消息是安全的，不可能被窃取，同时，用 A 的私钥签名的消息也不可能仿造。

实际应用中，用户数量众多，期望所有用户从同一个 CA 获得证书是不切实际的。因此，一般有多个 CA，每个 CA 给其用户群提供证书。由于证书是由 CA 签发的，每一个用户都需要拥有一个 CA 的公钥来验证其签名。该公钥必须用一种绝对安全的方式提供给每个用户，使得用户可以信任该证书。

假设存在两个认证机构 X_1 和 X_2，用户 A 获得了认证机构 X_1 的证书，而 B 获得了认证机构 X_2 的证书，如果 A 无法安全地获得 X_2 的公钥，则由 X_2 发放的 B 的证书对 A 而言就无法使用，A 只能读取 B 的证书，但无法验证其签名。然而，如果两个 CA 之间能安全地交换它们的公钥，则 A 可以通过下述过程获得 B 的公钥：

（1）从目录中获得由 X_1 签名的 X_2 的证书，由于 A 知道 X_1 的公钥，A 可从证书中获得 X_2 的公钥，并用 X_1 的签名来验证证书。

（2）A 再到目录中获取由 X_2 颁发的 B 的证书，由于 A 已经得到了 X_2 的公钥，A 即可利用它验证签名，从而安全地获得 B 的公钥。

A 使用了一个证书链来获得 B 的公钥,在 X.509 中,该链表示如下:

$$X_1《X_2》X_2《B》$$

同样,B 可以逆向地获得 A 的公钥:

$$X_2《X_1》X_1《A》$$

上述模式并不仅仅限于两个证书,对长度为 N 的 CA 链的认证过程可表示如下:

$$X_1《X_2》X_2《X_3》\cdots X_N《B》$$

在这种情况中,链中的每对 $CA(X_i, X_{i+1})$ 必须互相发放证书。

所有由 CA 发放给 CA 的证书必须放在一个目录中,用户必须知道如何找到一条路径获得其他用户的公钥证书。在 X.509 中,推荐采用层次结构放置 CA 证书,以利于建立强大的导航机制。

3. 证书撤销

与信用卡相似,每一个证书都有一个有效期。通常,新的证书会在旧证书失效前发放。另外,还可能由于以下原因提前撤回证书:

(1) 用户密钥被认为不安全。

(2) 用户不再信任该 CA。

(3) CA 证书被认为不安全。

每个 CA 必须存储一张证书撤销列表(Certificate Revocation List,CRL),用于列出所有被 CA 撤销但还未到期的证书,包括发给用户和其他 CA 的证书。CRL 也应被放在目录中。

X.509 也定义了 CRL 的格式。X.509 v2 的 CRL 包括以下域:

(1) 版本。可选字段,用于描述 CRL 版本,为整数值 1,指明是 CRL v2。

(2) 签名算法标识。与证书中的"签名算法标识"相同,用于定义计算 CRL 签名的算法。

(3) 签发者名称。与证书中的"签名者名称"相同,用于定义签发该 CRL 的 CA 的 X.500 名称。

(4) 本次更新。指明了 CRL 的签发时间。

(5) 下次更新。指示下一次发布 CRL 的时间。

(6) 回收证书。列出了所有已经撤销的证书。每一个已撤销证书都包括以下内容:

• 用户证书。包含该撤销证书的序列号,唯一地标识该撤销证书。

• 撤销日期。指明该证书被撤销的日期。

• CRL 条目扩展。可选字段,用来描述各种可选信息,比如证书撤销理由、撤销证书的 CA 名称等。

(7) CRL 扩展。包含各种可选信息,例如证书中心密钥标示符、签发者别名、CRL 编号、增量 CRL 指示符等。

(8) CRL 登记项扩展。包括原因代码(证书撤销原因)、保持指令代码(指示在证书已被存储时采取的动作)、无效日期(证书将变为无效的日期)和证书签发者。

(9) CRL 签发者的数字签名。

当一个用户在一个消息中接收了一个证书时,用户必须确定该证书是否已被撤销。

用户可以在接到证书时检查目录,为了避免目录搜索时的延迟,用户可以将证书和 CRL 缓存。

4.4.2　认证的过程

X.509 也包含 3 种可选的认证过程:单向认证、双向认证和三向认证,这些过程可以应用于各种应用程序。3 种方法均采用了公钥签名。假设双方知道对方的公钥,可通过目录服务获得证书或证书由初始消息携带。

1. 单向认证

假设用户 A 发起与 B 的通信,单向认证指只需 B 验证 A 的身份,而 A 不需验证 B。

令 A 和 B 的公钥/私钥对分别为 (PU_A, PR_A) 和 (PU_B, PR_B),单向认证包含一个从用户 A 到用户 B 的简单信息传递,具体认证过程包括以下步骤:

(1) A 产生一个随机会话密钥 K 和一个临时交互号 r_A,向 B 发送以下消息:

$$A{\rightarrow}B: ID_A \parallel PR_A(r_A \parallel T_A \parallel ID_B) \parallel E(PU_B, r_A \parallel T_A \parallel k)$$

其中,T_A 为时间戳,一般由两个日期组成:消息生成时间和有效时间。时间戳用来防止消息的延迟传递;临时交互号 r_A 用于防止重放攻击,其值在消息的起止时间之内是唯一的,这样,B 即可存储临时交互号直至它过期,并拒绝接受其他具有相同临时交互号的新消息;ID_A 和 ID_B 分别是 A 和 B 的标识;$PR_A(r_A \parallel T_A \parallel ID_B)$ 代表 A 的签名;$E(PU_B, r_A \parallel T_A \parallel k)$ 则代表用 B 的公钥加密。

(2) B 收到消息后,获取 A 的 X.509 证书并验证其有效性,从而得到 A 的公钥,然后验证 A 的签名和消息完整性。验证时间戳是否为当前时间,检查临时交互号是否被重放。解密得到会话密钥。

对于纯认证而言,消息被用作简单地向 B 提供证书。消息也可以包含要传送的信息,将信息放在签名的范围内,保证其真实性和完整性。

2. 双向认证

双向认证是进行两次单向认证,不仅实现 B 对 A 的认证,而且实现 A 对 B 认证。具体过程如下:

(1) 和单向认证过程一样,A 向 B 发送消息:

$$A{\rightarrow}B: ID_A \parallel PR_A(r_A \parallel T_A \parallel ID_B) \parallel E(PU_B, r_A \parallel T_A \parallel k)$$

(2) B 对 A 的消息进行验证,验证过程同单向认证的第(2)步。然后,B 产生另外一个临时交互号 r_B,并向 A 发送消息:

$$B{\rightarrow}A: ID_B \parallel PR_B(r_A \parallel r_B \parallel T_B \parallel ID_A) \parallel E_k(r_A \parallel r_B \parallel T_B)$$

E_k 表示使用会话密钥 k 进行加密。

(3) A 收到消息后,用会话密钥加密得到 $r_A \parallel r_B \parallel T_B$,并与自己发送的 r_A 比对;获取 B 的证书并验证其有效性,获得 B 的公钥,验证 B 的签名和数据完整性;验证时间戳 T_B,并检查 r_B。

3. 三向认证

三向认证是对双向认证的加强。在三向认证中,当 A 与 B 完成了双向认证中的两条消息的交换时,A 再向 B 发送一条消息:

$$A \rightarrow B: PR_B(r_A \parallel ID_A)$$

此消息包含签名了的临时交互号 r_B，这样，消息的时间戳就不用被检查了，因为双方的临时交互号均被回送给了对方，各方可以使用回送的临时交互号来防止重放攻击。这种方法在没有同步时钟时使用。

4.4.3　X.509 版本 3

X.509 的版本 2 中没有将设计和实践当中所需要的某些信息均包含进去。版本 3 增加了一些可选的扩展项。每一个扩展项有一个扩展标识、一个危险指示和一个扩展值。危险指示用于指出该扩展项是否能安全地被忽略，如果值为 TRUE 且实现时未处理它，则其证书将会被当作非法的证书。

证书扩展项有 3 类：密钥和策略信息、证书主体和发行商属性以及证书路径约束。

1. 密钥和策略信息

此类扩展项传递的是与证书主体和发行商密钥相关的附加信息，以及证书策略的指示信息。一个证书策略是一个带名的规则集，在普通安全级别上描述特定团体或应用类型证书的使用范围。例如，某个策略可用于电子数据交换（EDI）在一定价格范围内的贸易认证。

此类扩展项包括以下几项：

- 授权密钥标识符。标识用于验证证书或 CRL 上的签名的公钥。同一个 CA 的不同密钥得以区分，该字段的一个用法是用于更新 CA 密钥对。
- 主体密钥标识符。标识被证实了的公钥，用于更新主体的密钥对。同样，一个主体对不同目的的不同证书可以拥有许多密钥对（例如数字签名和加密密钥协议）。
- 密钥使用。说明被证实的公钥的使用范围和使用策略。可以包含以下内容：数字签名、非抵赖、密钥加密、数据加密、密钥一致性、CA 证书的签名验证和 CA 的 CRL 签名验证。
- 私钥使用期。表明与公钥相匹配的私钥的使用期。通常，私钥的使用期与公钥不同。例如，在数字签名密钥中，签名私钥的使用期一般比其公钥短。
- 证书策略。证书可以在应用多种策略的各种环境中使用。该扩展项中列出了证书所支持的策略集，包括可选的限定信息。
- 策略映射。仅用于其他 CA 发给 CA 的证书中。策略映射允许发行 CA 将其一个或多个策略等同于主体 CA 域中的某个策略。

2. 证书主体和发行商属性

该类扩展项支持证书主体或发行商以可变的形式拥有可变的名字，并可传递证书主体的附加信息（例如邮局地址、公司位置或一些图片等），使得证书所有者更加确信证书主体是一个特定的人或实体。

此类扩展项包括以下几项：

- 主体可选名字。包括使用任何格式的一个至两个可选名字。该字段对特定应用（如电子邮件、EDI、IPSec 等）使用自己的名字形式非常重要。
- 发行商可选名字。包括使用任何格式的一至两个可选名字。

- 主体目录属性。将 X.500 目录的属性值转换为证书的主体所需要的属性值。

3. 证书路径约束

该类扩展项允许在 CA 或其他 CA 发行的证书中包含限制说明。这些限制信息可以限制主体 CA 所能发放的证书种类或证书链中的种类。

该类扩展域包括以下几项：

- 基本限制。标识该主体是否可作为 CA,如果可以,证书路径长度被限制。
- 名字限制。表示证书路径中所有后续证书的主体名的名字空间必须确定。
- 策略限制。说明对确定的证书策略标识的限制或证书路径中继承的策略映射的限制。

4.5 公钥基础设施

4.5.1 PKI 体系结构

简单地说,PKI 是基于公钥密码技术,支持公钥管理,提供真实性、保密性、完整性以及可追究性的安全服务,具有普适性的安全基础设施。PKI 的核心技术围绕建立在公钥密码算法之上的数字证书的申请、颁发、使用与撤销等整个生命周期进行展开,主要目的就是用来安全、便捷、高效地分发公钥。

PKI 技术采用数字证书管理用户公钥,通过可信第三方(即认证中心 CA)把用户公钥和用户的身份信息(如名称、电子邮件地址等)绑定在一起,产生用户的公钥证书。从广义上讲,所有提供公钥加密和数字签名服务的系统都可以称为 PKI。PKI 的主要目的是通过管理公钥证书为用户建立一个安全的网络环境,保证网络上信息的安全传输。IETF 的 PKI 小组制订了一系列的协议,定义了基于 X.509 证书的 PKI 模型框架,称为 PKIX。PKIX 系列协议定义了证书在 Internet 上的使用方式,包括证书的生成、发布、获取,各种密钥产生和分发的机制,以及实现这些协议的轮廓结构。狭义的 PKI 一般指 PKIX。

一个完整的 PKI 应用系统必须具有权威认证机构(CA)、数字证书库、密钥备份及恢复系统、证书作废系统、应用接口(API)等基本构成部分,如图 4-11 所示。构建 PKI 也将围绕着这五大关键元素来着手。

- 认证机构(CA)。CA 是 PKI 的核心执行机构,是 PKI 的主要组成部分,人们通常称它为认证中心。CA 是数字证书生成、发放的运行实体,在一般情况下也是证书撤销列表(CRL)的发布点,在其上常常运行着一个或多个注册机构(RA)。CA 必须具备权威性的特征。
- 数字证书库。证书库是 CA 颁发证书和撤销证书的集中存放地,可供公众进行开放式查询。一般来说,查询的目的有两个：其一是想得到与之通信实体的公钥；其二是要验证通信对方的证书是否已进入"黑名单"。此外,证书库还提供了存取证书撤销列表(CRL)的方法。目前广泛使用的是 X.509 证书。
- 密钥备份及恢复系统。如果用户丢失了用于解密数据的密钥,则数据将无法被解密,这将造成合法数据丢失。为避免这种情况,PKI 提供备份与恢复密钥的机制。

图 4-11 PKI 体系结构

但是密钥的备份与恢复必须由可信的机构来完成。并且,密钥备份与恢复只能针对解密密钥,签名私钥为确保其唯一性而不能够作备份。

- 证书作废系统。证书作废系统是 PKI 的一个必备的组件。证书在有效期以内也可能需要作废,原因可能是密钥介质丢失或用户身份变更等。在 PKI 体系中,作废证书一般通过将证书列入证书撤销列表(CRL)来完成。通常,系统中由 CA 负责创建并维护一张及时更新的 CRL,而由用户在验证证书时负责检查该证书是否在 CRL 之列。

- 应用接口(API)。PKI 的价值在于使用户能够方便地使用加密、数字签名等安全服务,因此,一个完整的 PKI 必须提供良好的应用接口系统,使得各种各样的应用能够以安全、一致、可信的方式与 PKI 交互,确保安全网络环境的完整性和易用性。

4.5.2 认证机构

PKI 系统的关键是实现对公钥密码体制中公钥的管理。在公钥密码体制中,数字证书是存储和管理密钥的文件,主要作用是证明证书中列出的用户名称与证书中的公开密钥相对应,并且所有信息都是合法的。为了验证证书的合法性,则必须有一个可信任的主体对用户的证书进行公证,证明证书主体与公钥之间的绑定关系。认证机构(CA)便是一个能够提供相关证明的机构。CA 是基于 PKI 进行网上安全活动的关键,主要负责产生、分配并管理参与活动的所有实体所需的数字证书,其功能类似于办理身份证、护照等证件的权威发证机关。CA 必须是各行业、各部门及公众共同信任并认可的、权威的、不参与交易的第三方网上身份认证机构。

在 PKI 系统中,CA 管理公钥的整个生命周期,其功能包括签发证书、规定证书的有效期限,同时在证书发布后还要负责对证书进行撤销、更新和归档等操作。从证书管理的角度,每一个 CA 的功能都是有限的,需要按照上级 CA 的策略,负责具体的用户公钥的签发、生成和发布以及 CRL 的生成和发布等职能。CA 的主要职能如下:

(1)制定并发布本地 CA 策略。但本地策略只是对上级 CA 策略的补充,而不能与之相违背。

（2）对下属各成员进行身份认证和鉴别。

（3）发布本 CA 的证书，或者代替上级 CA 发布证书。

（4）产生和管理下属成员的证书。

（5）证实 RA 的证书申请，返回证书制作的确认信息，或返回已制作的证书。

（6）接收和认证对所签发证书的撤销申请。

（7）产生和发布所签发的证书和 CRL。

（8）保存证书、CRL 信息、审计信息和所制定的策略。

一个典型的 CA 系统包括安全服务器、注册机构（RA）、CA 服务器、LDAP 目录服务器和数据库服务器，如图 4-12 所示。

图 4-12　典型 CA 的构成

安全服务器是面向证书用户提供安全策略管理的服务器，主要用于保证证书申请、浏览、证书申请列表及证书下载等安全服务。CA 颁发了证书后，该证书首先交给安全服务器，用户一般从安全服务器上获得证书。用户与安全服务器之间一般采用 SSL 安全通信方式，但不需要对用户身份进行认证。

CA 服务器是整个认证机构的核心，负责证书的签发。CA 首先产生自身的私钥和公钥（长度至少 1024 位），然后生成数字证书，并将数字证书传输给安全服务器。CA 还负责给操作员、安全服务器和注册机构服务器生成数字证书。CA 服务器中存储 CA 的私钥和发行证书的脚本文件。出于安全考虑，一般来说 CA 服务器与其他服务器隔离，以保证其安全。

注册机构（RA）是可选的元素，可以承担一些认证机构（CA）的管理任务。RA 在 CA 体系结构中起着承上启下的作用，一方面向 CA 转发安全服务器传过来的证书申请请求，另一方面向 LDAP 目录服务器和安全服务器转发 CA 颁发的数字证书和证书撤销列表。

LDAP 服务器提供目录浏览服务，负责将 RA 传输过来的用户信息及数字证书加入到服务器上。用户访问 LDAP 服务器就可以得到数字证书。

数据库服务器是 CA 的关键组成部分，用于数据（如密钥和用户信息等）、日志等统计信息的存储和管理。实际应用中,此数据库服务器采用多种安全措施,如双机备份和分布式处理等,以维护其安全性、稳定性、可伸缩性等。

4.5.3　PKIX 相关协议

PKIX 体系中定义了一系列的协议,可分为以下几个部分。

1. PKIX 基础协议

PKIX 的基础协议以 RFC 2459 和 RFC 3280 为核心,定义了 X.509 v3 公钥证书和 X.509 v2 CRL 的格式、数据结构和操作等,用以保证 PKI 基本功能的实现。此外,PKIX 还在 RFC 2528、RFC 3039、RFC 3279 等文件中定义了基于 X.509 v3 的相关算法和格式等,以加强 X.509 v3 公钥证书和 X.509 v2 CRL 在各应用系统之间的通用性。

2. PKIX 管理协议

PKIX 体系中定义了一系列的操作,它们是在管理协议的支持下进行工作的。管理协议主要完成以下的任务:

- 用户注册。这是用户第一次进行认证之前进行的活动,它优先于 CA 为用户颁布一个或多个证书。这个进程通常包括一系列的在线和离线的交互过程。
- 用户初始化。在用户进行认证之前,必须使用公钥和一些其他来自信任认证机构的确认信息(确认认证路径等)进行初始化。
- 认证。在这个进程中,认证机构通过用户的公钥向用户提供一个数字证书并在数字证书库中进行保存。
- 密钥对的备份和恢复。密钥对可以用于数字签名和数据加解密。而对于数据加解密来说,当用于解密的私钥丢失时,必须提供机制来恢复解密密钥,这对于保护数据来说非常重要。密钥的丢失通常是由密钥遗忘、存储器损坏等原因造成的。可以在用数字签名的密钥认证后恢复加解密密钥。
- 自动的密钥对更新。出于安全原因,密钥有其一定的生命期,所有的密钥对都需要经常更新。
- 证书撤销请求。一个授权用户可以向认证机构提出要求撤销证书。当发生密钥泄露、从属关系变更或更名等时,需要提交这种请求。
- 交叉认证。如果两个认证机构之间要交换数据,则可以通过交叉认证来建立信任关系。一个交叉认证证书中包含此认证机构用来发布证书的数字签名。

3. PKIX 安全服务和权限管理的相关协议

PKIX 中安全服务和权限管理的相关协议主要是进一步完善和扩展 PKI 安全架构的功能,这些协议通过 RFC 3029、RFC 3161、RFC 3281 等定义。

在 PKIX 中,不可抵赖性通过数字时间戳(Digital Time Stamp,DTS)和数据有效性验证服务器(Data Validation and Certification Server,DVCS)实现。在 CA/RA 中使用的 DTS 是对时间信息的数字签名,主要用于确定在某一时间某个文件确实存在或者确定多个文件在时间上的逻辑关系,是实现不可抵赖性服务的核心。DVCS 的作用则是验证签名文档、公钥证书或数据存在的有效性,其验证声明称为数据有效性证书。DVCS 是一个可信第三方,是用来实现不可抵赖性服务的一部分。权限管理通过属性证书来实现。

属性证书利用属性和属性值来定义每个证书主体的角色、权限等信息。

4.5.4 PKI 信任模型

选择正确的信任模型以及与它相应的安全级别是非常重要的,同时也是部署 PKI 所要做的较早和基本的决策之一。所谓实体 A 信任 B,即 A 假定实体 B 严格地按 A 所期望的那样行动。如果一个实体认为 CA 能够建立并维持一个准确的对公钥属性的绑定,则他信任该 CA。所谓信任模型,就是提供用户双方相互信任机制的框架,是 PKI 系统的整个网络结构的基础。

信任模型主要明确回答了以下几个问题:

- 一个 PKI 用户能够信任的证书是怎样被确定的?
- 这种信任是怎样建立的?
- 在一定的环境下,这种信任如何被控制?

1. 层次模型

层次模型可以被描绘为一棵倒立的树,如图 4-13 所示。

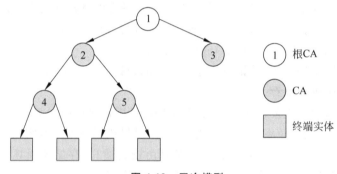

图 4-13　层次模型

在这棵倒立的树上,根代表一个对整个 PKI 系统的所有实体都有特别意义的 CA,通常叫作根 CA,是整个 PKI 的信任锚,所有实体都信任它。根 CA 一般不直接给终端用户颁发证书,而是认证直接连接在它下面的 CA,每个 CA 都认证零个或多个直接连接在它下面的 CA,倒数第二层的 CA 认证终端用户。在这种模型中,认证方只需验证从根 CA 到认证节点的这条路径就可以了,不需要建立从根节点到发起认证方的路径。

2. 交叉模型

在这种模型中,如果没有命名空间的限制,那么任何 CA 都可以对其他的 CA 发证,所以这种结构非常适合动态变化的组织结构。但是在构建有效的认证路径时,很难确定一个 CA 是否是另一个 CA 的适当的证书颁发者。交叉模型如图 4-14 所示。

因为交叉模型在路径构造上比层次模型复杂得多,验证时需要对 CA 发布的证书进行反复的比较,跨越很多节点的信任路径会被认为是不可信的。

3. 混合模型

混合模型是将层次结构和交叉结构相混合而得到的模型。当独立的组织或企业建立了各自的层次结构,同时又想要相互认证时,则要将完全的交叉认证加到层次模型中,产

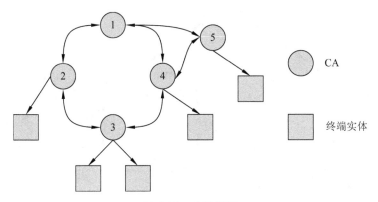

图 4-14 交叉模型

生这种混合模型,如图 4-15 所示。混合模型的特点是:存在多个根 CA,任意两个根 CA 间都要交叉认证;每个层次结构都在根级有一个单一的交叉证书通向另一个层次结构。

图 4-15 混合模型

4. 桥 CA 模型

混合模型对于小规模的层次模型间的交叉认证比较实用,规模一大,根间的交叉认证就会变得相当庞大。考虑到这种局限,又产生了桥 CA 结构,如图 4-16 所示,这种结构已被美国联邦 PKI 所采用。

桥 CA 模型实现了一个集中的交叉认证中心,它的目的是提供交叉证书,而不是作为

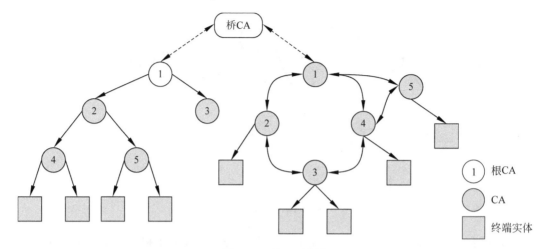

图 4-16   桥 CA 模型

证书路径的根。对于各个异构模式的根节点来说,桥 CA 是它们的同级,而不是上级。当一个企业与桥 CA 建立了交叉证书,那么,它就获得了与那些已经和桥 CA 进行了交叉认证的企业构建信任路径的能力。

5. 信任链模型

这种模型从根本上讲类似于层次模型,但它同时拥有多个根 CA,这些可信的根 CA 被预先提供给客户端系统。为了成功地被验证,证书一定要直接或间接地与这些可信根 CA 连接。浏览器中的证书就是这种模型的应用。信任链模型如图 4-17 所示。

图 4-17   信任链模型

由于不需要依赖目录服务器,这种模型在方便性和简单互操作性方面有明显的优势,但是也存在许多安全隐患。例如,因为浏览器的用户自动地信任预安装的所有公钥,所以即使这些根 CA 中只有一个是"坏的"(例如,该 CA 从没有认真核实被认证的实体),安全性也将被完全破坏。另外一个潜在的安全隐患是没有实用的机制来撤销嵌入到浏览器中的根密钥。

思 考 题

1. 用户认证的主要方法有哪些? 各自具有什么特点?

2. 设计 Kerberos 是为了解决什么问题?

3. 在 Kerberos 中,什么是门票? 什么是门票分发门票?

4. 简述 Kerberos 中用户工作站获得会话密钥和 TGT 的过程以及获得服务授权门票的过程。

5. 什么是证书? 证书的基本功能是什么?

6. 简述 X.509 证书包含的信息。

7. 简述 X.509 双向认证过程。

8. 一个完整的 PKI 应用系统包括哪些组成部分? 各自具有什么功能?

9. 简述 CA 的基本职责。

10. 简述常见的信任模型。

第 5 章

Internet 安全

随着 Internet 的不断普及，TCP/IP 体系结构成为当前计算机网络的基础，TCP/IP 网络已基本成为现代计算机网络的代名词。但是，由于 TCP/IP 体系结构在设计之初的局限性，Internet 存在的安全问题日益突出，各种安全隐患日渐严重。因此，人们设计了不同的安全机制来应对 Internet 面临的安全挑战。

事实上，可以在 TCP/IP 体系结构上的任何层次实现安全机制，各层机制有不同的特点，提供不同的安全性。本章首先介绍 3 种典型的在 TCP/IP 不同层次提供的安全机制：IPSec、SSL/TLS 和 PGP，然后介绍常见的 Internet 欺骗及防范手段。

5.1　IP 安 全

在 TCP/IP 协议分层模型中，IP 层是可能实现端到端安全通信的最底层。通过在 IP 层上实现安全性，不仅可以保护各种带安全机制的应用程序，而且可以保护许多无安全机制的应用。典型地，IP 协议实现在操作系统中，因此，在 IP 层实现安全功能，可以不必修改应用程序。

互联网工程任务组(IETF)于 1998 年颁布了一套开放标准网络安全协议：IP 层安全标准 IPSec(IP Security)，其目标是为 IPv4 和 IPv6 提供具有较强的互操作能力、高质量和基于加密的安全。IPSec 将密码技术应用在网络层，提供端对端通信数据的私有性、完整性、真实性和防重放攻击等安全服务。IPSec 对于 IPv4 是可选的，对于 IPv6 是强制性的。

IPSec 能支持各种应用的原理在于它可以在 IP 层实现加密/认证功能，这样就可以在不修改应用程序的前提下保护所有的分布式应用，包括远程登录、电子邮件、文件传输和 Web 访问等。

IPSec 通过多种手段提供了 IP 层安全服务：允许用户选择所需安全协议，允许用户选择加密和认证算法，允许用户选择所需的密码算法的密钥。IPSec 可以安装在路由器或主机上，若 IPSec 安装在路由器上，则可在不安全的 Internet 上提供一个安全的通道；若安装在主机上，则能提供主机端对端的安全性。

5.1.1　IPSec 体系结构

IPSec 规范相当复杂，因为它不是一个单独的协议。IPSec 规范给出了应用于 IP 层的网络数据安全的一整套体系结构，包括认证头协议、封装安全载荷协议、Internet 密钥交换协议和用于网络认证和加密的一些算法等。IPSec 的主要构成组件如图 5-1 所示。

图 5-1 IPSec 组件

IPSec 的安全功能主要通过 IP 认证头(Authentication Header,AH)协议以及封装安全载荷(Encapsulating Security Payload,ESP)协议实现。AH 提供数据的完整性、真实性和防重放攻击等安全服务,但不包括机密性。而 ESP 除了实现 AH 的功能外,还可以实现数据的机密性。AH 和 ESP 可以分开使用或一起使用。完整的 IPSec 还应包括 AH 和 ESP 中所使用密钥的交换和管理,也就是 Internet 密钥交换(Internet Key Exchange,IKE)协议,IKE 用于动态地认证 IPSec 参与各方的身份。

IPSec 规范中要求强制实现的加密算法是 CBC 模式的 DES 和 NULL 算法,而认证算法是 HMAC-MD5,HMAC-SHA-1 和 NULL 认证算法。NULL 加密和认证分别是不加密和不认证。

在 IP 的认证和保密机制中出现的一个核心概念是安全关联(SA)。一个安全关联是发送方和接收方之间受到密码技术保护的单向关系,该关联对所携带的通信流量提供安全服务:要么对通信实体收到的 IP 数据包进行"进入"保护,要么对实体外发的数据包进行"流出"保护。如果需要双向安全交换,则需要建立两个安全关联,一个用于发送数据,另一个用于接收数据。安全服务可以由 AH 或 ESP 提供,但不能两者都提供。

一个安全关联由 3 个参数确定:

- 安全参数索引(SPI)。一个与 SA 相关的位串,仅在本地有意义。这个参数被分配给每一个 SA,并且每一个 SA 都通过 SPI 进行标识。发送方把这个参数放置在每一个流出数据包的 SPI 域中,SPI 由 AH 和 ESP 携带,使得接收系统能选择合适的 SA 处理接收包。SPI 并非全局指定,因此 SPI 要与目标 IP 地址、安全协议标识一起来唯一地标识一个 SA。

- 目标 IP 地址。目前 IPSec SA 管理机制中仅仅允许单播地址。所以这个地址表示 SA 的目的端点地址,可以是用户终端系统、防火墙或路由器。它决定了关联方向。

- 安全协议标识。标识该关联是一个 AH 安全关联或 ESP 安全关联。

处理与 SA 有关的流量时有两个数据库,即安全关联数据库(Security Association Database,SAD)和安全策略数据库(Security Policy Database,SPD)。SAD 包含了与每一个安全关联相联系的参数,SPD 则指定了主机或网关的所有 IP 流量的流入和流出分配策略。

5.1.2 IPSec 工作模式

IPSec 的安全功能主要通过 IP 认证头（AH）协议以及封装安全载荷（ESP）协议实现。AH 和 ESP 均支持两种模式：传输模式和隧道模式，如图 5-2 所示。

图 5-2　IPSec 工作模式

1. 传输模式

传输模式主要为直接运行在 IP 层之上的协议（如 TCP、UDP 和 ICMP）提供安全保护，一般用于在两台主机之间的端到端通信。传输模式是指在数据包的 IP 头和载荷之间插入 IPSec 信息。当一个主机在 IPv4 上运行 AH 或 ESP 时，其载荷是跟在 IP 报头后面的数据；对 IPv6 而言，其载荷是跟在 IP 报头后面的数据和 IPv6 的任何扩展头。传输模式使用原始明文 IP 头。

传输模式的 ESP 可以加密和认证 IP 载荷，但不包括 IP 头。传输模式的 AH 可以认证 IP 载荷和 IP 报头的选中部分。

2. 隧道模式

隧道模式对整个 IP 包提供保护。为了达到这个目的，当 IP 数据包附加了 AH 或 ESP 域之后，整个数据包加安全域被当作一个新 IP 包的载荷，并拥有一个新的外部 IP 包头。原来（内部）的整个 IP 包利用隧道在网络之间传输，沿途路由器不能检查内部 IP 包头。由于原来的包被封装，新的、更大的包可以拥有完全不同的源地址与目的地址，以增强安全性。当 SA 的一端或两端为安全网关时使用隧道模式，如使用 IPSec 的防火墙或路由器。防火墙内的主机在没有 IPSec 时也可以实现安全通信：当主机生成的未保护包通过本地网络边缘的防火墙或安全路由器时，IPSec 提供隧道模式的安全性。

IPSec 操作隧道模式的例子如下。网络中的主机 A 生成以另一个网络中的主机 B 作为目的地址的 IP 包，该 IP 包从源主机 A 被发送到 A 网络边界的防火墙或安全路由器。防火墙过滤所有的外发包。根据对 IPSec 处理的请求，如果从 A 到 B 的包需要 IPSec 处理，则防火墙执行 IPSec 处理，给该 IP 包添加外层 IP 包头，外层 IP 包头的源 IP 地址为此防火墙的 IP 地址，目的地址可能为 B 本地网络边界的防火墙的地址。这样，包被传送到 B 的防火墙，而其间经过的中间路由器仅检查外部 IP 头；在 B 的防火墙处，除去外部 IP 头，内部的包被送往主机 B。

ESP 在隧道模式中加密和认证（可选）整个内部 IP 包，包括内部 IP 报头。AH 在隧道模式中认证整个内部 IP 包和外部 IP 头中的选中部分。

当 IPSec 被用于端到端的应用时，传输模式更合理一些。在防火墙到防火墙或者主机到防火墙这类数据仅在两个终端节点之间的部分链路上受保护的应用中,通常采用隧道模式。而且,传输模式并不是必需的,因为隧道模式可以完全替代传输模式。但是隧道模式下的 IP 数据包有两个 IP 头,处理开销相对较大。

5.1.3　AH 协议

IP 认证头(AH)协议为 IP 数据包提供数据完整性校验和身份认证,还有可选择的抗重放攻击保护,但不提供数据加密服务。数据完整性确保包在传输过程中内容不可更改;认证确保终端系统或网络设备能对用户或应用程序进行认证,并相应地提供流量过滤功能,同时还能防止地址欺诈攻击和重放攻击。认证基于消息鉴别码(MAC),双方必须共享同一个密钥。

由于 AH 不提供机密性保证,所以它也不需要加密算法。AH 可用来保护一个上层协议(传输模式)或一个完整的 IP 数据报(隧道模式)。它可以单独使用,也可以和 ESP 联合使用。

认证头由如下几个域组成,如图 5-3 所示。

图 5-3　IPSec 认证头

- 邻接头(8 位)。标识 AH 字段后面下一个负载的类型。
- 有效载荷长度(8 位)。字长为 32 位的认证头长度减 2。例如,认证数据域的默认长度是 96 位或 3 个 32 位字,另加 3 个字长的固定头,总共 6 个字,则载荷长度域的值为 4。
- 保留(7 位)。保留给未来使用。当前,这个字段的值设置为 0。
- 安全参数索引(32 位)。这个字段与目的 IP 地址和安全协议标识一起,共同标识当前数据包的安全关联。
- 序列号(32 位)。单调递增的计数值,提供了反重放的功能。在建立 SA 时,发送方和接收方的序列号初始化为 0,使用此 SA 发送的第一个数据包序列号为 1,此后发送方逐渐增大该 SA 的序列号,并把新值插入到序列号字段。
- 认证数据(变量)。变长域,包含了数据包的完整性校验值(Integrity Check Value,ICV)或包的 MAC。这个字段的长度必须是 32 位字的整数倍,可以包含填充。

1. AH 传输模式

AH 的传输模式只保护 IP 数据包的不变部分,它保护的是端到端的通信,通信的终点必须是 IPSec 终点,如图 5-4 所示。

图 5-4　AH 的传输模式

在 IPv4 的传输模式 AH 中,AH 插入到原始 IP 头之后,IP 载荷(如 TCP 分段)之前。认证包括了除 IPv4 报头中可变的、被 MAC 计算置为 0 的域以外的整个包。

在 IPv6 中,AH 被作为端到端载荷,即不被中间路由器检查或处理。因此,AH 出现在 IP 头以及跳、路由和分段扩展头之后。目的地址作为可选报头在 AH 前面或后面,由特定语义决定。同样,认证包括了除 IPv6 报头中可变的、被 MAC 计算置为 0 的域以外的整个包。

2. AH 隧道模式

AH 用于隧道模式时,整个原始 IP 包被认证,AH 被插入到原始 IP 头和新 IP 头之间。原 IP 头中包含了通信的原始地址,而新 IP 头则包含了 IPSec 端点的地址,如图 5-5所示。

图 5-5　AH 隧道模式

使用隧道模式,整个内部 IP 包,包括整个内部 IP 头均被 AH 保护。外部 IP 头(IPv6中的外部 IP 扩展头)除了可变且不可预测的域之外均被保护。隧道模式可用来替换端到端安全服务的传输模式。但由于这一协议中没有提供机密性,因此,相当于没有隧道封装这一保护措施,所以它没有什么用处。

5.1.4　ESP 协议

封装安全载荷(ESP)协议为 IP 数据包提供数据完整性校验、身份认证和数据加密,还有可选的抗重放攻击保护。即除了 AH 提供的所有服务外,ESP 还提供数据保密服务,包括报文内容保密和流量限制保密。ESP 用一个密码算法提供机密性,数据完整性则由身份验证算法提供。ESP 通过插入一个唯一的、单向递增的序列号提供抗重放服务。保密服务可以独立于其他服务而单独选择,数据完整性校验和身份认证用作保密服务的联合服务。只有选择了身份认证时,才可以选择抗重放服务。

ESP 可以单独使用,也可以和 AH 联合使用,还可以通过隧道模式使用。ESP 可以提供主机到主机、防火墙到防火墙、主机到防火墙之间的安全服务。

图 5-6 是 ESP 包的格式,它包含如下各域:

图 5-6　ESP 格式

- 安全参数索引 SPI(32 位)。标识安全关联。ESP 中的 SPI 是强制字段,总要提供。
- 序列号(32 位)。单调递增计数值,提供反重放功能。这是强制字段,并且总要提供,即使接收方没有选择对特定 SA 的反重放服务。如果开放了反重放服务,则计数值不允许折返。
- 载荷数据(变长)。变长的字段,包括被加密保护的传输层分段(传输模式)或 IP 包(隧道模式)。该字段的长度是字节的整数倍。
- 填充域(0~255 字节)。可选字段,但所有实现都必须支持该字段。该字段满足加密算法的需要(如果加密算法要求明文是字节的整数倍),还可以提供通信流量的保密性。发送方可以填充 0~255 字节的填充值。
- 填充长度(8 位)。紧跟填充域,指示填充数据的长度,有效值范围是 0~255。
- 邻接头(8 位)。标识载荷中第一个报头的数据类型(如 IPv6 中的扩展头或上层协议 TCP 等)。
- 认证数据(变长)。一个变长域(必须为 32 位字长的整数倍),包含根据除认证数据域外的 ESP 包计算的完整性校验值。该字段长度由所选择的认证算法决定。

载荷数据、填充数据、填充长度和邻接头域在 ESP 中均被加密。如果加密载荷的算法需要初始向量 IV 这样的同步数据,则必须从载荷数据域头部取,IV 通常作为密文的开头,但并不被加密。

对加密来说,发送方封装 ESP 字段,添加必要的填充并加密结果。发送方使用 SA 和 IV(密码同步数据)指定的密钥、加密算法、算法模式来加密字段。如果加密算法要求 IV,则这个数据被显式地携带在载荷字段中。加密在认证之前执行,并且不包含认证数据。这种方式有利于接收方在解密之前快速地检测数据包,拒绝重放和伪造的数据包。

接收方使用密钥、解密算法和 IV 来解密 ESP 载荷数据、填充、填充长度和邻接头。如果指明使用了显式 IV,则这个数据从负载中取出,输入到解密算法中。如果使用隐式

IV,则接收方构造一个本地 IV 输入到解密算法中。

认证算法由 SA 指定。与 AH 相同,ESP 支持使用默认为 96 位的 MAC,且应支持 HMAC-MD5-96 和 HMAC-SHA-1-96。发送方针对去掉认证数据部分的 ESP 计算 ICV。SPI、序列号、载荷数据、填充数据、填充长度和邻接头都包含在 ICV 的计算中。

1. 传输模式 ESP

传输模式 ESP 用于加密和认证(可选)IP 携带的数据(如 TCP 分段),如图 5-7 所示。

图 5-7　传输模式 ESP

在此模式下使用 IPv4,ESP 头位于传输头(TCP、UDP、ICMP)之前,ESP 尾(填充数据、填充长度和邻接头域)放入 IP 包尾部。如果选择了认证,则将 ESP 的认证数据域置于 ESP 尾之后。整个传输层分段和 ESP 尾一起加密。认证覆盖 ESP 头和所有密文。

在 IPv6 中,ESP 被视为端到端载荷,即不被中间路由器校验和处理。因此,ESP 头出现在 IPv6 基本头以及跳、路由和分段扩展头之后,目的可选扩展头可根据安全防护的需求出现在 ESP 头之前或之后。如果可选扩展头在 ESP 头之后,则加密包括整个传输段、ESP 尾和目的可选扩展头。认证覆盖了 ESP 头和所有密文。

传输模式 ESP 操作可归纳如下:

(1)在源端,包括 ESP 尾和整个传输层分段的数据块被加密,块中的明文被密文替代,形成要传输的 IP 包,如果选择了认证,则加上认证。

(2)将包送往目的地。中间路由器需要检查和处理 IP 头和任何附加的 IP 扩展头,但不需要检查密文。

(3)目的节点对 IP 报头和任何附加的 IP 扩展头进行处理后,利用 ESP 头中的 SPI 解密包的剩余部分,恢复传输层分段数据。

传输模式操作为任何使用它的应用提供保护,而不需要在每个单独的应用中实现。同时,这种方式也是高效的,仅增加了少量的 IP 包长度。它的一个弱点是可能对传输包进行流量分析。

2. 隧道模式 ESP

隧道模式 ESP 用于加密整个 IP 包,如图 5-8 所示。

在此模式中,将 ESP 头作为包的前缀,并在包后附加 ESP 尾,然后对其进行加密。该模式用于对抗流量分析。

图 5-8 隧道模式 ESP

由于 IP 头中包含目的地址和可能的路由以及跳的信息,不可能简单地传输带有 ESP 头的被加密的 IP 包,因为这样中间路由器就不能处理该数据包。因此,必须用新的 IP 报头封装整个数据块(ESP 头、密文和可能的认证数据),其中拥有足够的路由信息,却没有为流量分析提供信息。

传输模式适用于保护支持 ESP 特性的主机之间的连接,而隧道模式则适用于防火墙或其他安全网关,保护内部网络,隔离外部网络。后者加密仅发生在外部网络和安全网关之间或两个安全网关之间,从而内部网络的主机不负责加密工作,通过减少所需密钥数目简化密钥分配任务。另外,它阻碍了基于最终目的地址的流量分析。

5.1.5 IKE

IPSec 的密钥管理包括密钥的建立和分发。密钥建立是依赖于加密的数据保护的核心,密钥分发则是数据保护的基础。IPSec 体系结构文档要求支持以下两种密钥管理类型:

- 手动。系统管理员手动地为每个系统配置自己的密钥和其他通信系统密钥。这种方式适用于小规模、相对静止的环境。
- 自动。在大型分布系统中使用可变配置为 SA 动态地按需创建密钥。

Internet 密钥交换(IKE)用于动态建立 SA 和会话密钥。在建立安全会话之前,通信双方需要一种协议,用于自动地以受保护的方式进行双向认证,建立共享的会话密钥和生成 IPSec 的 SA,这一协议叫做 Internet 密钥交换协议。IKE 的目的是使用某种长期密钥(如共享的秘密密钥、签名公钥和加密公钥)进行双向认证并建立会话密钥,以保护后续通信。IKE 代表 IPSec 对 SA 进行协商,并对安全关联数据库(SAD)进行填充。

IETF 设计了 IKE 的整个规范,主要由 3 个文档定义:RFC 2407,RFC 2408 和 RFC 2409。RFC 2407 定义了因特网 IP 安全解释域(IPSec DOI),RFC 2408 描述因特网安全关联和密钥管理协议 ISAKMP,RFC 2409 则描述了 IKE 如何利用 Oakley、SKEME 和 ISAKMP 进行安全关联的协商。

ISAKMP 为认证和密钥交换提供了一个框架,用来实现多种密钥交换。ISAKMP 自身不包含特定的交换密钥算法,而是定义了一系列使用各种密钥交换算法的报文格式,规定了通信双方的身份认证,安全关联的建立和管理,密钥产生的方法,以及安全威胁(例如重放攻击)的预防。

Oakley 是一个基于 Diffie-Hellman 算法的密钥交换协议,描述了一系列称为"模式"的密钥交换,并且定义了每种模式提供的服务。Oakley 允许各方根据本身的速度来选择使用不同的模式。以 Oakley 为基础,IKE 借鉴了不同模式的思想,每种模式提供不同的服务,但都产生一个结果:通过验证的密钥交换。在 Oakley 中,并未定义模式进行一次安全密钥交换时需要交换的信息,而 IKE 对这些模式进行了规范,将其定义成正规的密钥交换方法。

SKEME 是另外一种密钥交换协议,定义了验证密钥交换的一种类型。其中,通信各方利用公钥加密实现相互间的验证;同时"共享"交换的组件。每一方都要用对方的公钥来加密一个随机数字,两个随机数(解密后)都会对最终的会话密钥产生影响。通信的一方可选择进行一次 Diffie-Hellman 交换,或者仅仅使用另一次快速交换对现有的密钥进行更新。IKE 在它的公共密钥加密验证中,直接借用了 SKEME 这种技术,同时也借用了快速密钥刷新的概念。

DOI(Domain Of Interpretation,解释域)是 ISAKMP 的一个概念,规定了 ISAKMP 的一种特定用法,其含义是,对于每个 DOI 值,都应该有一个与之相对应的规范,以定义与该 DOI 值有关的参数。IKE 实际上是一种常规用途的安全交换协议,适用于多方面的需求,如 SNMPv3、OSPFv3 等。IKE 采用的规范是在 DOI 中制定的,它定义了 IKE 具体如何协商 IPSec SA。如果其他协议要用到 IKE,每种协议都要定义各自的 DOI。

因此,由 RFC 2409 文档描述的 IKE 属于一种混合型协议。它创建在 ISAKMP 定义的框架上,沿用了 Oakley 的密钥交换模式以及 SKEME 的共享和密钥更新技术,还定义了它自己的两种密钥交换方式,从而定义出自己独一无二的验证加密材料生成技术以及协商共享策略。

IKE 定义了两个阶段的 ISAKMP 交换。阶段 1 建立 IKE SA,对通信双方进行双向身份认证,并建立会话密钥;阶段 2 使用阶段 1 的会话密钥,建立一个或多个 ESP 或 AH 使用的 SA。IKE SA 定义了双方的通信形式,如使用哪种算法来加密 IKE 通信,怎样对远程通信方的身份进行验证等。随后,便可用 IKE SA 在通信双方之间建立任何数量的 IPSec SA。因此,在具体的 IPSec 实现中,IKE SA 保护 IPSec SA 的协商,IPSec SA 保护最终的网络中的数据流量。

1. IKE 阶段 1

阶段 1 的交换有两种模式:积极模式和主模式,如图 5-9 所示。

积极模式(aggressive mode)使用 3 条消息完成,前两条消息是 Diffie-Hellman 交换,用于建立会话密钥;消息 2 和消息 3 完成了双向认证。在消息 1 中,发起方可以提议密码算法。但是因为发起方还要发送一个 Diffie-Hellman 数,所以必须指定一种唯一的 Diffie-Hellman 组,并期望响应方能够支持。如果不能支持,则响应方会拒绝本次链接请求,而且不会告诉发起方自己能够支持的算法。

主模式(main mode)则需要 6 条消息。在第一对消息中,发起方发送一个 cookie 并请求对方的密码算法,响应方回应自己的 cookie 和能够接受的密码算法。消息 3 和消息

(a) 积极模式

(b) 主模式

图 5-9　IKE 阶段 1 的模式

4 是一次 Diffie-Hellman 交换过程。消息 5 和消息 6 用消息 3 和消息 4 商定的 Diffie-Hellman 数值进行加密,完成双向身份认证的过程。主模式可以协商所有密码参数:加密算法、散列算法、认证方式和 Diffie-Hellman 组,由发起方提议,响应方选择。IKE 为每类密码参数规定了必须实现的算法,加密算法必须支持 DES,散列算法要实现 MD5,认证方式要支持预先共享密钥的方式,Diffie-Hellman 组则是特定的 g 和 p 的模指数。

积极模式的消息 2 和消息 3、主模式的消息 5 和消息 6 都包含一个身份证据,用于证明发送方知道与其身份相关的秘密,同时作为以前发送的消息的完整性保护。在 IKE 中,身份证据随着认证方式的不同而不同。IKE 阶段 1 可以接受的认证方法包括预先共享的秘密密钥、加密公钥、签名公钥等。通常,身份证据由某种密钥的散列值、Diffie-

Hellman 值、Nonce、cookie 等构成。

2. IKE 阶段 2

IKE 阶段 2 定义了快速交换模式,用于建立 ESP 和 AH 的 SA。快速模式包含 3 条消息,能够协商 IPSec SA 的参数,如图 5-10 所示。

图 5-10   IKE 阶段 2 的快速模式

其中,X 代表阶段 1 中生成的 cookie 对;Y 代表阶段 2 中发起方选择的 32 比特数,用于区分阶段 2 中的不同会话;CP 代表发起方提议的密码参数,CPA 则代表响应方选择的密码参数;traffic 代表通信流类型,用来限制通过该 IPSec SA 传输的通信流;[]代表此字段是可选的。快速模式中的所有消息中,除了 X 与 Y,消息其余部分都用阶段 1 中 IKE SA 的加密密钥进行加密,并用 IKE SA 的完整性保护密钥进行完整性保护。

5.2   SSL/TLS

安全套接层协议(Secure Socket Layer,SSL)最初是由 Netscape 公司于 1994 年设计的,主要目标是为 Web 通信协议——HTTP 协议提供保密和可靠通信。1996 年 Netscape 公司发布了 SSL 3.0,该版本发明了一种全新的规格描述语言,以及一种全新的记录类型和数据编码,还弥补了加密算法套件反转攻击这个安全漏洞。SSL 3.0 与 SSL 2.0 是向后兼容的。SSL 3.0 与 SSL 2.0 相比更加成熟和稳定,因此很快成为事实上的工作标准。

1997 年,IETF 基于 SSL 协议发布了传输层安全协议(Transport Layer Security,TLS)的 Internet Draft。1999 年,IETF 正式发布了关于 TLS 的 RFC 2246。TLS 是 IETF 的 TLS 工作组在 SSL 3.0 基础之上提出的,最初版本是 TLS 1.0,最新版本是 2006 年发布的 TLS 1.1。TLS 1.0 可看作 SSL 3.1,它和 SSL 3.0 的差别不大,且考虑了和 SSL 3.0 的兼容性。

SSL/TLS 被设计为运行在 TCP/IP 协议栈的传输层之上,使得该协议可以被部署在用户级进程中,而不需要对操作系统进行修改。基于 TCP 协议而不是 UDP 协议,使得 SSL/TLS 更加简单,因为不需要考虑超时和数据丢失重传的问题,因为 TCP 已经处理了这些问题。使用 TCP 提供的可靠的数据流服务,SSL/TLS 对传输的数据不加变更,只是分割成带有报文头和密码学保护的记录,一端写入的数据完全是另一端读取的内容,这种透明性使得几乎所有基于 TCP 的协议稍加改动就可以在 SSL 上运行。

SSL/TLS 协议提供的服务具有以下 3 个特性：

（1）保密性。在初始化连接后，数据以双方商定的密钥和加密算法进行加密，以保证其机密性，防止非法用户破译。

（2）认证性。协议采用非对称密码体制对对端实体进行鉴别，使得客户端和服务器端确信数据将被发送到正确的客户机和服务器上。

（3）完整性。协议通过采用散列函数来处理消息，提供数据完整性服务。

5.2.1　SSL 体系结构

1. SSL 协议分层模型

SSL 是一个中间层协议，它位于 TCP/IP 层和应用层之间，为 TCP 提供可靠的端到端安全服务。SSL 不是简单的单个协议而是两层协议，如图 5-11 所示。

图 5-11　SSL 协议的分层模型

在底层，SSL 记录层协议建立在某一可靠的传输协议（如 TCP 协议）之上，基于此可靠的传输协议向上层提供机密性、真实性和重复的保护。发送时，SSL 记录协议接收上层应用消息，将数据分段为可管理的块，可选择地压缩数据，应用 MAC，加密，添加一个头部，并将结果传送给 TCP。接收到的数据则被解密、验证、解压缩、重组后交付给高层。记录层上有 3 个高层协议：SSL 握手协议、SSL 密码修改协议和 SSL 报警协议。握手协议允许客户端和服务器彼此认证对方，并且在应用协议发出或收到第一个数据之前协商加密算法和加密密钥。这样做的原因是保证了应用协议的独立性，使低层协议对高层协议是透明的。为 Web 客户端与服务器交互提供传送服务的 HTTP 协议可以在上层访问SSL 记录协议。

SSL 中包含两个重要概念：SSL 会话和 SSL 连接。

2. SSL 会话

SSL 会话是一个客户端和服务器间的关联，会话是通过握手协议创建的，定义了一组密码安全参数，这些密码安全参数可以由多个连接共享。会话可用于减少为每次连接建立安全参数的昂贵协商费用。SSL 会话协调服务器和客户端的状态。

每个会话具有多种状态。一旦会话建立，则进入针对读和写（即接收和发送）的当前操作状态。在握手协议中创建了读挂起状态和写挂起状态。在握手协议成功完成后，挂起状态成为当前状态。

一个会话状态由以下参数定义：

- 会话标识符。一个由服务器生成的数值，用于标识活动的或恢复的会话状态。
- 对等实体证书。对等实体的一个 X.509 v3 证书，此状态元素可以为空(NULL)。
- 压缩方法。在加密前使用的压缩数据的算法。
- 密码规范。描述了大量数据的加密算法(如 NULL、AES 等)和用于计算 MAC 的散列算法(如 MD5 或 SHA-1)，同时也定义了散列值大小等密码学属性。
- 主密码。一个由客户端和服务器共享的 48B 的秘密数值，提供用于生成加密密钥、MAC 秘密和初始化向量(IV)的秘密数据。
- 可恢复性标志。一个标志，表明会话能否用于初始化一个新的连接。

3. SSL 连接

连接是提供合适服务类型的一种传输(OSI/RM 的定义)。对 SSL 来说，连接表示的是对等网络关系，且连接是短暂的；而会话具有较长的生命周期，在一个会话中可以建立多个连接，每个连接与一个会话相关。这是因为 SSL/TLS 被设计为与 HTTP 1.0 协同工作，而 HTTP 1.0 协议具有可在客户端和 Web 服务器之间打开大量 TCP 连接的特点。

连接状态可用以下参数定义：

- 服务器和客户端随机数。一个服务器和客户端为每个连接选择的随机字节序列。
- 服务器写 MAC 密码。一个服务器发送数据时在 MAC 操作中使用的密钥。
- 客户端写 MAC 密码。一个客户端发送数据时在 MAC 操作中使用的密钥。
- 服务器写密钥。一个服务器加密和客户端解密数据时使用的常规的密钥。
- 客户端写密钥。一个客户端加密和服务器解密数据时使用的常规的密钥。
- 初始化向量 IV。当使用 CBC 模式的分组密码时，需要为每个密钥维护一个初始化向量(IV)。该字段首先由 SSL 握手协议初始化，其后，每个记录的最后一个密文分组被保存，以作为下一个记录的 IV。在加密之前，IV 与第一个明文分组做异或运算。
- 序列号。会话的各方为每个连接传送和接收消息维护一个单独的序列号。当接收或发送一个修改密码规范协议报文时，消息序列号被设为 0。序列号不能超过 $2^{64}-1$。

4. SSL 基本流程

简化的 SSL 协议如图 5-12 所示。在基本流程中，客户端 A 发起与服务器 B 的连接，然后 B 把自己的证书发送给 A。A 验证 B 的证书，从中提取 B 的公钥，然后选择一个用来计算会话密钥的随机数，将其用 B 的公钥加密发送给 B。基于这个随机数，双方计算出会话密钥(主密钥)。然后通信双方使用会话密钥对会话数据进行加密和完整性保护。

消息 1：A 发起会话请求，并发送自己支持的密码算法的列表和一个随机数 S_A。

消息 2：B 把自己的证书以及另一个随机数 S_B 发送给 A，同时在消息 1 的密码算法列表中选择自己能够支持的算法响应给 A。

消息 3：A 选择一个随机数 S，根据 S、S_A 和 S_B 计算会话密钥(主密钥) K。然后 A 用 B 的公钥加密 S 后发送给 B，同时发送的还有会话密钥 K 和握手消息的散列值，用来证明自己的身份，同时还可以防止攻击者对消息的篡改。这个散列值是经过加密和完整性

图 5-12　简化的 SSL 协议

保护的。用于加密这个散列值的加密密钥同时也是对将来的会话数据进行加密的密钥，它是根据主密钥 K、S_A 和 S_B 计算出来的。用于数据发送的密钥称为写密钥，用于数据接收的密钥称为读密钥。发送、接收两个方向都需要加密密钥、完整性保护密钥和初始向量（IV），因此共需要 6 个密钥。这 6 个密钥都是通过会话主密钥生成的。

消息 4：B 也根据 S、S_A 和 S_B 计算会话密钥 K。B 发送此前所有握手消息的散列值，此散列值用 B 的写加密密钥进行加密保护，用 B 的写完整性保护密钥进行完整性保护。通过这个消息，B 证明自己知道会话密钥，同时也证明自己知道 B 的私钥，因为 K 是从 S 导出的，而 S 是使用 B 的公钥加密的。

至此，A 完成了对 B 的认证，但 B 没有对 A 的身份进行认证。这是因为实际应用中很少需要双向认证，只是需要客户端认证服务器，而不需要服务器认证客户端。如果客户端拥有证书，也可以实现双向认证。但实际应用中，服务器通常通过要求客户端把会话密钥加密的用户名和口令发送过来实现对客户端的认证。

5.2.2　SSL 记录协议

在 SSL 协议中，所有的传输数据都被封装在记录中。记录是由记录头和长度不为 0 的记录数据组成的。所有的 SSL 通信包括握手消息、安全空白记录和应用数据都使用 SSL 记录层。SSL 记录协议包括了记录头和记录数据格式的规定。

SSL 记录协议为 SSL 连接提供两种服务：

* 保密性。握手协议定义了加密 SSL 载荷的加密密钥。
* 消息完整性。握手协议也定义了生成消息认证代码（MAC）的共享密钥。

SSL 记录的格式如图 5-13 所示。

SSL 记录头由以下字段构成：

* 内容类型（8 位）。用于指明处理封装分段的高层协议。已经定义的内容类型包括修改密码规范协议、报警协议、握手协议和应用数据。
* 主版本号（8 位）。表明在用的 SSL 主版本号。对 SSL 3.0，这个值为 3。
* 从版本号（8 位）。表明在用的 SSL 从版本号。对 SSL 3.0，这个值为 0。
* 压缩后长度（16 位）。指示明文段或压缩分段（如果应用了压缩）的字节长度，最

图 5-13　SSL 记录格式

大为 $2^{14}+2048$。

SSL 记录可能的有效载荷如图 5-14 所示。

图 5-14　SSL 记录协议有效载荷

图 5-15 描述了 SSL 记录协议的整个操作过程。发送时,SSL 记录协议从高层协议接收一个要传送的任意长度的数据,将数据分成多个可管理的段,可以有选择地进行压缩,然后应用 MAC,利用 IDEA、DES、3DES 或其他加密算法进行数据加密,再加上一个 SSL 记录头,将得到的最终数据单元,即一个 SSL 记录,放入一个 TCP 报文段中发送出去。接收数据则与发送数据过程相反。接收的数据被解密、验证、解压、重组后,再传递给高层应用。

图 5-15　SSL 记录协议的操作

5.2.3　SSL 修改密码规范协议

修改密码规范协议是 SSL 的 3 个特定协议之一，也是最简单的一个。该协议由一条消息组成，该消息只包含一个值为 1 的单个字节，如图 5-14(a) 所示。客户端和服务器端都能发送改变密码说明消息，通知接收方将使用刚刚协商的密码算法和密钥来加密后续的记录。这条消息的接收引起未决状态被复制到当前状态，更新本连接中使用的密码组件，包括加密算法、散列算法以及密钥等。客户端在握手密钥交换和验证服务器端证书后发送修改密码规范消息，服务器则在成功处理它从客户端接收的密钥交换消息后发送该消息。

为了保障 SSL 传输过程的安全性，双方应该每隔一段时间就改变加密规范。

5.2.4　SSL 报警协议

报警协议用于向对等实体传递 SSL 相关的报警。如果在通信过程中某一方发现任何异常，就需要给对方发送一条警示消息通告。报警消息传达此消息的严重程度的编码和对此报警的描述。最严重的报警消息将立即终止连接。在这种情况下，本次对话的其他连接还可以继续进行，但对话标识符必须设置为无效，以防止此失败的对话重新建立新的连接。像其他的消息一样，报警消息是利用由当前连接状态所指出的算法加密和压缩的。

此协议的每个消息由两个字节组成,如图 5-14(b)所示。第一个字节表示消息出错的严重程度,值 1 表示警告,值 2 表示致命错误。如果级别为致命,则 SSL 将立即终止连接,而会话中的其他连接将继续进行,但不会在此会话中建立新连接。第二个字节包含描述特定报警信息的代码。

SSL 握手协议中的错误处理是很简单的。当发现一个错误后,发现方将向对方发一个消息。当传输或收到最严重的报警消息时,连接双方均立即终止此连接。服务器和客户端均应忘记前一次对话的标识符、密钥及有关失败的连接的共享信息。

5.2.5　SSL 握手协议

握手协议是 SSL 协议的核心,SSL 的部分复杂性也来自握手协议。握手是指客户端与服务器端之间建立安全连接的过程。在客户端和服务器的一次会话中,SSL 握手协议对它们所使用的 SSL/TLS 协议版本达成一致,并允许客户端和服务器端通过数字证书实现相互认证,协商加密和 MAC 算法,利用公钥技术来产生共享的私密信息等等。握手协议在传递应用数据之前使用。

握手协议由客户端和服务器间交换的一系列消息组成,这些消息的格式如图 5-14(c)所示。每个消息由 3 个域组成:

- 类型(1B)。表明 10 种消息中的一种,表 5-1 列举了所定义的消息类型。
- 长度(3B)。消息的字节长度。
- 内容(≥0B)。与消息相关的参数。

表 5-1　握手协议消息类型

消 息 类 型	参　　　数
hello_request	空
client_hello	版本号、随机数、会话标识、密码组、压缩方法
server_hello	版本号、随机数、会话标识、密码组、压缩方法
certificate	X.509 v3 证书链
server_key_exchange	参数、签名
certificate_request	类型、认证机构
server_done	空
certificate_verify	签名
client_key_exchange	参数、签名
finished	散列值

图 5-16 表明了在客户端与服务器之间建立逻辑连接的初始交换。此交换过程包括 4 个阶段。

1. 阶段 1：建立逻辑连接

此阶段用于建立初始的逻辑连接,并建立与之相连的安全能力。客户端向服务器发

图 5-16　握手协议处理过程

送一条客户端 hello 消息(client_hello),服务器必须使用服务器 hello 消息(server_hello)进行响应,否则就会造成致命错误,同时连接失败。在客户端 hello 消息中,客户端提供给服务器端一个算法和压缩方式列表,排列顺序与偏好(多个选择的不同优先级)相一致。服务器从中进行选择,并把选择结果通过服务器 hello 消息反馈给客户端。经过这一阶段,客户端与服务器双方对以下参数达成共识:协议版本、随机数、会话 ID、密码组件以及压缩算法等。

客户端发起这个交换,发送具有如下参数的 client_hello 消息:

- 版本号。客户端希望在本次会话中用以通信的 SSL 协议版本号,它应该是客户端能够支持的最新版本。
- 随机数。由客户端生成的随机数结构,用 32 位时间戳和一个安全随机数生成器生成的 28B 随机数组成。这些值作为 Nonce,在密钥交换时防止重放攻击。
- 会话标识。一个变长的会话标识。非 0 值意味着客户端想更新已存在连接的参数或在此会话中创建一个新的连接;0 值意味着客户端想在新会话上创建一个新连接。

- 密码组。按优先级降序排列的、客户端支持的密码套件列表。列表的每个元素定义了一个密码套件,包括加密算法、密钥长度、MAC 算法等。协议中预先定义好了大约 30 种密码套件,每个套件被分配了一个数值。
- 压缩方法。一个客户端支持的压缩方法列表,也是按照优先级降序排列的。

客户端发出消息 client_hello 后,会等待包含与消息 client_hello 参数相同的 server_hello 消息的到来。如果服务器找到一组可接受的密码算法,它将发送此消息。否则,服务器将以握手失败报警消息来响应客户端。

server_hello 消息具有如下内容:

- 版本号。这个字段包含的是客户端支持的最低版本号和服务器支持的最高版本号。
- 随机数。随机数域是由服务器生成的,与客户端的随机数域相互独立。
- 会话标识。对应当前连接的会话。如果客户端 hello 消息中的会话标识非 0,服务器将查看它的会话缓冲区来寻找匹配的会话 ID。如果找到并且服务器愿意使用指定的会话状态建立新连接,则服务器将使用与客户端 hello 中会话 ID 相同的值来回应。
- 密码组。服务器从客户端 hello 消息中的密码组中选择的密码套件子集。
- 压缩方法。服务器从客户端 hello 消息中的压缩方法列表中选择的单个压缩方法。

2. 阶段 2:服务器认证和密钥交换

如果需要进行认证,则服务器发送其数字证书(certificate)来启动此阶段。除匿名 Diffie-Hellman 方法外,其他密钥交换方法均需要证书消息。接下来,如果需要,可以发送服务器密钥交换消息(server_key_exchange)。如果服务器是一个非匿名服务器(服务器不使用匿名 Diffie-Hellman),则它需要请求验证客户端的证书(certificate_request);此时客户端必须发送自己的证书。最后,服务器发送服务器 hello 完成消息(server_hello_done),此消息不带参数,表明服务器的 hello 和相关消息结束。在此消息发送之后,服务器将等待客户端应答。

服务器证书消息(certificate)通常包含一个或多个 X. 509 证书,它必须包含一个与密钥交换方法相匹配的密钥。

服务器密钥交换消息(server_key_exchange)只在需要的时候由服务器发送。如果服务器发送了带有固定 Diffie-Hellman 参数的证书或者使用 RSA 密钥交换,则不需要发送 server_key_exchange 消息。server_key_exchange 消息包含以下内容:

- Params。服务器的密钥交换参数。
- Signed params。对于非匿名密钥交换,此项是对 params 的散列值的签名。

通常情况下,通过对消息使用散列函数并使用发送者私钥加密获得签名。在此,散列函数定义如下:

```
hash(ClientHello.random ‖ ServerHello.random ‖ ServerParams)
```

散列不仅包含 Diffie-Hellman 或 RSA 参数,还包含初始 hello 消息中的两个 Nonce,可以防止重放攻击和伪装。对 DSS 签名而言,散列函数使用 SHA-1 算法;对 RSA 签名而言,将要计算 MD5 和 SHA-1,再将两个散列结果串接(36B)后,用服务器私钥加密。

证书请求消息(certificate_request)包含两个参数:证书类型和认证机构。证书类型是一个请求证书类型列表,按照服务器的喜好排序。认证中心则列出了一个可接受的认证机构名称列表。

服务器完成消息(server_hello_done)通常是需要的。此消息由服务器发送,指示服务器的 hello 和相关消息结束。这个消息意味着服务器已经完成了发送支持密钥交换的消息,客户端可以处理自己的密钥交换阶段。在接收到服务器完成消息之后,如果服务器请求了证书,客户端需要验证服务器是否提供了合法证书,并且检查 server_hello 参数是否可接受。如果所有的条件均满足,则客户端向服务器发回一个或多个消息。

3. 阶段 3:客户端认证和密钥交换

如果服务器请求了证书,则在此阶段客户端开始发送一条证书消息(certificate)。如果不能提供合适的证书,则客户端将发送一个"无证书报警"。接下来是此阶段必须发送的客户端密钥交换消息(client_key_exchange),消息的内容依赖于密钥交换的类型:

- RSA。客户端生成 48B 的次密钥,并使用服务器证书中的公钥或服务器密钥交换消息中的临时 RSA 密钥加密。次密钥用于主密钥的计算。
- 瞬时或匿名 Diffie-Hellman。发送客户端的 Diffie-Hellman 公钥参数。
- 固定 Diffie-Hellman。由于证书消息中包括 Diffie-Hellman 公钥参数,因此该消息内容为空。
- Fortezza。发送客户端的 Fortezza 参数。

在此阶段的最后,客户端可以发送一个证书验证(certificate_verify)消息来提供对客户端证书的精确认证。此消息只有在客户端证书具有签名能力时发送(如除带有固定 Diffie-Hellman 参数外的所有证书)。此消息对一个基于前述消息的散列编码的签名定义如下:

CertificateVerify. signature. md5_hash

　　MD5(master_secret ∥ pad_2 ∥ MD5(handshake_messages ∥ master_sercet ∥ pad_1));

Certificate. signature. sha_hash

　　SHA(master_secret ∥ pad_2 ∥ SHA(handshake_messages ∥ master_secret ∥ pad_1));

其中,pad_1 和 pad_2 是前面 MAC 定义的值,握手消息指的是从 client_hello 开始(但不包括这条消息)发送或接收的所有握手协议消息。如果用户私钥是 DSS,则被用于加密 SHA-1 散列;如果用户私钥是 RSA,则被用于加密 MD5 和 SHA-1 散列连接。

4. 阶段 4:完成

此阶段完成安全连接的设置。客户端发送修改密码规范(change_cipher_spec)消息并将挂起 CipherSpec 复制到当前 CipherSpec 中。之后客户端立即使用新的算法、密钥和密码发送新的完成消息(finish)。完成消息对密钥交换和认证过程的正确性进行验证。

完成消息是两个散列值的拼接：

$$MD5(master\_secret \parallel pad\_2 \parallel MD5(handshake\_messages \parallel sender \parallel$$
$$master\_secret \parallel pad\_1))$$
$$SHA(master\_secret \parallel pad\_2 \parallel SHA(handshake\_messages \parallel sender \parallel$$
$$master\_secret \parallel pad\_1))$$

在应答这两个消息时，服务器发送自己的修改密码规范(change_cipher_spec)消息，并向当前的 CipherSpec 中复制挂起 CipherSpec，发送完成消息(finish)。一旦一方发送了自己的完成消息，并验证了对方的完成消息，则可以在这个连接上发送和接收应用数据。应用数据被透明处理，由记录层携带，并基于当前连接状态被分段、压缩、加密。

5.2.6　TLS

传输层安全(TLS)是 IETF 标准的初衷，其目标是成为 SSL 的互联网标准。TLS 1.0 协议本身基于 SSL 3.0，很多与算法相关的数据结构和规则十分相似。因此，虽然 TLS 1.0 与 SSL 3.0 存在些许区别，但差别并不大，在此不再详述。

5.2.7　HTTPS

从互联网诞生之日起，Web 就是互联网上最重要、最广泛的应用之一。HTTP 协议作为最主要的 Web 数据的传输通道，也成为了互联网上最重要、也是最常见的应用层协议之一。但 HTTP 协议存在两个主要的安全缺陷：一是数据明文传送，二是不对数据进行完整性检测。

为了增强 Web 的安全性，HTTPS 协议被提出，以解决 HTTP 协议中的安全性问题。RFC 2818 描述了 HTTPS 的细节。基于 SSL 和 TLS 的 HTTP 几乎没有区别，这两种实现都被称作 HTTPS。本书对这两个实现不加区分。

HTTPS(HTTP over SSL)是 HTTP 和 SSL 的结合，旨在实现 Web 服务器和 Web 浏览器之间的安全通信。HTTPS 将 SSL 作为 HTTP 应用层的子层，通过 SSL 协议来加强安全性，实现 HTTP 数据安全传输，有效地避免 HTTP 数据的窃听、篡改及信息的伪造。在传输过程中，HTTPS 的两个子层 HTTP 与 SSL 各司其职。其中，上层的 HTTP 协议只负责提供或接收 HTTP 数据包，数据的加密解密工作对其是透明的，均由 SSL 协议负责。

几乎所有流行的浏览器都内置对 HTTPS 的支持，但并不是所有的 Web 服务器都支持 HTTPS。从用户角度，直观地判断 Web 服务器是否支持 HTTPS 的方法就是观察 URL 是否以 https://开始。例如，有两个 URL 都可以访问 Google 主页：http:// google.com 和 https://google.com，后者就是基于 HTTPS 的安全访问通道。

具体来说，HTTPS 实现了以下安全特征：

(1) 客户端与服务器的双向身份认证。

客户端与服务器在传输 HTTPS 数据之前需要对双方的身份进行认证，认证过程通过交换各自的 X.509 数字证书的方式实现。

（2）传输数据的机密性。

如果 Web 浏览器和 Web 服务器之间基于 HTTPS 协议进行通信,则通信的以下部分被加密保护:

- 浏览器请求的服务器端文档的 URL。
- 浏览器请求的服务器端文档内容。
- 用户在浏览器端填写的表单内容。
- 在浏览器和服务器之间传递的 Cookie。
- HTTP 消息头。

（3）传输数据的完整性检验。

HTTPS 通过消息验证码的方式对传输数据进行数字签名,从而实现了数据的完整性检验。

HTTPS 协议在通信的安全性方面对 HTTP 协议进行了一定程度的增强,基本保证了客户端与服务器端的通信安全,所以被广泛应用于互联网上敏感信息的通信,例如网上银行账户、电子邮箱账户以及电子交易支付等各个方面。

5.3　PGP

通过在 IP 层上实现安全性,IPSec 对终端用户和应用均是透明的,提供通用的解决方案,不仅可以保护各种带安全机制的应用程序,而且可以保护许多无安全机制的应用。SSL/TLS 则在 TCP 之上实现安全性,一般来说,SSL/TLS 可以作为潜在的协议对应用透明,也可以在特定包中使用,如 Netscape 和 IE 浏览器均提供 SSL。另一方面,不同的应用对安全有着不同的需求。因此,人们设计了各种与具体应用相关的安全机制。PGP 就是一种流行的安全电子邮件系统。

电子邮件是一种用电子手段提供信息交换的通信方式。它不是一种"端到端"的服务,而是"存储转发式"的服务,属异步通信方式。信件发送者可随时随地发送邮件,不要求接收者同时在场,即使对方当时不在,仍可将邮件立刻送到对方的信箱内,且存储在对方的电子邮箱中。接收者可在他认为方便的时候读取信件,不受时空限制。电子邮件作为 Internet 上最重要的服务的同时,也是安全漏洞最多的服务之一。缺乏安全机制的电子邮件会给人们的隐私和安全带来严重的威胁,甚至严重影响人与人之间的交流。

PGP(Pretty Good Privacy)是 Phillip Zimmerman 在 1991 年提出来的,它可以在电子邮件和文件存储应用中提供保密和认证服务,已经成为全球范围内流行的安全邮件系统之一。

PGP 综合使用了对称加密算法、非对称加密算法、单向散列算法以及随机数产生器。PGP 通过运用诸如 3DES、IDEA、CAST-128 等对称加密算法对邮件消息或存储在本地的数据文件进行加密来保证机密性,通过使用散列函数和公钥签名算法提供数字签名服务,以提供邮件消息和数据文件的完整性和不可否认。通信双方的公钥发布在公开的地方,而公钥本身的权威性则可由第三方(特别是接收方信任的第三方)进行签名认证。

PGP 迅速普及的原因可大致归纳如下:

（1）PGP 由完全自愿者开发团体在 Phillip Zimmerman 的指导下开发后继版本。PGP 提供各种免费的版本，可运行于各种平台，包括 Windows、UNIX、Macintosh 等。

（2）PGP 使用经过充分的公众检验且被认为是非常安全的算法，包括 RSA、DSS、Diffie-Hellman 等公钥加密算法，CAST-128、IDEA 和 3DES 等对称加密算法，以及散列算法 SHA-1。

（3）PGP 应用范围较为广泛，既可作为公司、团体中加密文件时所选择的标准模式，也可以对互联网或其他网络上个人间的消息通信加密。

（4）PGP 不受任何政府或标准制定机构控制。

5.3.1　PGP 操作

PGP 的实际操作与密钥管理紧密相关，提供了 5 种服务：认证、保密、压缩、电子邮件兼容性和分段，参见表 5-2。

表 5-2　PGP 服务

功　能	使用的算法	描　述
认证	DSS/SHA 或 RSA/SHA	利用 SHA-1 算法计算消息的散列值，并将此消息摘要用发送方的私钥按 DSS 或 RSA 加密，和消息串接在一起发送
保密	CAST-128 或 IDEA 或使用 Diffie-Hellman 的 3DES 或 RSA	发送方生成一个随机数作为一次性会话密钥，用此会话密钥将消息按 CAST-128 或 IDEA 或 3DES 算法加密；然后用接收方公钥按 Diffie-Hellman 或 RSA 算法加密会话密钥，并与消息一起加密
压缩	ZIP	消息在应用签名之后、加密之前可用 ZIP 压缩
电子邮件兼容性	Radix-64 转换	为了对电子邮件应用提供透明性，一个加密消息可以用 Radix-64 转换为 ASCII 串
分段	—	为了符合最大消息尺寸限制，PGP 执行分段和重新组装

1. 认证

PGP 使用散列函数和公钥签名算法提供了数字签名服务，如图 5-17 所示。

图 5-17　PGP 认证服务

图中的符号含义如下：

PR$_A$ 用户 A 的私钥，用于公钥加密体制中。

PU$_A$ 用户 A 的公钥，用于公钥加密体制中。

EP   公钥加密。

DP   公钥解密。

H 散列函数。

‖   串接。

Z 用 ZIP 算法压缩。

Z^{-1} 解压缩。

图 5-17 所示的签名过程如下：

（1）发送方创建消息。

（2）发送方使用 SHA-1 计算消息的 160 位散列码。

（3）发送方使用自己的私钥，采用 RSA 算法对散列码加密，得到数字签名，并将签名结果串接在消息前面。

（4）接收方使用发送方的公钥按 RSA 算法解密，恢复散列码。

（5）接收方使用 SHA-1 计算新的散列码，并与解密得到的散列码比较。如果匹配，则证明接收到的消息是完整的，并且来自真实的发送方。

SHA-1 和 RSA 的组合提供了一种有效的数字签名模式。由于 RSA 的安全强度，接收方可以确信只有相应私钥的拥有者才能生成签名；由于 SHA-1 的安全强度，接收方可以确信其他方都不可能生成一个与该散列编码相匹配的消息，从而确保是原始消息的签名。

作为一种替代方案，可以基于 DSS/SHA-1 生成数字签名。

2. 保密

PGP 通过运用 3DES、IDEA、CAST-128 等对称加密算法，使用 64 位密文反馈模式（CFB）对待发送的邮件消息或存储在本地的数据文件进行加密来保证机密性服务。由于电子邮件具有"存储转发"的属性，使用安全握手协议来协商双方拥有相同的会话密钥是不实际的。因此，PGP 中的会话密钥是一次性密钥，只使用一次，即对每一个消息都要生成一个 128 位的随机数作为新的会话密钥。由于会话密钥仅仅使用一次，发送方必须将此会话密钥与消息绑定在一起，随消息一块传送。为了保护此会话密钥，发送方使用接收方的公钥对其加密。实现保密性的过程如图 5-18 所示。

图中的符号除前面已经说明的以外，含义如下：

K_s 一次性会话密钥，用于对称加密体制中。

EC   对称加密。

DC   对称解密。

图 5-18 所示的保密服务过程如下：

（1）发送方创建消息，并生成一个 128 位随机数作为会话密钥。

（2）发送方对消息进行压缩，然后用会话密钥按 CAST-128（或 IDEA、3DES）加密压缩后的消息。

图 5-18　PGP 保密服务

（3）发送方用接收方的公钥按 RSA 加密会话密钥，并和消息密文串接在一起。

（4）接收方使用其私钥按 RSA 解密，恢复出会话密钥。

（5）接收方使用会话密钥解密消息。如果消息被压缩，则执行解压缩。

PGP 也可以使用 ElGamal 代替 RSA 进行密钥加密。

为了减少加密时间，PGP 通常使用对称加密和公钥加密的组合方式，而不是直接使用 RSA 或 ElGamal 加密消息。CAST-128 和其他传统算法比 RSA 或 ElGamal 算法快得多。在 PGP 中，使用公钥算法的目的是解决一次性会话密钥的分配问题，因为只有接收方能恢复绑定在消息中的会话密钥。使用一次性的对称密钥加强了已经是强加密算法的安全性。每个密钥仅加密少量原文，并且密钥之间没有联系。在这种情况下，公钥算法是安全的，从而整个模式是安全的。

在 PGP 中，可以将保密和认证两种服务同时应用于一个消息，如图 5-19 所示。

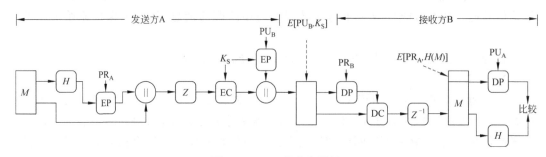

图 5-19　PGP 保密和认证

操作过程如下：

（1）发送方创建消息，生成原始消息的签名，并与消息串接。

（2）发送方用会话密钥、基于 CAST-128（或 IDEA，3DES）加密压缩后的、带签名的明文消息，并用 RSA（或 ElGamal）加密会话密钥。两次加密的结果被串接在一起，发送给接收方。

（3）接收方使用自己的私钥、按照 RSA（或 ElGamal）解密会话密钥，并使用会话密钥解密，恢复压缩的带签名的明文消息。

（4）接收方执行解压缩，得到签名和原始消息。

（5）接收方解密签名，并计算消息的散列值，通过比较两个结果，实现了认证。

简单地说，当需要同时提供保密和认证时，发送方首先用自己的私钥对消息签名，然后用会话密钥加密消息和签名,再用接收方的公钥加密会话密钥。

3．压缩

作为一种默认处理,PGP 在应用签名之后、加密之前要对消息进行压缩,使用的压缩算法是 ZIP。使用压缩使得发送的消息比原始明文更短,这就节省了网络传输的时间和存储空间。

在图 5-18 中,消息加密在压缩后进行,这是因为压缩实际上是一次变换,而且压缩后消息的冗余信息比原始消息少,使得密码分析更加困难。

在图 5-19 的操作过程中,在压缩前生成签名,主要是基于如下考虑:对未压缩的消息签名可以将未压缩的消息和签名一起存放,以在将来验证时直接使用。而如果对一个压缩的文档签名,则将来要么将消息的压缩版本存储下来用于验证,要么在需要验证时再对消息进行压缩。

PGP 使用称为 ZIP 的压缩包。ZIP 算法是应用最广泛的跨平台压缩技术。

4．Radix-64 转换

使用 PGP 时,通常至少部分块将要被加密传输。如果仅仅使用了签名服务,就必须用发送方的私钥对消息摘要进行加密。如果还使用了保密服务,就需要将消息和签名(如果有)用一次性的会话密钥、按对称密码算法进行加密,因此,得到的部分或全部数据块由任意的 8 比特流组成。然而,许多电子邮件系统仅仅允许由 ASCII 文本组成的数据块通过。为了适应这个限制,PGP 提供了将原始 8 位二进制流转换为可打印的 ASCII 码字符的服务。为此目的服务的模式称为 Radix-64 转换(基数 64 转换)或者 ASCII 封装。原始二进制数据的 3 个 8 位二进制字节组成一组,并被映射为 4 个 ASCII 码字符,同时加上CRC 校验以检测传送错误。

编码过程将 3 个 8 位输入组看作 4 个 6 位组,每一组变换成 Radix-64 编码表中的一个字符。6 位组到字符的映射如表 5-3 所示。

一个 Radix-64 转换算法盲目地将输入串转化为 Radix-64 格式而与上下文无关,即使在输入是 ASCII 文本时也是如此。因此,如果一个消息被签名但未加密,且转换作用于整个块,则输出对窃听者不可读,从而提供了一定程度的保密性。PGP 也可以选择只对消息的签名部分进行 Radix-64 转换,使得接收方可以不使用 PGP 直接阅读消息。PGP 也可用于验证签名。

在接收端,首先将收到的块从 Radix-64 转换为二进制。然后,如果消息加密过,则接收方恢复会话密钥,解密消息,再将得到的块解压;如果消息被签名,则接收方恢复传送过来的散列码,并与原散列码比较。

5．分段和组装

电子邮件工具通常限制消息的最大长度,任何大于该长度的消息必须分成若干小段,单独发送。

为了适应这个限制,PGP 自动将长消息分段,使之可以通过电子邮件发送。分段在所有其他操作之后进行,包括 Radix-64 转换。因此,会话密钥和签名部分仅在第一段的段首出现。在接收方,PGP 必须剥掉所有的电子邮件头,并组装得到原始邮件。

表 5-3   Radix-64 编码

6 位值	字符编码	6 位值	字符编码	6 位值	字符编码	6 位值	字符编码
0	A	16	Q	32	g	48	w
1	B	17	R	33	h	49	x
2	C	18	S	34	i	50	y
3	D	19	T	35	j	51	z
4	E	20	U	36	k	52	0
5	F	21	V	37	l	53	1
6	G	22	W	38	m	54	2
7	H	23	X	39	n	55	3
8	I	24	Y	40	o	56	4
9	J	25	Z	41	p	57	5
10	K	26	a	42	q	58	6
11	L	27	b	43	r	59	7
12	M	28	c	44	s	60	8
13	N	29	d	45	t	61	9
14	O	30	e	46	u	62	+
15	P	31	f	47	v	63	/
						Pad	=

图 5-20 描述了 PGP 的消息发送和接收过程。在发送端，如果需要签名，可用明文的散列码生成签名，再将签名和明文一起压缩。接着，如果需要保密，可对由压缩的明文或压缩的签名加原文构成的块加密，与用公钥加密的会话密钥一起转换为 Radix-64 格式。

5.3.2   PGP 密钥

PGP 使用 4 种类型的密钥：一次性会话对称密钥、公钥、私钥、基于对称密钥的口令。这些密钥需要满足 3 种需求：

(1) 一次性会话密钥是不可预测的。

(2) 允许用户拥有多个公钥/私钥对。因为用户可能希望能经常更换他的密钥对。而当更换时，许多流水线中的消息往往仍使用已过时的密钥。另外，接收方在更新到达之前只知道旧的公钥，为了能改变密钥，用户希望在某一时刻拥有多对密钥与不同的人进行应答或限制用一个密钥加密消息的数量以增强安全性。所有这些情况导致了用户与公钥之间的应答关系不是一对一的，因此，需要能鉴别不同的密钥。

(3) 每个 PGP 实体必须管理一个自己的公钥/私钥对的文件和一个其他用户公钥的文件。

(a)一般发送处理(从A)　　　　　　　　(b)一般接收处理(到B)

图 5-20　PGP 消息发送与接收

1. 会话密钥的产生

PGP 中,对每一个消息都生成一个会话密钥,与此消息对应,用以加密和解密该消息。PGP 的会话密钥是一个随机数,它是基于 ANSI X9.17 的算法由随机数生成器产生的。随机数生成器从用户敲键盘的时间间隔上取得随机数种子。对于磁盘上的随机种子 randseed. bin 文件是采用和邮件同样强度的加密。这有效地防止了他人从 randseed. bin 文件中分析出实际加密密钥的规律。

2. 密钥标识

PGP 允许用户拥有多个公开/私有密钥对。用户可能经常改变密钥对;而且同一时刻,多个密钥对在不同的通信组中使用。因此,用户和他们的密钥对之间不存在一一对应关系。比如 A 给 B 发信,如果没有密钥标识方法,B 可能就不知道 A 使用自己的哪个公钥加密的会话密钥。

一个简单的解决方案是将公钥和消息一起传送。这种方式可以工作,但却浪费了不必要的空间,因为一个 RSA 的公钥可以长达几百个十进制数。另一种解决方案是每个用户的不同公钥与唯一的标识一一对应,即用户标识和密钥标识组合来唯一标识一个密钥。这时,只需传送较短的密钥标识即可。但这个方案产生了管理和开销问题:密钥标识必须确定并存储,使发送方和接收方能获得密钥标识和公钥间的映射关系。

因此,PGP 给每个用户公钥指定一个密钥 ID,在很大程度上与用户标识一一对应。它由公钥的最低 64b 组成,这个长度足以使密钥 ID 重复概率非常小。

PGP 的数字签名也需要使用密钥标识。因为发送方需要使用一个私钥加密消息摘要,接收方必须知道应使用发送方的哪个公钥解密。相应地,消息的数字签名部分必须包括公钥对应的 64 位密钥标识。当接收到消息后,接收方用密钥标识指示的公钥验证签名。

如图 5-21 所示,PGP 消息由 3 个部分组成:消息部分、签名(可选)和会话密钥(可选）。

图 5-21 PGP 消息格式

图中符号含义如下：

$E(\mathrm{PU_B}, \cdot)$ 用用户 B 的公钥加密。

$E(\mathrm{PR_A}, \cdot)$ 用用户 A 的公钥加密。

$E(K_s, \cdot)$ 用会话密钥加密。

ZIP   ZIP 压缩函数。

R64   Radix-64 的转换函数。

消息部分包括将要存储或传输的数据，如文件名、消息产生的时间戳等。

签名部分包括如下内容：

- 时间戳。签名产生的时间戳。

- 消息摘要。160 位的 SHA-1 摘要，用发送方的私钥加密摘要。摘要是计算签名时间戳和消息的数据部分得到的。摘要中包含的时间戳可以防止重放攻击。不包括消息部分的文件名和时间戳保证了分离后的签名与分离前的签名一致。基于单独的文件计算分离的签名，不包含消息头。

- 消息摘要的头两个字节。为使接收方能够判断是否使用了正确的公钥解密消息摘要，可以通过比较原文中的头两个字节和解密后摘要中的头两个字节。这两个字节作为消息的 16 位校验序列。

- 发送方公钥的密钥标识。标识解密所应使用的公钥，从而标识加密消息摘要的私钥。

消息和可选的签名可以使用 ZIP 压缩后再用会话密钥加密。

会话密钥包括会话密钥和标识发送方加密会话密钥时所使用的接收方公钥标识。

整个块使用 Radix-64 转换编码。

3. 密钥环

密钥标识对 PGP 操作是关键的,PGP 消息中包含的两个密钥标识可以提供保密性和认证功能。这些密钥必须采用有效的、系统的方式存储、组织以供各方使用。PGP 为每个节点提供一对数据结构,一个用于存放本节点自身的公钥/私钥对,另一个用于存放本节点知道的其他用户的公钥。这两种数据结构被称为私钥环和公钥环。可以认为,环是一个表结构,其中每一行表示用户拥有的一对公钥/私钥。

私钥环表中,每一行包含如下表项:

- 时间戳。密钥对生成的日期/时间。
- 密钥标识。至少 64 位的公钥标识。
- 公钥。密钥对的公钥部分。
- 私钥。密钥对的私钥部分,此域被加密。
- 用户标识。一般使用用户的电子邮件地址。但用户可以为不同密钥对选择不同的用户标识,也可以多次重复使用同一个用户标识。

私钥环可用用户标识或密钥标识索引。

虽然私钥环只在用户创建和拥有密钥对的机器上存储并只能被该用户存取,但私钥的存储应尽可能地安全。因此,私钥并不直接存储在密钥环中,而是用 CAST-128(或 IDEA、3DES)加密后存储。处理过程如下:

(1)用户选择加密私钥的口令。

(2)当系统使用 RSA 生成新的公钥/私钥对后,向用户询问口令。应用 SHA-1 为口令生成 160 位的散列编码,并废弃口令。

(3)系统用 CAST-128 和作为密钥的 128 位散列编码加密私钥,并废弃该散列编码,将加密后的私钥存于私钥环。

接着,当用户从私钥环中重新取得私钥时,他必须提供口令。PGP 将生成口令的散列编码,并用 CAST-128 和散列编码一起解密私钥。

公钥环用来存储该用户知道的其他用户的公钥。公钥环表中每一行主要包含以下信息:

- 时间戳。该表项生成的日期/时间。
- 密钥标识。至少 64 位的公钥标识。
- 公钥。表项的公钥部分。
- 用户标识。公钥的拥有者。多个用户标识可与一个公钥相关。

图 5-22 描述了消息传递中密钥环的使用方式。假设应对消息进行签名和加密,则发送的 PGP 实体执行下列步骤:

步骤 1:签名消息。

(1)PGP 以用户标识作为索引从发送方的私钥环中取出选定的私钥,如果在命令中不提供用户标识,则取出私钥环中的第一个私钥。

(2)PGP 提示用户输入口令恢复私钥。

图 5-22　PGP 消息生成

（3）创建消息的签名。

步骤 2：加密消息。

（1）PGP 生成会话密钥并加密消息。

（2）PGP 用接收方的用户标识作为索引从公钥环中获得接收方的公钥。

（3）创建消息的会话密钥。

接收方 PGP 实体执行的步骤参见图 5-23，主要包括以下几个步骤：

图 5-23　PGP 消息接收

步骤 1：解密消息。

（1）PGP 用消息的会话密钥的密钥标识域作为索引从私钥环中获取接收方的私钥。

（2）PGP 提示用户输入口令以恢复私钥。

（3）PGP 恢复会话密钥，解密消息。

步骤 2：认证消息。

（1）PGP 用消息的签名密钥中包含的密钥标识从公钥环中获取发送方的公钥。

（2）PGP 恢复消息摘要。

（3）PGP 计算接收到的消息摘要，并将其与恢复的消息摘要进行比较来认证。

5.4　Internet 欺骗

所谓欺骗，就是指攻击者通过伪造一些容易引起错觉的信息来诱导受骗者做出与安全有关的错误决策。电子欺骗是通过伪造源于一个可信任地址的数据包以使一台主机认证另一台主机的网络攻击手段。Internet 欺骗有 ARP 欺骗、DNS 欺骗、IP 地址欺骗和Web 欺骗等几种类型。

5.4.1　ARP 欺骗

1. ARP 协议原理

ARP 协议是一种将 IP 地址转换成物理地址的协议，以便设备能够在共享介质的网络（如以太网）中通信。

每台安装了 TCP/IP 协议的主机都有一个 ARP 缓冲区（ARP cache），维护一个 ARP列表，保存一定数量的 IP 地址和物理地址的映射。当源主机需要将一个数据包发送到目的主机时，会首先检查自己 ARP 列表中是否存在该 IP 地址对应的物理地址，如果有，就直接将数据包发送到这个物理地址；如果没有，就向本地网段发起一个 ARP 请求的广播包，查询此目的主机对应的物理地址。ARP 请求数据包里包括源主机的 IP 地址、硬件地址以及目的主机的 IP 地址。网络中所有的主机收到这个 ARP 请求后，会检查数据包中的目的 IP 是否和自己的 IP 地址一致。如果不相同则不会回应此请求，但会将源主机的IP 地址和物理地址的映射关系记录到自己的 ARP 列表中；如果相同，该主机首先将发送端的 MAC 地址和 IP 地址添加到自己的 ARP 列表中，如果 ARP 表中已经存在该 IP 的信息，则将其覆盖，然后给源主机发送一个 ARP 响应数据包，告诉对方自己是它需要查找的物理地址。源主机收到 ARP 响应数据包后，将得到的目的主机的 IP 地址和物理地址添加到自己的 ARP 列表中，并利用此信息开始数据的传输。如果源主机一直没有收到 ARP 响应数据包，表示 ARP 查询失败。

ARP 缓存表采用了老化机制，IP 地址与 MAC 地址的映射并不是一旦生成就永久有效的。每一个 ARP 映射表项都要有自己的寿命，如果一段时间内没有使用，则此表项就会被从缓冲区中删除。这种老化机制可以大大减小 ARP 缓存表的长度，加快查询速度。

2. ARP 欺骗

可以看出，ARP 协议的基础就是信任本地网段内所有的主机。一台主机不必收到一个 ARP 请求，就可以向其他主机发送 ARP 响应，任何一台主机都可以向其他主机发送公告：我的 IP 地址是××,物理地址是××。这种协议设计为 ARP 欺骗提供了便利。

ARP 欺骗就是一种通过虚假请求或响应报文,使得其他主机的 ARP 列表发生改变而无法正常通信的攻击行为。主机发送虚假的请求报文或响应报文,报文中的源 IP 地址和源物理地址均可以伪造,既可以伪造成某一台主机的 IP 地址和 MAC 地址的组合,也可以伪造成网关的 IP 地址和 MAC 地址的组合。事实上,攻击者可以任意选择 IP 地址和 MAC 地址的组合,而当前缺乏相应的机制和协议来防止这种伪造行为。

绝大多数 ARP 欺骗的目的是为了扰乱局域网合法主机保存的 ARP 列表,使得合法主机无法通信或通信不正常,常见表现为无法上网或者上网时断时续。因为 ARP 协议工作在 TCP/IP 参考模型的网际层和网络接口层之间,现有的网管和防病毒软件几乎对 ARP 欺骗都无能为力,网络管理员只能通过地址绑定等原始和简单的方法来防御 ARP 欺骗,而缺乏一种行之有效的通用解决方案。

1) 针对主机的 ARP 欺骗

假设一个局域网中有 4 台主机,其 IP 地址和物理地址如表 5-4 所示。

表 5-4　主机 IP 地址与物理地址映射

主机	IP 地址	MAC 地址
A	192.168.1.1	11-11-11-11-11-11
B	192.168.1.2	22-22-22-22-22-22
C	192.168.1.3	33-33-33-33-33-33

假设主机 A 要向 B 发送数据,主机 A 首先在自己的 ARP 列表中查找是否有 B 的 MAC 地址,如果有,则将 B 的 MAC 地址作为目的 MAC 地址构造一个数据链路层帧,并将此数据帧发送给 B。如果 A 没有 B 的 MAC 地址,则 A 就在网络上发送一个广播帧,该帧的目的 MAC 地址是 FF.FF.FF.FF.FF.FF,表示这是一个 ARP 请求报文,向局域网内所有主机询问 IP 地址是 192.168.1.2 的 MAC 地址是多少。局域网内所有主机都会收到该广播请求,正常情况下只有 B 会响应,即向 A 发送一个 ARP 响应:我的 MAC 地址是 22-22-22-22-22-22。这样 A 知道了 B 的 MAC 地址,就可以向主机 B 发送数据链路层帧了。同时 A 还会更新自己的 ARP 列表,将主机 B 的 IP 地址与 MAC 地址的对应关系保存到自己的 ARP 缓存中,以供下次通信使用。

假设主机 C 要对 A 进行 ARP 欺骗,冒充自己是主机 B。具体实施中,主机 C 主动告诉主机 A,主机的 IP 地址与 MAC 地址组合是 192.168.1.2＋33-33-33-33-33-33。这样,当主机 A 给 B 发送数据时,会将主机 C 的 MAC 地址作为数据帧的目的地址,从而将本应该发送给 B 的数据发送给了 C,实现了 ARP 欺骗。在整个欺骗过程中,主机 C 称为中间人,而主机 A 完全没有意识到有一个中间人的存在。

2) 针对交换机的 ARP 欺骗

交换机的工作原理是:通过主动学习下联设备的 MAC 地址,建立维护端口和 MAC 地址的对应表,通过 MAC 地址表实现下联设备之间的数据转发,从而保证下联设备的正常通信。

交换机中的 MAC 地址表记录下联设备的 MAC 地址和端口之间的一一对应关系。此地址表在交换机加电启动时是空的,每当一个下联设备要通信时,交换机会自动将该主机的 MAC 地址与端口的关系记录下来,在 MAC 地址表中形成一条记录。一般来说,该 MAC 地址表的大小是固定的。

对交换机进行 ARP 欺骗时,欺骗者利用工具产生欺骗 MAC,并快速填满交换机的 MAC 地址表。当 MAC 地址表被填满,交换机将以广播方式处理通过交换机的数据帧,即这时的交换机实质上已成为一个集线器。欺骗者此时可以利用各种嗅探工具获取网络信息。

3. ARP 欺骗的防范

可采用如下措施防止 ARP 欺骗:

- 不要把网络的安全信任关系仅建立在 IP 基础上或 MAC 基础上,而是应该建立在 IP+MAC 基础上(即将 IP 和 MAC 两个地址绑定在一起)。
- 设置静态的 MAC 地址到 IP 地址对应表,不要让主机刷新设定好的转换表。
- 除非很有必要,否则停止使用 ARP,将 ARP 作为永久条目保存在对应表中。
- 使用 ARP 服务器,通过该服务器查找自己的 ARP 转换表来响应其他主机的 ARP 广播,确保这台 ARP 服务器不被攻击。
- 使用 proxy 代理 IP 的传输。
- 使用硬件屏蔽主机,设置好路由,确保 IP 地址能到达合法的路径。
- 管理员要定期从响应的 IP 包中获得一个 RARP 请求,然后检查 ARP 响应的真实性。
- 管理员要定期轮询,检查主机上的 ARP 缓存。
- 使用防火墙连续监控网络。

5.4.2　DNS 欺骗

DNS 是 TCP/IP 协议体系中的应用程序,其主要功能是进行域名和 IP 地址的转换,这种转换也叫解析。当攻击者危害 DNS 服务器并明确地更改主机名与 IP 地址映射表时,DNS 欺骗(DNS spoofing)就会发生。这些更改被写入 DNS 服务器上的转换表,因此当一个客户机请求查询时,只能得到这个更改后的地址。该地址是一个完全处于攻击者控制下的主机的 IP 地址。因为网络上的主机都信任 DNS 服务器,所以一个被破坏的 DNS 服务器可以将客户引导到非法服务器上,也可欺骗服务器相信一个 IP 地址确实属于一个被信任的客户。

1. DNS 欺骗原理

在域名解析的整个过程中,客户端首先以特定的 ID 向 DNS 服务器发送域名查询数据报,DNS 服务器查询之后以相同的 ID 号向客户端发送域名响应数据报。这时,客户端会将收到的 DNS 响应数据报的 ID 和自己发送的查询数据报的 ID 相比较,如匹配则表明接收到的正是自己等待的数据报,如果不匹配,则丢弃之。

假如入侵者伪装成 DNS 服务器提前向客户端发送响应数据报,那么客户端的 DNS 缓存里的域名所对应的 IP 就是它们自己定义的 IP,同时客户端也就被带入入侵者希望的地方。入侵者的欺骗条件只有一个,那就是发送的与 IP 匹配的 DNS 响应数据报在 DNS 服务器发送响应数据报之前到达客户端。这就是著名的 DNS ID 欺骗。

DNS 欺骗有以下两种情况:

- 本地主机与 DNS 服务器、本地主机与客户端主机均不在同一个局域网内。这时,黑客入侵的可能方法有两种:一是向客户端主机堆积发送大量的 DNS 响应数据报;二是向 DNS 服务器发起拒绝服务攻击和利用 BIND 漏洞发起攻击。
- 本地主机至少与 DNS 服务器或客户端主机中的某一台处于同一个局域网内,可以通过 ARP 欺骗来实现可靠而稳定的 DNS ID 欺骗。

2. DNS 欺骗的防范

可采用如下措施防止 DNS 欺骗:

- 直接使用 IP 地址访问重要服务器,可以避开 DNS 对域名的解析过程,因此也就避开了 DNS 欺骗攻击。但最根本的解决方法还是加密所有对外的数据流,服务器应使用 SSH(Secure Shell)等具有加密功能的协议,一般用户则可使用 PGP 类软件加密所有发送到网络的数据。
- 如果遇到 DNS 欺骗,先断开本地连接,然后再启动本地连接,这样就可以清除 DNS 缓存。
- 用转化得到的 IP 地址或域名再次作反向转换验证。

有一些例外情况不存在 DNS 欺骗:如果 IE 中使用代理服务器,那么 DNS 欺骗就不能进行,因为此时客户端并不会在本地进行域名请求;如果访问的不是本地网站主页,而是相关子目录文件,这样在自定义网站上不会找到相关的文件,DNS 欺骗也会以失败告终。

5.4.3　IP 地址欺骗

IP 地址欺骗(IP spoof)攻击是指利用 TCP/IP 本身的缺陷实施入侵,即用一台主机冒充另外一台主机的 IP 地址,与其他设备通信,从而达到某种目的的过程。它不是进攻的结果,而是进攻的手段,实际上是对两台主机之间信任关系的破坏。即使主机系统本身没有任何漏洞,入侵者仍然可以使用 IP 地址欺骗来达到攻击目的。

IP 地址欺骗是攻击者攻克 Internet 防火墙系统最常用的方法,也是许多其他攻击方法的基础。IP 地址欺骗就是通过伪造某台主机的 IP 地址,使得某台主机能够伪装成另外一台主机,而这台主机往往具有某种特权或被另外的主机所信任。对于来自网络外部的 IP 地址欺骗,只要配置一下防火墙就可以了,但对同一网络内的主机实施攻击则不易防范。

1. IP 地址欺骗原理

IP 是网络层无连接的协议,IP 数据包的主要内容由源 IP 地址、目的 IP 地址和所传数据构成。IP 的任务就是根据每个数据报文的目的地址和路由,完成报文从源地址到目的地址的传送。IP 不会考虑报文在传送过程中是否丢失或出现差错。IP 数据包只是根据报文中的目的地址发送,因此,借助于高层协议的应用程序来伪造 IP 地址是比较容易实现的。

　　IP 地址欺骗是利用主机之间的正常信任关系来实现的。假定信任关系已经被发现。为了进行 IP 地址欺骗，首先要使被信任关系的主机失去工作能力，同时利用目标主机发出的 TCP 序列号猜测出它的数据序列号，然后伪装成被信任的主机，同时建立起与目标主机基于地址验证的应用连接。连接成功后，欺骗者就可以设置后门以便日后使用。

　　为了伪装成被信任主机而不露馅，需要使被信任主机完全失去工作能力。由于攻击者将要代替真正的被信任主机，他必须确保真正的被信任主机不能收到任何有效的网络数据，否则会被揭穿。有许多方法可以达到这个目的（如 SYN 洪泛攻击等）。

　　对目标主机进行攻击，必须知道目标主机的数据包序列号。通常是先与被攻击主机的一个端口（如 25）建立起正常连接。往往这个过程反复多次，并将目标主机最后所发送的初始序列号（ISN）存储起来；然后还需要估计他的主机与被信任主机之间的往返时间，这个时间是通过多次统计平均计算出来的。

　　一旦估计出 ISN 的大小，就开始着手进行攻击。当然，攻击者的虚假 TCP 数据包进入目标主机时，如果刚才估计的序列号是准确的，进入的数据将被放置在目标主机的缓冲区中。但是在实际攻击过程中往往不能这么容易得逞，如果估计的序列号小于正确值，那么将被放弃；如果估计的序列号大于正确值，并且在缓冲区的大小之内，那么该数据被认为是一个未来的数据，TCP 模块将等待其他的数据；如果估计的序列号大于正确值且不在缓冲区之内，TCP 将会放弃它并返回一个期望获得的数据序列号。

　　入侵者可伪装成被信任的主机 IP，然后向目标主机的 513 端口发送连接请求。目标主机立刻对连接请求做出反应，发送更新 SYN/ACK 确认包给被信任主机。因为此时被信任主机仍然处于瘫痪状态，它当然无法收到这个包。紧接着攻击者向目标主机发送 ACK 数据包，该包使用前面估计的序列号加 1。如果攻击者估计正确，目标主机将会接收该 ACK。连接就正式建立，可开始数据传输。如果达到这一步，一次完整的 IP 地址欺骗就算完成了。入侵者已经在目标主机上得到了一个 Shell，接下来就是利用系统的溢出或错误配置扩大权限。

　　IP 地址欺骗攻击的整个过程可简要概括如下：

　　（1）使被信任主机的网络暂时瘫痪，以免对攻击造成干扰。

　　（2）连接到目标主机的某个端口以猜测 ISN 基值和增加规律。

　　（3）把源地址伪装成被信任主机，发送带有 SYN 标志的数据段请求连接。

　　（4）等待目标机发送 SNY/ACK 包给已经瘫痪的主机。

　　（5）再次伪装成被信任的主机向目标机发送 ACK，此时发送的数据段带有预测的目标机的 ISN＋1。

　　（6）连接建立，发送命令请求。

2. IP 地址欺骗的预防

可以采取以下措施防止 IP 地址欺骗：

- 抛弃基于地址的信任策略。阻止 IP 地址欺骗的简单方法是放弃以 IP 地址为基础的验证。
- 进行包过滤。如果用户的网络是通过路由器接入 Internet 的，则可利用路由器进行包过滤。应保证只有用户网络内部的主机之间可以定义信任关系，而内部主机与网外主机通信时要慎重处理。另外，使用路由器还可以过滤掉所有来自外部的与内部主机建立连接的请求，至少要对这些请求进行监视和验证。

- 使用加密方法。在通信时要求加密传输和验证，也是一种预防 IP 地址欺骗的可行性方法。在多种手段并存时，这种方法是最合适的。
- 使用随机的初始序列号。随机地选取初始序列号可以防止 IP 地址欺骗攻击。每一个连接都建立独立的序列号空间，这些序列号仍按以前的方式增加，但应使这些序列号空间中没有明显的规律，从而不容易被入侵者利用。

5.4.4　Web 欺骗

Web 欺骗就是一种网络欺骗，攻击者构建的虚拟网站就像真实的站点一样，有同样的连接和页面。攻击者切断从被攻击者主机到目标服务器之间的正常连接，建立一条从被攻击者主机到攻击者主机，再到目标服务器的连接。实际上，被欺骗的所有浏览器用户与这些伪装页面的交互过程都受到攻击者的控制。虽然这种攻击不会直接造成计算机的软、硬件损坏，但它所带来的损失也是不可忽视的。通过攻击者计算机，被攻击者的一切信息都会一览无余。攻击者可以轻而易举地得到合法用户输入的用户名、密码等敏感资料，且不会出现用户主机死机、重启等现象，用户不易觉察。这也是 Web 欺骗最危险的地方。

用户如果仔细观察，也会发现一些迹象。比如在浏览这个网站时，如果速度明显地变慢并出现一些其他异常现象，就要留心这是否潜藏着危险。可以将鼠标移到网页中的一条超级链接上，看看状态行中的地址是否与要访问的一致，或者直接查看地址栏中的地址是否正确；还可以查看网页的源代码，如果发现代码的地址被改动了，即可初步判定是受到了攻击。

Web 欺骗允许攻击者创建整个 WWW 的副本。映像 Web 网站的入口在攻击者的 Web 服务器，经过攻击者主机的过滤后，攻击者可以监控合法用户的任何活动，窥视用户的所有信息。攻击者也能以合法用户的身份将错误的数据发送到真正的 Web 服务器，还能以 Web 服务器的身份发送数据给被攻击者。总之，如果攻击成功，攻击者就能观察和控制着合法用户在 Web 上做的每一件事。

1. Web 欺骗原理

Web 欺骗是一种电子信息欺骗，攻击者创建了一个完全错误但似乎可信的 Web 站点的副本，这个错误的 Web 站点看起来十分逼真，它拥有大家熟悉的网页和链接。攻击者控制着虚假的 Web 站点，造成被攻击者浏览器和 Web 之间的所有网络信息都被攻击者所截获。

攻击者可以观察或修改任何从被攻击者到 Web 服务器的信息，也能控制从 Web 服务器返回用户主机的数据，这样，攻击者就能自由地选择发起攻击的方式。

由于攻击者可监视合法用户的网络信息，记录他们访问的网页和内容，所以当用户填写完一个表单并提交后，这些应被传送到服务器的数据先被攻击者得到并处理。Web 服务器返回给用户的信息也先由攻击者经手。绝大部分在线企业都使用表单来处理业务，这意味着攻击者可以轻易地获取用户的账号和密码。在得到必要的数据后，攻击者可以通过修改被攻击者和 Web 服务器间传输的数据来进行破坏活动。攻击者可修改用户的确认数据,例如用户在线订购某个产品时,攻击者可以修改产品代码、数量及邮购地址等。攻击者也能修改 Web 服务器返回的数据,插入错误的资料,破坏用户与在线企业的关系等。

攻击者进行 Web 欺骗时,不必存取整个 Web 网站上的内容,只需要伪造出一条通向 Web 的链路。在攻击者伪造提供某个 Web 站点时,只需要在自己的服务器上建立一个该站点的副本,等待受害者自投罗网。

Web 欺骗成功的关键是在用户与其他 Web 服务器之间建立 Web 欺骗服务器。攻击者在进行 Web 欺骗时,一般会采取如下方法:

- 改写 URL。
- 表单陷阱。
- 不安全的"安全链接"。
- 诱骗。

攻击者的这些 Web 欺骗之所以成功,是因为攻击者在某些 Web 网页上改写所有与目标 Web 站点有关的链接,使得链接不能指向真正的 Web 服务器,而是指向攻击者设置的伪服务器。攻击者的伪服务器设置于受骗用户与目标 Web 服务的必经之路上。当用户点击这些链接时,首先指向了伪服务器。攻击者向真正的服务器索取用户所需界面,当获得 Web 送来的页面后,伪服务器改写连接并加入伪装代码,送给被欺骗的浏览器用户。

2. Web 欺骗的预防

Web 欺骗攻击是 Internet 上相当危险且不易被觉察的欺骗手法,其危害性很大,受骗用户可能会不知不觉地泄露机密信息,还可能受到经济损失。采用如下措施可防范 Web 欺骗:

- 在欺骗页面上,用户可通过使用收藏夹功能,或使用浏览器中的 Open Location 变换到其他 Web 页面下,就能远离攻击者设下的陷阱。
- 禁止浏览器中的 JavaScript 功能,使攻击者试图改写页面上的信息时难度加大;同时确保浏览器的连接状态栏是可见的,并时刻观察状态栏现实的位置信息有无异常。
- 改变浏览器的设置,使之具有反映真实 URL 信息的功能。
- 通过真正安全的链接建立从 Web 到浏览器的会话进程,而不只是表示一种安全链接状态。

思 考 题

1. IPSec 提供哪些服务?
2. 什么是 SA? SA 由哪些参数来表示?
3. 传输模式与隧道模式有何区别?
4. AH 协议和 ESP 协议各自提供哪些安全服务?
5. 简述 IKE 定义的两阶段 ISAKMP 交换。

6. SSL 由哪些协议组成？各自完成什么功能？

7. 描述 SSL 协议的基本流程。

8. 发送时，SSL 记录协议都执行了哪些操作？分别完成什么功能？

9. 简述 SSL 握手协议的流程。

10. PGP 提供的 5 种主要服务是什么？

11. 简述 PGP 的密钥保存机制。

12. 假设应对消息进行签名和加密，则发送方 PGP 实体应当执行哪些操作？

第 6 章

恶 意 代 码

在 Internet 安全事件中,恶意代码造成的经济损失占有最大的比例。而且,恶意代码还有可能使得国家的安全面临重大威胁。据报道,1991 年海湾战争,美国在伊拉克从第三方国家购买的打印机中植入了可远程控制的恶意代码,在战争打响前,使得伊拉克整个计算机网络管理的雷达预警系统全部瘫痪。这是美国第一次在公开实战中使用恶意代码攻击技术取得的重大军事利益。

恶意代码攻击已经成为信息战、网络战最重要的手段之一。恶意代码无论从经济上、政治上还是军事上,都成为安全领域面临的主要问题之一。一些发达国家,如德国、日本等,在恶意代码的研究上投入大量的资金和人力,并取得了阶段性的研究成果。恶意代码的机理研究成为解决恶意代码问题的必要途径,只有掌握当前恶意代码的基本实现机理,加强对未来恶意代码趋势的研究,才能在恶意代码攻防上取得先决之机。

6.1 恶意代码的概念及关键技术

6.1.1 恶意代码概念

早期恶意代码的主要形式是计算机病毒。20 世纪 90 年代末,恶意代码的定义随着计算机网络技术的发展而逐渐丰富。Grimes 将恶意代码定义为:经过存储介质和计算机网络进行传播,从一台计算机系统到另外一台计算机系统,未经授权而破坏计算机系统安全性和完整性的程序或代码。由此定义可见,恶意代码最显著的两个特点是非授权性和破坏性。

恶意代码包括传统的计算机病毒、蠕虫、木马、逻辑炸弹、脚本病毒、用户级 RootKit、核心级 RootKit 等。几种主要恶意代码类型如表 6-1 所示。

表 6-1 常见恶意代码

恶意代码类型	定　义	特　点
计算机病毒	人为编制的,能够对计算机正常程序的执行或数据文件造成破坏,并且能够自我复制的一组指令程序代码	潜伏、寄宿、传染
木马	具有隐藏性,可与远程计算机建立连接,使远程计算机能够通过网络控制本地计算机的恶意程序	隐藏、信息窃取、控制
蠕虫	通过计算机网络自我复制,消耗系统资源和网络资源的程序	独立、复制、扩散

续表

恶意代码类型	定 义	特 点
逻辑炸弹	嵌入计算机系统,有特定触发条件,试图进行破坏的计算机程序	潜伏、破坏、条件触发
脚本病毒	能够从主机传送到客户计算机上执行破坏功能的代码	移动、漏洞
用户级 RootKit	通过替代或者修改应用程序进入系统,从而实现隐藏和创建后门的程序	隐蔽、潜伏
核心级 RootKit	嵌入操作系统内核进行隐藏和创建后门的程序	隐蔽、潜伏

恶意代码大致可以分为两类:依赖于宿主程序的和独立于宿主程序的。前者本质上来说是不能独立于应用程序或系统程序的程序段,例如病毒、逻辑炸弹和后门。后者是可以被操作系统调度和执行的自包含程序,例如蠕虫和僵尸(zombie)程序。

也可以按恶意代码是否进行复制而将其分成两类:不进行复制的和进行复制的。前者是在宿主程序被调用来执行某一特定功能时被激活的程序段,比如逻辑炸弹、后门和僵尸程序。后者是指一个程序段或一个独立的程序,当它被执行时,可能会对自身进行复制,而且这些复制品将会在该系统或其他系统中被激活,比如病毒和蠕虫。

恶意代码发展至今,体现出 3 个主要特征:

(1)恶意代码日趋复杂和完善。从非常简单的病毒发展到复杂的操作系统内核病毒和主动式传播和破坏性极强的蠕虫。恶意代码的快速传播机制和生存性技术得到了极大的发展和提高。

(2)恶意代码编制方法和发布速度更快。恶意代码刚出现时发展缓慢,但随着计算机网络的迅猛发展和普及,Internet 成为恶意代码发布并快速蔓延的平台。

(3)恶意代码的形式从病毒发展到电子邮件蠕虫,再发展到利用系统漏洞主动攻击的恶意代码。恶意代码早期的攻击行为是由病毒和受感染的可执行文件引起的。然而,最近几年,利用系统和网络漏洞及脆弱性进行传播和感染的恶意代码急剧增加,开创了恶意代码发展的新时期。

随着网络的日益普及,恶意代码具有了如下的发展趋势:

(1)传播方式不再以存储介质为主要的传播载体,网络成为传播的主要载体。

(2)传统病毒日益减少,网络蠕虫成为最主要和破坏力最大的恶意代码类型。

(3)传统病毒与木马技术相结合,出现带有明显病毒特征的木马或者带木马特征的病毒。

可以看出,网络的发展在一定程度上促进了恶意代码的发展,而日新月异的技术给恶意代码提供了更大的存在空间。恶意代码的传播和攻击方式的变化也促使人们不断调整防范恶意代码的策略,提升和完善计算机反恶意代码技术,以对抗恶意代码的危害。

6.1.2　恶意代码生存技术

功能强大的恶意代码首先必须具有良好的隐蔽性和生存性,不能轻易被安全软件或用户发现。恶意代码生存技术主要包括 4 个方面:反跟踪技术、加密技术、模糊变换技术和自动生产技术。

1. 反跟踪技术

反跟踪技术可以提高恶意代码的伪装能力和防破译能力，增加检测与清除的难度。当前常用的反跟踪技术有两类：反动态跟踪技术和反静态跟踪技术。

反动态跟踪技术主要包括 4 个方面内容：

(1) 禁止跟踪中断。针对调试分析工具运行系统的单步中断和断点中断服务程序，恶意代码通过修改中断服务程序的入口地址阻止调试工具对其代码进行跟踪，达到反跟踪的目的。

(2) 封锁键盘输入和屏幕显示，破坏各种跟踪调试工具运行的环境。

(3) 检测跟踪法。检测跟踪调试和正常运行的环境、中断入口和时间上的差异，根据这些差异采取必要措施，实现反跟踪目的。比如，通过检查操作系统的 API 函数试图打开调试器的驱动程序句柄，检测调试器是否激活，确定其代码是否继续运行。

(4) 其他反跟踪技术，如指令流队列法和逆指令流法等。

反静态跟踪技术主要包括以下两个方面的内容：

(1) 对程序代码分块加密执行。为了防止程序代码通过反汇编被静态分析，恶意程序代码以分块密文的形式装入内存，执行时由解密程序译码，某一段代码执行完毕后立刻清除，保证任何时刻分析工具都不能从内存中得到完整的执行代码。

(2) 伪指令法。指在恶意程序的指令流中插入"废指令"，既达到变形的效果，又使得静态反汇编无法得到全部正常的指令，不能有效地进行静态分析。伪指令法广泛应用于宏病毒和脚本恶意代码中。

2. 加密技术

加密技术是恶意代码保护自身的重要手段。加密技术和反跟踪技术的配合使用，使得分析者无法正常调用和阅读恶意代码，从而无法抽取恶意代码的特征串，也无法知道恶意代码的工作机理。从加密的内容上划分，分为信息加密、数据加密和程序代码加密 3 种手段。绝大多数恶意代码对程序体自身加密，另有少数恶意代码还对被感染文件加密。

3. 模糊变换技术

利用模糊变换技术，恶意代码每次感染一个对象时，嵌入宿主的代码都不相同。这使得同一种恶意代码具有多个不同版本，几乎没有稳定版本，增加了基于特征扫描的检测工具识别的难度。

当前，模糊变换技术主要包括 5 种：

(1) 指令替换技术。模糊变换器对恶意程序的二级制代码进行反汇编，解码每一条指令，计算指令长度，并对指令进行同义替换。比如，对 JMP 指令和 CALL 指令进行变换。

(2) 指令压缩技术。模糊变换器检测恶意代码反汇编后的全部指令，对可进行压缩的一段指令进行同义压缩。压缩技术通过对跳转指令重定位而改变病毒体代码的长度。

(3) 指令扩展技术。把每一条汇编指令进行同义扩展。扩展变换的空间远比压缩变换大得多，有的指令甚至有几十种、上百种扩展变换。扩展技术同样通过对跳转指令重定位而改变病毒体代码的长度。

（4）伪指令技术。主要是在恶意代码中插入无效指令，如空指令，来增加分析和跟踪的难度。

（5）重编译技术。恶意代码中携带源码和编译器，或者使用操作系统提供的编译器进行重编译。这种技术既实现了变形的目的，又为跨平台打下了基础。尤其是各种UNIX/Linux 系统，系统默认配置了 C 编译器，为恶意代码的重编译提供了便利。宏病毒和脚本恶意代码是典型的采用重编译技术的恶意代码。

4．自动生产技术

恶意代码的自动生产技术是针对人工分析技术的，使得人工分析更加困难，甚至实际上不可行。"计算机病毒生产器"的发明，使得对计算机病毒一无所知的普通用户也能组合出功能各异的计算机病毒。"多态发生器"可以将普通病毒编译成复杂多变的多态性病毒。多态变换引擎可以使程序代码本身发生变换，并保持原有功能。

6.1.3 恶意代码隐藏技术

隐藏通常包括本地隐藏和网络隐藏。本地隐藏主要有文件隐藏、进程隐藏、网络连接隐藏、编译器隐藏、Rootkit 隐藏等；网络隐藏包括通信内容隐藏和传输通道隐藏。

1．本地隐藏

本地隐藏是指为了防止本地系统管理员的察觉而采取的隐藏手段。本地系统管理员通常通过查看进程列表、目录、内核模块、网络连接状态等管理命令来判断是否被恶意代码所侵害。本地隐藏主要有 5 种手段：

（1）文件隐藏。最简单的方法就是将恶意代码文件名更改为系统合法程序的文件名，或者将恶意代码文件附着在合法程序文件中。稍复杂的方法修改与文件系统操作相关的命令，使得显示文件系统信息时将恶意代码的信息隐藏起来。更进一步，可以对磁盘进行低级操作，将一些扇区标记为坏块，将恶意代码隐藏与此。恶意代码还可以将文件存储在引导区中，避免被用户发现。

（2）进程隐藏。通过附着或替换系统进程，恶意代码以合法服务的身份运行，达到隐藏的目的。

（3）网络连接隐藏。恶意代码可以借用现有熟知端口（Well-known port）来隐藏网络连接。如使用 HTTP 的 80 端口，将自己的数据包设置特殊标记，未标记的 WWW 服务数据包仍然交给 HTTP。这种技术可以在通信时隐藏恶意代码的网络连接。

（4）编译器隐藏。使用该方法可以实施原始分发攻击，恶意代码的植入者是编译器开发人员。首先修改编译器的源代码，植入恶意代码，包括针对特定程序的恶意代码和针对编译器的恶意代码。然后用干净的编译器对植入恶意代码的编译器代码进行编译，得到了被感染的编译器。最后用被感染的编译器编译用户的源程序，无论用户如何修改源程序，编译后的目标代码都包含恶意代码。

（5）Rootkit 隐藏。Windows 操作系统中的 Rootkit 分为两类：用户模式和内核模式。用户模式下的 Rootkit 最显著的特点是驻留在用户模式下，需要特权小，用途多样，它通过修改可能发现自己的进程而达到隐藏自己的目的。内核模式下的 Rootkit 比用户模式下的 Rootkit 隐藏性更好。它直接修改更底层的系统功能，如系统服务调用表，用自己的系统服务函数代替原来的函数，或者修改一些系统内部的数据结构，比如活动进程链表，从而可以更加可靠地隐藏自己。

2. 网络隐藏

当前，人们的网络安全意识有了较大的增强，网络中普遍采用了防火墙、入侵检测层安全机制，恶意代码需要更加隐蔽的通信模式，以逃避这些安全措施的检测。

对传输的内容进行加密可以隐藏通信的内容，但是这种方法不能隐藏通信状态。传输信道的隐藏具有更大的意义。对传输信道的隐藏主要采用隐蔽通道技术，即违反系统安全策略传输信息的通道。

隐蔽通道分成两种类型：存储隐蔽通道和时间隐蔽通道。如果一个进程能够直接或间接访问某存储空间，而该存储空间又能被另一进程所访问，这两个进程间形成的通道就称为存储隐蔽通道。如果一个进程对系统性能产生的影响可以被另外一个进程观察到并且可以利用一个时间基准进行测量，这样形成的信息传递通道称为时间隐蔽通道。

研究表明，隐蔽通道既可以定义在操作系统内部，又可以应用于网络。发送进程和接收进程共享一个客体：网络数据包。发送进程可以对客体进行形式变换，以便进行信息隐藏。接收进程能够检测到客体的变化，将隐藏的信息读出。对数据内容的修改对应于存储隐蔽通道，对数据包顺序进行变换或者改变数据包的发送响应时间则对应于时间隐蔽通道。TCP/IP 协议族中，许多冗余信息可以用于建立隐蔽通道，攻击者可以利用这些隐蔽通道绕过一些安全机制来秘密地传输数据。

6.2　计算机病毒

计算机病毒一直是计算机用户和安全专家的心腹大患。几乎所有的人都听说过"计算机病毒"这个名词，使用过计算机的人大多数也都领教过计算机病毒的危害。随着Internet 的普及应用和各种计算机网络及相关技术的发展，计算机病毒越来越高级，种类也越来越多，对计算机网络系统的安全构成严重的威胁。对网络管理员来说，防御计算机病毒有时是比其他管理更困难的任务。对人们来说，了解和预防计算机病毒的威胁显得格外重要。任何网络系统安全的讨论都要考虑到计算机病毒的问题。

虽然计算机反病毒技术不断更新和发展，但是仍然不能改变被动滞后的局面，计算机用户必须不断应付计算机病毒的出现。

本节介绍传统的计算机病毒。

6.2.1　计算机病毒概述

1. 病毒的概念与特征

计算机病毒是一种人为编制的、能够对计算机正常程序的执行或数据文件造成破坏，并且能够自我复制的一组指令程序代码。

生物病毒是一种微小的基因代码段（DNA 或 RNA），它能掌管活细胞机构并采用欺骗性手段生成成千上万的原病毒的复制品。和生物病毒一样，计算机病毒执行使自身能完美复制的程序代码。通过寄居在宿主程序上，计算机病毒可以暂时控制该计算机的操作系统盘。没有感染病毒的软件一经在受感染计算机上使用,就会在新程序中产生病毒的新副本。因此,通过可信任用户在不同计算机间使用磁盘或借助于网络向他人发送文件,可能将病毒从一台计算机传到另一台计算机。在网络环境下,访问其他计算机的某个应用或系统服务的功能,给病毒的传播提供了一个完美的条件。

病毒程序可以执行其他程序所能执行的一切功能,唯一不同的是它必须将自身附着在其他程序(宿主程序)上,当运行该宿主程序时,病毒也随之悄悄地执行了。

计算机病毒具有以下特征:

(1)破坏性。

病毒一旦被触发而发作,就会对系统和应用程序产生不同的影响,造成系统或数据的损伤甚至毁灭。病毒都是可执行程序,而且又必然要运行,因此所有的病毒都会降低计算机系统的工作效率,占用系统资源,其侵占程度取决于病毒程序自身。病毒的破坏程度主要取决于病毒设计者的目的,如果病毒设计者的目的在于彻底破坏系统及其数据,那么这种病毒对于计算机系统进行攻击造成的后果是难以想象的,它可以毁掉系统的部分或全部数据并使之无法恢复。虽然不是所有的病毒都对系统产生极其恶劣的破坏作用,但有时几种本没有多大破坏作用的病毒交叉感染,也会导致系统崩溃等重大恶果。

(2)传染性。

计算机病毒的传染性也叫作自我复制或传播性。病毒通过各种渠道从已被感染的计算机扩散到未被感染的计算机。病毒程序一旦进入计算机并得以执行,就会寻找符合感染条件的目标,将其感染,达到自我繁殖的目的。所谓"感染",就是病毒将自身嵌入到合法程序的指令序列中,致使执行合法程序的操作会招致病毒程序同时执行或以病毒程序的执行取而代之。因此,只要一台计算机染上病毒,如不及时处理,那么病毒会在这台计算机上迅速扩散,其中的大量文件(一般是可执行文件)就会被感染。而被感染的文件又成了新的传染源,再与其他计算机进行数据交换或通过网络接触,使病毒会继续传染。病毒通过各种可能的渠道,如可移动存储介质(如软盘)、计算机网络去传染其他计算机。往往曾在一台染毒的计算机上用过的软盘已感染上了病毒,与这台计算机联网的其他计算机也会染上病毒。传染性是病毒的基本特征。

(3)隐蔽性。

病毒一般是具有很高编程技巧的、短小精悍的一段代码,通常附着在正常程序代码中。如果不经过代码分析,病毒程序与正常程序是不容易区别开的。在没有防护措施的情况下,病毒程序取得系统控制权后,可以在很短的时间里传染大量其他程序,而且计算机系统通常仍能正常运行,用户不会感到任何异常,好像计算机内不曾发生过什么。这是病毒传染的隐蔽性。正是由于这种隐蔽性,才使得计算机病毒能够在用户没有察觉的情况下扩散到众多计算机中。大部分病毒代码之所以设计得如此短小精悍,也是为了便于隐藏。

(4)潜伏性。

病毒进入系统之后一般不会马上发作,可以在几周或者几个月甚至几年内隐藏在合法程序中,默默地进行传染扩散而不被人发现,潜伏性越好,在系统中的存在时间就会越长,传染范围也就会越大。病毒的内部有一种触发机制,不满足触发条件时,病毒除了传染外不做什么破坏。一旦触发条件得到满足,病毒便开始表现,有的只是在屏幕上显示信息、图形或特殊标志,有的则执行破坏系统的操作,如格式化磁盘、删除文件、加密数据、封锁键盘、毁坏系统等。触发条件可能是预定时间或日期、特定数据出现、特定事件发生等。

(5) 多态性。

病毒试图在每一次感染时改变它的形态,使对它的检测变得更困难。一个多态病毒还是原来的病毒,但不能通过扫描特征字符串来发现。病毒代码的主要部分相同,但表达方式发生了变化,也就是同一程序由不同的字节序列表示。

(6) 不可预见性。

计算机病毒制作技术不断提高,种类不断翻新,而相比之下,反病毒技术通常落后于病毒制作技术。新型操作系统、工具软件的应用为病毒制作者提供了便利。未来病毒的类型、特点及其破坏性很难预测。

在其生命周期中,病毒一般会经历如下 4 个阶段:

(1) 潜伏阶段。

这一阶段的病毒处于休眠状态,这些病毒最终会被某些条件(如日期、某特定程序或特定文件的出现或内存的容量超过一定范围)所激活。并不是所有的病毒都会经历此阶段。

(2) 传染阶段。

病毒程序将自身复制到其他程序或磁盘的某个区域上,每个被感染的程序又因此包含了病毒的复制品,从而也就进入了传染阶段。

(3) 触发阶段。

病毒在被激活后,会执行某一特定功能,从而达到某种既定的目的。和处于潜伏期的病毒一样,在触发阶段,病毒的触发条件是一些系统事件,包括病毒复制自身的次数。

(4) 发作阶段。

病毒在触发条件成熟时,即可在系统中发作。病毒在发作时体现出的破坏程度是不同的:有些是无害的,如在屏幕上显示一些干扰信息;有些则会给系统带来巨大的危害,如破坏程序以及文件中的数据。

2. 病毒的种类

病毒从不同的角度有不同的分类。

(1) 按破坏程度的强弱不同,计算机病毒可以分为良性病毒和恶性病毒。

良性病毒是指那些只是为了表现自身,并不彻底破坏系统和数据,但会占用大量CPU 时间,增加系统开销,降低系统工作效率的一类计算机病毒。该类病毒制作者的目的不是为了破坏系统和数据,而是为了让使用染有病毒的计算机用户通过显示器看到或体会到病毒设计者的编程技术。

恶性病毒是指那些一旦发作就会破坏系统或数据,造成计算机系统瘫痪的一类计算机病毒。该类病毒危害极大,有些病毒发作后可能给用户造成不可挽回的损失。该类病毒表现为封锁、干扰、中断输入输出,删除数据,破坏系统,使用户无法正常工作,严重时使计算机系统瘫痪。

（2）按传染方式的不同，计算机病毒可分为文件型病毒和引导性病毒。

文件型病毒一般只传染磁盘上的可执行文件（如.com、.exe 文件）。在用户运行染毒的可执行文件时，病毒首先被执行，然后病毒驻留内存，伺机传染其他文件或直接传染其他文件。这类病毒的特点是附着于正常程序文件中，成为程序文件的一个外壳或附件。这是一种较为常见的传染方式。当该病毒完成了它的工作后，其正常程序才被运行，使人看起来仿佛一切都很正常。

引导型病毒是寄生在磁盘引导区或主引导区的计算机病毒。该类病毒感染主要发生在计算机通过已被感染的引导盘引导时。引导型病毒利用系统引导时不对主引导区内容的正确性进行判别的缺点，在引导系统时侵入系统，驻留内存，监视系统运行。此时，如果计算机从被感染的软盘引导，病毒就会感染到硬盘，并把病毒代码调入内存。软盘并不需要一定是可引导的才能传播病毒，病毒可驻留在内存并可感染被访问的软盘。触发引导型病毒的典型事件是系统日期和时间。

（3）按连接方式的不同，计算机病毒可分为源码性病毒、嵌入型病毒、操作系统型病毒和外壳性病毒。

源码型病毒较为少见，也难以编写。它要攻击高级语言编写的源程序，在源程序编译之前插入其中，并随源程序一起编译、连接成可执行的文件，这样刚刚生成的可执行文件便已经带毒了。

嵌入型病毒可用自身替代正常程序中的部分模块，因此，它只攻击某些特定程序，针对性强。一般情况下它也难以被发现，清除起来也较困难。

操作系统型病毒可用其自身部分加入或替代或操作系统的部分功能。因其直接感染操作系统，因此病毒的危害性也较大，可能导致整个系统瘫痪。

外壳型病毒将自身附着在正常程序的开头或结尾，相当于给正常程序加了一个外壳。大部分的文件型病毒都属于这一类。

除了上述几种基本分类方法，还有隐蔽性病毒、多态性病毒、变形病毒等概念。隐蔽性病毒目的就是为了躲避反病毒软件的检测；多态性病毒每次感染时放入宿主程序的代码都不同，不断变化，因此采用特征代码法的检测工具是不能识别它们的；变形病毒像多态性病毒一样，在每次感染时都会发生变异，但不同之处在于，它在每次感染的时候会将自己的代码完全重写一遍，增加了检测的困难，并且其行为也可能发生变化。

3. 病毒的传播

病毒侵入系统并继续进行传播的途径主要有网络、可移动存储设备和通信系统 3 种。

（1）网络。

计算机网络的发展和普及一方面为现代信息的传输和共享提供了极大的方便，另一方面也成了计算机病毒迅速扩散的"高速公路"。在网络上，带有病毒的文件、邮件被下载或接收后被打开或运行，病毒就会扩散到系统中相关的计算机上。鉴于服务器在网络中的核心地位，如果服务器的关键文件被感染，病毒通过服务器的扩散将极为迅速，将会对系统造成巨大的破坏。在信息国际化的同时，病毒也国际化，计算机网络将是今后计算机病毒传播的主要途径。

（2）可移动存储设备。

计算机病毒可通过可移动存储设备（如软盘、磁带、光盘、优盘等）进行传播。在这些可移动的存储设备中，优盘是应用最广泛且移动最频繁的存储介质，带有病毒的优盘在网络中的计算机上使用，其所携带的病毒就很容易被扩散到网络上。大量的计算机病毒都是从这类途径传播的。

（3）通信系统。

通过点对点通信系统和无线通信信道也可以传播计算机病毒。目前出现的手机病毒就是利用无线通信道传播的。虽然目前这种传播途径还不十分广泛，但以后很可能成为仅次于计算机网络的第二大病毒扩散渠道。

6.2.2　计算机病毒防治技术

病毒的防治技术分为"防"和"治"两部分。"防"毒技术包括预防技术和免疫技术；"治"毒技术包括检测技术和清除技术。

1. 病毒预防技术

病毒预防是指在病毒尚未入侵或刚刚入侵还未发作时就进行拦截阻击或立即报警。要做到这一点，首先要清楚病毒的传播途径和寄生场所，然后对可能的传播途径严加防守，对可能的寄生场所实时监控，达到封锁病毒入口、杜绝病毒载体的目的。不管是传播途径的防守还是寄生场所的监控，都需要一定的检测技术手段来识别病毒。

1）病毒的传播途径及其预防措施

（1）不可移动的计算机硬件设备，包括 ROM 芯片、专用 ASIC 芯片和硬盘等。

目前的个人计算机主板上独立的元器件和小芯片很少，主要靠几块大芯片，除 CPU 外其余的大芯片都是 ASIC 芯片。这种芯片带有加密功能，除了知道密码的设计者外，写在芯片中的指令代码没人能够知道。如果将隐藏有病毒代码的芯片安装在敌对方的计算机中，通过某种控制信号激活病毒，就可以对敌手实施出乎意料的、措手不及的打击。这种新一代的电子战、信息战的手段已经不是幻想。在 1991 年的海湾战争中，美军对伊拉克部队的电脑防御系统实施病毒攻击，成功地使该系统一半以上的计算机染上病毒，遭受破坏。这种传播途径的病毒很难遇到，目前尚没有较好的发现手段对付。

具体预防措施如下：

- 对于新购置的计算机系统用检测病毒软件或其他病毒检测手段（包括人工检测方法）检查已知病毒和未知病毒，并经过实验，证实没有病毒感染和破坏迹象后再实际使用。
- 对于新购置的硬盘可以进行病毒检测，为了更保险起见，也可以进行低级格式化。

（2）可移动的存储介质设备，包括磁带、光盘以及可移动式硬盘。

移动存储设备已经成为计算机病毒寄生的"温床"，大多数计算机都是从这类途径感染病毒的。

具体预防措施包括以下几项：

- 在保证硬盘无病毒的情况下，尽量用硬盘启动计算机。
- 建立封闭的使用环境，即做到专机、专人、专盘和专用。如果通过移动存储设备与外界交互,不管是自己的设备在别人的计算机上用过,还是别人的设备在自己的计算机上使用,都要进行病毒检测。

- 任何情况下,保留一张写保护的、无病毒的并带有各种基本系统命令的系统启动盘。一旦系统出现故障,不管是因为染毒还是其他原因,都可将其用于恢复系统。

(3) 计算机网络,包括局域网、城域网、广域网,特别是 Internet。

各种网络应用(如 E-mail、FTP、Web 等)使得网络访问途径更为多样和便捷。计算机网络是病毒目前传播最快、最广的途径,由此造成的危害蔓延最快,数量最大。

具体预防措施包括以下几项:

- 采取各种措施保证网络服务器上的系统、应用程序和用户数据没有染毒,如坚持用硬盘引导启动系统,经常对服务器进行病毒检查等。
- 将网络服务器的整个文件系统划分成多卷文件系统,各卷分别为系统、应用程序和用户数据所独占,即划分为系统卷、应用程序卷和用户数据卷。这样各卷的损伤和恢复是相互独立的,十分有利于网络服务器的稳定运行和用户数据的安全保障。
- 除网络系统管理员外,系统卷和应用程序卷对其他用户设置的权限不要大于只读,以防止一般用户的写操作带进病毒。
- 系统管理员要对网络内的共享区域,如电子邮件系统、共享存储区和用户数据卷进行病毒扫描监控,发现异常及时处理,防止在网上扩散。
- 在应用程序卷中提供最新的病毒防治软件,供用户下载使用。
- 严格管理系统管理员的口令,为了防止泄露,应定期或不定期地进行更换,以防非法入侵带来病毒感染。
- 由于不能保证网络特别是 Internet 上的在线计算机百分之百地不受病毒感染,所以,一旦某台计算机出现染毒迹象,应立即将其隔离并进行排毒处理,防止它通过网络传染给其他计算机。同时,密切观察网络及网络上的计算机状况,以确定是否已被病毒感染。如果网络已被感染,应马上采取进一步的隔离和排毒措施,尽可能地阻止传播,减小传播范围。

(4) 点对点通信系统。

点对点通信系统指两台计算机之间通过串行/并行接口,或者使用调制解调器经过电话网进行数据交换。

具体预防措施为,通信之前对两台计算机进行病毒检查,确保没有病毒感染。

(5) 无线通信网。

作为未来网络的发展方向,无线通信网会越来越普及,同时也将会成为与计算机网络并驾齐驱的病毒传播途径。具体预防措施可参照计算机网络的预防措施。

2) 病毒的寄生场所及其预防措施

(1) 引导扇区,即软盘的第一物理扇区或硬盘的第一逻辑扇区,是引导型病毒寄生的地方。

具体预防措施为,用 Bootsafe 等工具或 DEBUG 编程等方法对干净的引导扇区进行备份。备份既可用于监控,又可用于系统恢复。监控是比较当前引导扇区的内容和干净的备份,如果发现不同,则很可能是感染了病毒。

(2) 计算机文件,包括可执行的程序文件、含有宏命令的数据文件,是文件型病毒寄生的地方。

具体预防措施包括以下几项:

- 检查.com 和.exe 可执行文件的内容、长度、属性等,判断是否感染了病毒。重点检查可执行文件的头部(前 20 个字节左右),因为病毒主要改写文件的起始部分。
- 对于新购置的计算机软件要进行病毒检测。
- 定期或不定期地进行文件备份。备份既可通过比较发现病毒,又可用作灾难恢复。
- 为了预防宏病毒,将含有宏命令的模板文件(如常用 Word 模板文件)改为只读属性,可预防 Word 系统被感染。将自动执行宏功能的选项禁止,这样即使有宏病毒存在,也无法激活,能起到防止病毒发作的效果。

(3) 内存空间,病毒在传染或执行时,必然要占用一定的内存空间,并驻留在内存中,等待时机再进行传染或攻击。

具体预防措施为,采用一些内存检测工具,检查内存的大小和内存中的数据来判断是否有病毒进入。

(4) 文件分配表(FAT)。

病毒隐藏在磁盘上时,一般要对存放的位置做出"坏簇"标识反映在 FAT 表中。

具体预防措施为,检查 FAT 表有无意外坏簇以判断是否感染了病毒。

(5) 中断向量。

病毒程序一般采用中断的方式来执行,即修改中断变量,使系统在适当的时候转向执行病毒程序,在病毒程序完成传染或破坏目的后,再转回执行原来的中断处理程序。

具体的预防措施为,检查中断向量有无变化以确定是否感染了病毒。

2. 病毒免疫技术

病毒具有传染性。一般情况下,病毒程序在传染完一个对象后,都要给被传染对象加上感染标记。传染条件的判断就是检测被攻击对象是否存在这种标记,若存在这种标记,则病毒程序不对该对象进行传染;若不存在这种标记,病毒程序就对该对象实施传染。

最初的病毒免疫技术就是利用病毒传染这一机理,给正常对象加上这种标记后使之具有免疫力,从而不受病毒的传染。因此,当感染标记用作免疫时也叫作免疫标记。

然而,有些病毒在传染时不判断是否存在感染标记,病毒只要找到一个可传染对象就进行一次传染。就像黑色星期五病毒那样,一个文件可能被该病毒反复传染多次,像滚雪球一样越滚越大。

目前,常用的病毒免疫方法有两种:

1) 针对某一种病毒进行的免疫方法

这种方法为受保护对象加上特定病毒的免疫标记,特定病毒发现了自己的免疫标记,就不再对它进行感染。

这种方法对防止某一种特定病毒的传染行之有效,但也存在一些缺点,主要有以下几点:

- 对于不设感染标记的病毒不能达到免疫的目的。
- 当病毒的变种不再使用感染标记或出现新病毒时,现有免疫标记就会失效。
- 一些病毒的感染标记不容易仿制。
- 由于病毒的种类较多,又由于技术上的原因,不可能对一个对象加上各种病毒的免疫标记,这就使得该对象不能对所有的病毒具有免疫作用。
- 这种方法能阻止传染,却不能阻止病毒的破坏行为,仍然放任病毒驻留在内存中。

目前使用这种免疫方法的商业防治病毒软件已不多见了。

2）基于自我完整性检查的免疫方法

这种方法的工作原理是,为可执行程序增加一个免疫外壳,同时在免疫外壳中记录有关用于恢复自身的信息。执行具有这种免疫功能的程序时,免疫外壳首先得到运行,检查自身的程序大小、校验和、生成日期和时间等情况,没有发现异常后,再转去执行受保护的程序。若不论什么原因使这些程序本身的特性受到改变或破坏,免疫外壳都可以检查出来,并产生告警,由用户选择应采取的措施,包括自毁、重新引导计算机、自我恢复后继续运行。这种免疫方法是一种通用的自我完整性检验方法,它不只是针对病毒,由于其他原因造成的文件变化同样能够检查出来,在大多数情况下免疫外壳程序都能使文件自身得到复原。这种方法适用于文件而不适用于引导扇区。

但这种免疫方法也有其缺点和不足,归纳如下:

- 给受保护的文件增加免疫外壳需要额外的存储空间。
- 现在使用的一些校验码算法不能满足检测病毒的需要,被某些种类的病毒感染的文件不能被检查出来。
- 无法对付覆盖式的文件型病毒。
- 有些类型的文件不能使用外加免疫外壳的防护方法,这样会使那些文件不能正常执行。
- 当某些尚不能被病毒检测软件检查出来的病毒感染了一个文件,而该文件又被免疫外壳包在里面时,这个病毒就像穿了"保护盔甲",使查毒软件查不到它,而它却能在得到运行机会时跑出来继续传染扩散。

3. 病毒检测技术

解决病毒攻击的理想方法是对病毒进行预防,即在第一时间阻止病毒进入系统。尽管预防可以降低病毒攻击成功的概率,但一般说来,这个目标是不可能实现的。因此,实际应用中主要采取检测、鉴别和清除的方法。

- 检测:一旦系统被感染,就立即断定病毒的存在并对其进行定位。
- 鉴别:对病毒进行检测后,辨别该病毒的类型。
- 清除:在确定病毒的类型后,从受感染文件中删除所有的病毒并恢复程序的正常状态。

病毒检测就是采用各种检测方法将病毒识别出来。识别病毒包括对已知病毒的识别和对未知病毒的识别。目前,对已知病毒的识别主要采用特征判定技术,即静态判定技术;对未知病毒的识别除了特征判定技术外,还有行为判定技术,即动态判定技术。

1）特征判定技术

特征判定技术是根据病毒程序的特征,如感染标记、特征程序段内容、文件长度变化、文件校验和变化等,对病毒进行分类处理,而后在程序运行中凡有类似的特征点出现,则认定是病毒。

特征判定技术主要有以下几种方法:

（1）比较法。

比较法的工作原理是,将可能的感染对象（引导扇区或计算机文件）与其原始备份进行比较,如果发现不一致则说明有染毒的可能性。这种比较法不需要专门的查毒程序,不仅能够发现已知病毒,还能够发现未知病毒。保留好干净的原始备份对于比较法非常重要;否则比较就失去了意义,比较法也就不起作用了。

比较法的优点是简单易行,不需要专用查毒软件,但缺点是无法确认发现的异常是否真是病毒,即使是病毒也不能识别病毒的种类和名称。

（2）扫描法。

扫描法的工作原理是,用每一种病毒代码中含有的特定字符或字符串对被检测的对象进行扫描,如果在被检测对象内部发现某一种特定字符或字符串,则表明发现了包含该字符或字符串的病毒。感染标记本质上就是一种识别病毒的特定字符。

实现这种扫描的软件叫做特征扫描器。根据扫描法的工作原理,特征扫描器由病毒特征码库和扫描引擎两部分组成。病毒特征码库包含了经过特别选定的各种病毒的反映其特征的字符或字符串。扫描引擎利用病毒特征码库对检测对象进行匹配性扫描,一旦匹配便发出告警。显然,病毒特征码库中的病毒特征码越多,扫描引擎能识别的病毒也就也多。病毒特征码的选择非常重要,一定要具有代表性,也就是说,在不同环境下,使用所选的特征码都能够正确地检查出它所代表的病毒。如果病毒特征码选择得不准确,就会带来误报（发现的不是病毒）或漏报（真正的病毒没有发现）。

特征扫描器的优点是能够准确地查出病毒并确定病毒的种类和名称,为消除病毒提供了确切的信息,但其缺点是只能查出载入病毒特征码库中的已知病毒。特征扫描器是目前最流行的病毒防治软件。随着新病毒的不断发现,病毒特征码库必须不断丰富和更新。现在绝大多数的商业病毒防治软件商提供每周甚至每天一次的病毒特征码库的在线更新。

（3）校验和法。

校验和法的工作原理是,计算正常文件的校验和,将该校验和写入文件中或写入别的文件中保存。在文件使用过程中,定期地或每次使用文件前,检查文件当前内容算出的校验和与原来保存的校验和是否一致,如果不一致便发出染毒报警。

这种方法既能发现已知病毒,也能发现未知病毒,但是,它不能识别病毒种类,不能报出病毒名称。而且文件内容的改变有可能是正常程序引起的,如软件版本更新、变更口令以及修改运行参数等,所以,校验和法常常有虚假报警。此方法还会影响文件的运行速度。另外,校验和法对某些隐蔽性极好的病毒无效。这种病毒进驻内存后,会自动剥去染毒程序中的病毒代码,使校验和法受骗,对一个有毒文件算出正常校验和。因此,校验和法的优点是方法简单,能发现未知病毒,被查文件的细微变化也能发现;其缺点是必须预先记录正常态的校验和,会有虚假报警,不能识别病毒名称,不能对付某些隐蔽性极好的病毒。

(4) 分析法。

分析法是针对未知的新病毒采用的技术。工作过程如下:

- 确认被检查的磁盘引导扇区或计算机文件中是否含有病毒。
- 确认病毒的类型和种类,判断它是否是一种新病毒。
- 分析病毒程序的大致结构,提取识别用的特征字符或字符串,用于添加到病毒特征码库中。
- 分析病毒程序的详细结构,为制定相应的反病毒措施提供方案。

分析法对使用者的要求很高,不但要具有较全面的计算机及操作系统的知识,还要具备专业的病毒方面的知识。一般使用分析法的人不是普通用户,而是反病毒技术人员。使用分析法需要专门的分析工具程序和专门的试验用计算机。即使是很熟练的反病毒技术人员,使用功能完善的分析软件,也不能保证在短时间内将病毒程序完全分析清楚,病毒有可能在分析阶段继续传染甚至发作,毁坏整个硬盘内的数据,因此,分析工作一定要在专用的试验机上进行。很多病毒采用了自加密和抗跟踪等技术,使得分析病毒的工作经常是冗长和枯燥的,特别是某些文件型病毒的程序代码多达 10KB 以上,并与系统牵扯的层次很深,使详细的剖析工作变得十分复杂。

2) 行为判定技术

识别病毒要以病毒的机理为基础,不仅识别现有病毒,而且以现有病毒的机理设计出对一类病毒(包括基于已知病毒机理的未来新病毒或变种病毒)的识别方法,其关键是对病毒行为的判断。行为判定技术就是要解决如何有效辨别病毒行为与正常程序行为,其难点在于如何快速、准确、有效地判断病毒行为。如果处理不当,就会带来虚假报警。

行为监测法是常用的行为判定技术,其工作原理是利用病毒的特有行为特征进行检测,一旦发现病毒行为则立即警报。经过对病毒多年的观察和研究,人们发现病毒的一些行为是病毒的共同行为,而且比较特殊。在正常程序中,这些行为比较罕见。

病毒的典型行为特征列举如下:

(1) 占用 INT 13H。引导型病毒攻击引导扇区后,一般都会占用 INT 13H 功能,在其中放置病毒所需的代码,因为其他系统功能还未设置好,无法利用。

(2) 向.com 和.exe 可执行文件做写入动作。写入.com 和.exe 文件是文件型病毒的主要感染途径之一。

(3) 病毒程序与宿主程序的切换。染毒程序运行时,先运行病毒,而后执行宿主程序。在两者切换时有许多特征行为。

行为监测法的长处在于可以相当准确地预报未知的多数病毒,但也有其短处,即可能虚假报警和不能识别病毒名称,而且实现起来有一定难度。

不管采用哪种判定技术,一旦病毒被识别出来,就可以采取相应措施,阻止病毒的下列行为:进入系统内存,对磁盘操作尤其是写操作,进行网络通信与外界交换信息。一方面防止外界病毒向机内传染,另一方面抑制机内病毒向外传播。

4. 反病毒软件

病毒和反病毒技术都在不断发展。早期的病毒是一些相对简单的代码段,可以用相应的较简单的反病毒软件来检测和清除。随着病毒技术的发展,病毒和反病毒软件都变得越来越复杂化和经验化。

大体来说,反病毒软件的发展分为 4 代:

- 第一代: 简单的扫描。
- 第二代: 启发式的扫描。
- 第三代: 主动设置陷阱。
- 第四代: 全面的预防措施。

第一代扫描软件要求知道病毒的特征以鉴别之。病毒虽然可能产生数量众多的副本,但就其本质而言,所有的副本都具有相同的结构和排列方式。那些基于病毒具体特征的扫描软件只能检测已知的病毒。另一种类型的第一代扫描软件包含文件长度的记录,通过比较文件长度的变化来确定病毒的种类。

第二代扫描软件不依赖于病毒的具体特征,而是利用自行发现的规律来寻找可能存在的病毒感染。例如,一种扫描软件可以用来寻找多态性病毒中用到的加密圈的起点,并发现加密密钥。一旦该密钥被发现,扫描软件就能对病毒进行解密,从而鉴别该病毒的种类,然后就可以清除这种病毒并将该程序送回到服务器。

第二代扫描软件的另一种方法是进行完整的检查。校验和(checksum)可以附加在文件上。如果文件感染了某种病毒,但校验和没有改变,则可以用完整性检查的方法来找出变化。为了对付一种在感染文件时能改变校验和的病毒,必须使用散列函数来进行加密,并且必须将加密密钥和程序代码分开存储以防止病毒产生新的散列代码并进行加密。通过使用散列函数(而不是一个简单的校验和),可以防止病毒调整程序产生同前面一样的散列代码。

第三代反病毒软件是存储器驻留型的,它可以通过受感染文件中的病毒的行为(而非其特征)来鉴别病毒。这种程序的优点是不需要知道大量的病毒的特征以及启发式的论据,它只需要鉴别一小部分的行为,该行为表明了某一正试图进入系统的传染行为。

第四代产品是一组含有许多和反病毒技术联系在一起的包,它包括扫描软件和主动设置陷阱。此外,该包还包括一种访问控制功能,这就限制了病毒入侵系统的能力和病毒为了进行传播更新文件的能力。

反病毒的技术还在不断发展。利用第四代检测包,可以运用一些综合的防御策略,拓宽防御范围,以适应多功能计算机上的安全需要。

6.3　木　　马

6.3.1　木马概述

1. 木马的概念

木马的全称是"特洛伊木马"。在神话传说中,希腊士兵藏在木马中进入了特洛伊城,从内部攻破并占领了特洛伊城。在计算机领域中,木马是有隐藏性的、可与远程计算机建立连接,使远程计算机能够通过网络控制本地计算机的恶意程序。因此,木马是可被用来实施恶意行为的程序,但这些恶意行为一般不是直接对计算机系统的软硬件产生危害的行为,而是以控制为主的行为。某种意义上,木马就是增加了恶意功能,而且具有隐蔽性的远程控制软件,通常悄悄地在寄宿主机上运行,在用户毫无察觉的情况下让攻击者获得了远程访问和控制系统的权限。

谈到木马,人们就会想到病毒,但它与传统病毒不同。首先,木马通常不像传统病毒那样感染文件。木马一般是以寻找后门、窃取密码和重要文件为主,还可以对计算机进行跟踪监视、控制、查看、修改资料等操作,具有很强的隐蔽性、突发性和攻击性。其次,木马也不像病毒那样重视复制自身。

2. 木马的危害

大多数网络用户对木马也并不陌生。木马主要以网络为依托进行传播,偷取用户隐私资料是其主要目的,且这些木马多具有引诱性与欺骗性。

木马也是一种后门程序,它会在用户的计算机系统里打开一个"后门",黑客会从这个被打开的特定"后门"进入系统,然后就可以随心所欲地操控用户的计算机了。如果要问黑客通过木马进入到计算机里后能够做什么,可以这样回答:用户能够在自己的计算机上做什么,黑客就同样能做什么。他可以读、写、存、删除文件,可以得到用户的隐私、密码,甚至用户在计算机上鼠标的每一下移动,他都能尽收眼底,而且还能够控制用户的鼠标和键盘去做他想做的任何事,比如打开用户珍藏的好友照片,然后当面将它永久删除。也就是说,用户的一台计算机一旦感染上木马,它就变成了一台傀儡机,对方可以在用户的计算机上上传、下载文件,偷窥私人文件,窃取各种密码和口令信息等。用户在感染了木马的系统上的一切秘密都将暴露在别人面前,隐私将不复存在。

木马控制者既可以随心所欲地查看已被入侵的计算机,也可以用广播方式发布命令,指示所有在它控制下的木马一起行动,或者向更广泛的范围传播,或者做其他危险的事情。实际上,只要用一个预先定义好的关键词,就可以让所有被入侵的计算机格式化自己的硬盘,或者向另一台主机发起攻击。攻击者经常会用木马侵占大量的计算机,然后针对某一要害主机发起分布式拒绝服务(DDoS)攻击。

6.3.2　木马工作原理

与传统的文件型病毒寄生于正常可执行程序体内,通过寄主程序的执行而执行的方式不同,大多数木马的程序都有一个独立的可执行文件。木马通常不容易被发现,因为它一般是以一个正常应用的身份在系统中运行的。

1. 木马工作模式

木马程序一般采用客户/服务器工作模式,包括客户端(client)部分和服务器端(server)部分。客户端也叫控制端,运行在木马控制者的计算机中;服务器端运行在被入侵计算机中,打开一个端口以监听并响应客户端的请求。

典型地,攻击者利用一种称为绑定程序的工具将木马服务器端绑定到某个合法软件或者邮件上,诱使用户运行合法软件。只要用户一运行该软件,特洛伊木马的服务器端部分就在用户毫无知觉的情况下完成了安装过程。通常,特洛伊木马的服务器端部分都是可以定制的,攻击者可以定制的项目一般包括服务器端运行的 IP 端口号、程序启动时机、如何发出调用、如何隐身、是否加密等。另外,攻击者还可以设置登录服务器端的密码,确定通信方式。木马控制者通过客户端与被入侵计算机的服务器端建立远程连接。一旦连接建立,木马控制者就可以通过对被入侵计算机发送指令来控制它。

不管特洛伊木马的服务器端和控制端如何建立联系,有一点是不变的,就是攻击者总是利用控制端向服务器端发送命令,达到操控用户计算机的目的。

2. 木马的攻击步骤

用木马这种工具控制其他计算机系统,从过程上看大致可分为 6 步。

第一步,配置木马。

一般来说一个设计成熟的木马都有木马配置程序,从具体的配置内容看,主要是为了实现以下两方面功能:

(1) 木马伪装。为了让服务端在侵入的主机上尽可能好地隐藏,木马配置程序会采用多种手段对服务器端进行伪装,如修改图标、捆绑文件、定制端口、自我销毁等等。

(2) 信息反馈。木马配置程序对信息反馈的方式或地址进行设置,如设置信息反馈的邮件地址、IRC 号、ICQ 号等。

第二步,传播木马。

当前,木马的传播途径主要有两种。一种是通过电子邮件,木马服务器端以附件形式附在邮件上发送出去,收件人只要打开附件就会感染木马。为了安全起见,现在很多公司或用户通过电子邮件给用户发送安全公告时都不携带附件。第二种是软件下载,一些非正式的网站以提供软件下载的名义,将木马捆绑在软件安装程序上,程序下载后只要一运行这些程序,木马就会自动安装。因此,用户从互联网上下载了免费软件以后,在运行之前一定要进行安全检查。对于安全要求较高的计算机,则应禁止安装从互联网上下载的软件。

鉴于木马的危害性,很多人对木马知识还是有一定了解的,这对木马的传播起了一定的抑制作用,因此木马设计者们开发了多种功能来伪装木马,以达到降低用户警觉性、欺骗用户的目的。典型的方法有以下几种:

(1) 修改图标。已经有木马可以将木马服务端程序的图标改成 TXT、HTML、ZIP 等各种文件的图标,以达到迷惑用户的目的。

(2) 捆绑文件。这种伪装手段是将木马捆绑到一个安装程序上,当安装程序运行时,木马在用户毫无察觉的情况下偷偷地进入系统。被捆绑的文件一般是可执行文件,如 EXE、COM 等文件。

(3) 出错显示。如果打开一个文件,没有任何反应,这很可能就是个木马程序,木马的设计者也意识到了这个缺陷,所以已经有木马提供了一个叫作“出错显示”的功能:当服务端用户打开木马程序时,会弹出一个错误提示框,显示一些诸如“文件已破坏,无法打开!”之类的信息,当用户信以为真时,木马却悄悄侵入了系统。

(4) 定制端口。很多老式的木马端口都是固定的,这给判断是否感染了木马带来了方便,只要查一下特定的端口就知道感染了什么木马。因此,现在很多新式的木马都加入了定制端口的功能,控制端用户可以在 1024～65 535 之间任选一个端口作为木马端口,这样就给判断感染的木马类型带来了麻烦。

(5) 自我销毁。这项功能是为了弥补木马的一个缺陷。比如在 Windows 系统中,服务端用户打开含有木马的文件后,木马会将自己复制到 Windows 的系统文件夹中(C:\WINDOWS 或 C:\WINDOWS\SYSTEM 目录下)。一般来说,原木马文件和系统文件夹中的木马文件的大小是一样的,那么只要找到原木马文件,然后根据原木马的大小去系统文件夹找相同大小的文件,就能够比较容易地发现木马。木马的自我销毁功能是指安装完木马后,原木马文件将自动销毁,这样服务器端用户就很难找到木马的来源,没有查杀木马的工具帮助,就很难删除木马了。

(6) 木马更名。老式木马的文件名一般是固定的,只要根据文件名查找特定的文件,就可以断定中了什么木马。所以现在有很多木马允许控制端用户自由定制安装后的木马文件名,这样很难判断所感染的木马类型了。

第三步,运行木马。

服务器端用户运行木马或捆绑木马的程序后,木马就会自动进行安装,并设置好木马的触发条件,条件满足时将自动运行木马的服务器端。木马被激活后,进入内存,并开启事先定义的木马端口,准备与控制端建立连接。

第四步,信息收集与反馈。

一般来说,设计成熟的木马都有一个信息反馈机制。所谓信息反馈机制,是指木马成功安装后会收集一些服务器端所在计算机系统的软硬件信息,并通过 E-mail、IRC 或 ICQ 的方式告知控制端。

控制端从反馈信息中可以知道服务器端的一些软硬件信息,包括使用的操作系统、系统目录、硬盘分区况、系统口令等。在这些信息中,最重要的是服务器端 IP,因为只有得到这个参数,控制端才能与服务器端建立连接。

第五步,建立连接。

一个木马连接的建立首先必须满足两个条件:一是服务器端已运行在被入侵的计算机中;二是控制端要在线。在此基础上控制端可以通过木马端口与服务器端建立连接。

对于控制端来说,要与服务器端建立连接,必须知道服务器端所在计算机的木马端口和 IP 地址。由于木马端口是控制端事先设定的,为已知项,所以最重要的是如何获得服务器端的 IP 地址,方法主要有两种:信息反馈和 IP 扫描。信息反馈不再赘述,而对于 IP 扫描,因为服务器端的木马端口是处于开放状态的,所以现在服务器端只需要扫描此端口开放的主机,并将此主机的 IP 添加到列表中。这时控制端就可以向服务器端发出连接信号,服务器端收到信号后立即作出响应。当控制端收到响应的信号后,开启一个随机端口与服务器端的木马端口建立连接。至此,一个木马连接真正建立起来。扫描整个 IP 地址段比较费时费力,一般来说控制端都是先通过信息反馈获得服务器端的 IP 地址。

第六步,远程控制。

木马连接建立后,控制端端口和木马端口之间将会出现一条通道。控制端程序可经由这条通道与服务器端取得联系,并通过服务器端对被入侵主机进行远程控制,比如通过击键记录来窃取密码,对服务器端上的文件进行操作,修改服务器端配置,断开服务器端网络连接,控制服务器端的鼠标与键盘,监视服务器端桌面操作,查看服务器端进程等。

3．木马常用技术

现代木马采用了很多先进的技术,以提高自身的隐藏能力和生存能力。这些技术包括进程注入技术、三线程技术、端口复用技术、超级管理技术、端口反向连接技术等。

1）进程注入技术

当前操作系统中都有系统服务和网络服务,它们都在系统启动时自动加载。进程注入技术就是将这些与服务相关的可执行代码作为载体,木马将自身嵌入到这些可执行代码中,实现自动隐藏和启动的目的。

这种形式的木马只需安装一次,以后就会被自动加载到可执行文件的进程中,并且会被多个服务加载。只有系统关闭,服务才会结束,因此木马在系统运行时始终保持激活状态。

2）三线程技术

三线程技术就是一个木马进程同时开启了 3 个线程,其中一个为主线程,负责接收控制端的命令,完成远程控制功能。另外两个是监视线程和守护线程。监视线程负责检查木马是否被删除或被停止自动运行。守护线程则注入其他可执行文件内,与木马进程同步,一旦进程被终止,它就会重新启动木马进程,并向主线程提供必要的数据,这样就可以保持木马运行的可持续性。

3）端口复用技术

端口复用技术是指重复利用系统网络打开的端口,如 25、80、135 等常用端口,来进行数据传送,这样可以达到欺骗防火墙的目的。端口复用是在保证端口默认服务正常工作的条件下复用,具有很强的隐蔽性和欺骗性。比如,木马 Executor 利用 80 端口来传送控制信息和数据,实现远程控制的目的。

4）超级管理技术

一些木马还具有攻击反恶意代码软件的能力。为了对抗反恶意代码软件,一些木马采用超级管理技术对反恶意代码软件进行拒绝服务攻击,使反恶意代码软件无法正常工作。比如,国产木马“广外女生”就采用超级管理技术对金山毒霸和天网防火墙进行拒绝服务攻击,以使其无法正常工作。

5）端口反向连接技术

一般来说,防火墙对外部网络进入内部网络的数据流有严格的过滤策略,但是对内部网络到外部网络的数据流控制力度相对较小。端口反向连接技术就是利用了防火墙的这个特点。端口反向连接,指的是木马的服务器端主动连接控制端,从而使得数据流的流向从被侵入方来看是从内到外。国外的 Boint 是最早实现端口反向连接的木马,国内的“灰鸽子”木马则是这项技术的集大成者。

6.3.3　木马防治技术

1．木马的预防

目前木马已对用户信息安全构成了极大的威胁,做好木马的防范已经刻不容缓。用户要提高对木马的警惕,尤其是网络游戏玩家、电子商务参与者更应该提高对木马的关注。

网络中比较流行的木马程序传播速度比较快,影响也比较严重。尽管我们掌握了很多木马的检测和清除方法及软件工具,但这些也只是在木马出现后被动的应对措施。这就要求我们平时要有对木马的预防意识和措施,做到防患于未然。以下是几种简单适用的木马预防方法和措施:

- 不随意打开来历不明的邮件,阻塞可疑邮件。
- 不随意下载来历不明的软件。
- 及时修补漏洞和关闭可疑的端口。
- 尽量少用共享文件夹。
- 运行实时监控程序。
- 经常升级系统和更新病毒库。
- 限制使用不必要的具有传输能力的文件。

2. 木马的检测和清除

鉴于 Windows 操作系统的普及性,下面以 Windows 系统为例来介绍。一般来说,可以通过查看系统端口开放的情况、系统服务的情况、系统任务运行情况、网卡的工作情况、系统日志及运行速度有无异常等对木马进行检测。查看是否有可疑的启动程序、可疑的进程存在,是否修改了 win. ini、system. ini 系统配置文件和注册表。如果存在可疑的程序和进程,就按照特定的方法进行清除。检测到计算机感染木马后,就要根据木马的特征来进行删除。

(1)查看开放端口。

当前最常见的木马通常是基于 TCP/UDP 协议进行客户端与服务器端之间的通信。因此,可以通过查看本机上开放的端口来检查是否有可疑的程序打开了某个可疑的端口。例如,"冰河"木马使用的监听端口是 7626,Back Orifice2000 使用的监听端口是 54320 等。假如查看到有可疑的程序在利用可疑端口进行连接,则很有可能就是感染了木马。

查看端口的方法通常有以下几种:

- 使用 Windows 自带的 netstat 命令。
- 使用 Windows 下的命令工具,如 fport。
- 使用图形化界面工具,如 Active Ports。

(2)查看和恢复 win. ini 和 system. ini 系统配置文件。

查看 win. ini 和 system. ini 是否有被修改的地方。例如,有的木马通过修改 win. ini 文件中 windows 节的"load＝file. exe,run＝file. exe"语句进行自动加载,还可能修改 system. ini 中的 boot 节,实现木马加载。比如,木马"妖之吻"将 Shell＝Explorer. exe（Windows 系统的图形界面命令解释器)修改成 Shell＝yzw. exe,在计算机每次启动后就自动运行程序 yzw. exe。为了清除这种木马,可以把 system. ini 恢复为原始配置,即将 Shell＝yzw. exe 修改回 Shell＝Explorer. exe,再删除木马文件即可。

(3)查看启动程序并删除可疑的启动程序。

如果木马自动加载的文件是直接通过 Windows 菜单上自定义添加的,一般都会放在主菜单的"开始"→"程序"→"启动"处。通过这种方式使文件自动加载时,一般都会将其存放在注册表中下述 4 个位置上：

HKEY_CURRENT_USER \ software \ microsoft \ Windows \ CurrentVersion \ Explorer\Shellfolders

HKEY_CURRENT_USER \ software \ microsoft \ Windows \ CurrentVersion \ Explorer\UserShellfolders

HKEY_LOCAL_MACHINE \ software \ microsoft \ Windows \ CurrentVersion \ Explorer\ UserShellfolders

HKEY_LOCAL_MACHINE \ software \ microsoft \ Windows \ CurrentVersion \ Explorer\ Shellfolders

检查这几个位置是否有可疑的启动程序，便很容易查到是否感染了木马。如果查出有木马存在，则除了要查出木马文件并删除外，还要将木马自动启动程序删除。

（4）查看系统进程并停止可疑的系统进程。

无论木马隐蔽技术有多么好，它的本质仍然是一个应用程序，需要进程来执行。可以通过查看系统进程来推断木马是否存在。在 Windows NT/XP 系统下，按 Ctrl＋Alt＋Del 键进入任务管理器，就可看到系统正在运行的全部进程。在查看进程中，如果对系统非常熟悉，对每个系统运行的进程知道它是做什么的，在木马运行时，就能很容易看出来哪个是木马程序的活动进程了。

在对木马进行清除时，首先要停止木马程序的系统进程。例如，Hack.Rbot 除了将自身复制到一些固定的 Windows 自动启动项中外，还在进程中运行 wuamgrd.exe 程序，修改了注册表，以便自己可随时自启动。在看到有木马程序运行时，需要马上停止系统进程，并进行下一步操作，修改注册表和清除木马文件。

（5）查看和还原注册表。

木马一旦被加载，一般都会对注册表进行修改。通常，木马一般在注册表中的以下地方实现加载文件：

HKEY_LOCAL_MACHINE \software\microsoft\Windows\CurrentVersion\Run

HKEY_LOCAL_MACHINE \ software \ microsoft \ Windows \ CurrentVersion \RunOnce

HKEY_LOCAL_MACHINE \ software \ microsoft \ Windows \ CurrentVersion \RunServices

HKEY_LOCAL_MACHINE \ software \ microsoft \ Windows \ CurrentVersion \RunServicesOnce

HKEY_CURRENT_USER \ software \ microsoft \ Windows \ CurrentVersion \ Run \RunOnce

HKEY_CURRENT_USER \ software \ microsoft \ Windows \ CurrentVersion \RunServices

此外，在注册表中的 HKEY_CLASSES_ROOT\exefile/shell/open/command 的键值"％1"％＊处，如果其中的％1 被修改为木马，那么每启动一次该可执行文件时，木马就会启动一次。

查看注册表,将注册表中木马修改的部分还原。例如,Hack. Rbot 病毒会向注册表的有关目录中将 MicrosoftUpdate 的键值修改为 wuamgrd. exe,以便自己可以随机自启动。这就需要先进入注册表,将 Microsoft Update 的键值 wuamgrd. exe 删除。注意:可能有些木马会不允许执行. exe 文件,这样就要先将 regedit. exe 改成系统能够运行的形式,比如可以改成 regedit. com。

(6) 使用杀毒软件和木马查杀工具检测和清除木马。

最简单的检测和删除木马的方法是安装木马查杀软件。常用的木马查杀工具,如 KV3000、瑞星、TheCleaner、木马克星、木马终结者等,都可以进行木马的检测和查杀。此外,用户还可使用其他木马查杀工具对木马进行查杀。

多数情况下由于杀毒软件和查杀工具的升级慢于木马的出现,因此,学会手工查杀木马非常必要。手工查杀木马的方法如下:

(1) 检查注册表。看 HKEY_LOCAL_MACHINE\SOFTWARE\MICROSOFT\WINDOWS\CurrenVersion 和 HKEY_CURRENTT_USER\Software\Microsoft\Windows\Current Version 下所有以 Run 开头的键值名下有没有可疑的文件名。如果有,就需要删除相应的键值,再删除相应的应用程序。

(2) 检查启动组。虽然启动组不是十分隐蔽,但这里的确是自动加载运行的好场所,因此可能有木马在这里隐藏。启动组对应的文件夹为 C:/windows/startmenu/programs/startup,要注意经常对其进行检查,发现木马,及时清除。

(3) win. ini 以及 system . ini 也是木马喜欢隐蔽的场所,要注意这些地方。比如在正常情况下 win. ini 的 Windows 小节下的 load 和 run 后面没有跟什么程序,如果在这里发现了程序,那么很可能就是木马的服务器端,需要尽快对其进行检查并清除。

(4) 对于文件 C:/windows/winstart. bat 和 C:/windows/wininit. ini 也要多加检查,木马也很可能隐藏在这里。

(5) 如果是由. exe 文件启动,那么运行该程序,看木马是否被装入内存,端口是否打开。如果是,则说明要么是该文件启动了木马程序,要么是该文件捆绑了木马程序。只能将其删除,再重新安装该程序。

6.4　蠕　　虫

6.4.1　蠕虫概述

蠕虫是一种结合黑客技术和计算机病毒技术,利用系统漏洞和应用软件的漏洞,通过复制自身进行传播的、完全独立的程序代码。蠕虫的传播不需要借助被感染主机中的其他程序。蠕虫的自我复制可以自动创建与自身功能完全相同的副本,并在无人干涉的情况下自动运行。蠕虫是通过系统中存在的漏洞和设置的不安全性进行侵入的。它的自身特性可以使其以极快的速度传播。蠕虫的恶意行为主要体现在消耗系统资源和网络资源上。

　　"蠕虫"这一生物学名词是在 1982 年第一次被 John F. Shoch 等人引入到计算机领域中的。他们给出了蠕虫最基本的特征：可以自我复制，并且可以从一台计算机移动到另一台计算机。1988 年，一个由美国康奈尔大学研究生莫里斯编写的蠕虫病毒蔓延，造成了数千台计算机停机，蠕虫开始现身网络。1998 年爆发的 HaPpy99 蠕虫病毒成为第一个世界性的大规模蠕虫病毒。它是通过电子邮件传播的，一旦该蠕虫代码被执行，用户的屏幕上就会出现一幅彩色的烟花画面。随后出现的 CodeRed、Nimda、Slammer 等大规模的蠕虫病毒给网络用户造成了前所未有的损失。2003 年 1 月 26 日，一种名为"2003 蠕虫王"的病毒迅速传播并袭击了全球，致使互联网严重堵塞，许多域名服务器(DNS)瘫痪，造成网民浏览互联网网页及收发电子邮件的速度大幅减缓，同时银行自动提款机的运作中断，机票等网络预订系统的运作中断，信用卡等收付款系统出现故障。专家估计，此病毒造成的直接经济损失至少在 26 亿美元以上。2004 年 5 月出现的"震荡波"蠕虫破坏性超过 2003 年 8 月的"冲击波"病毒，全球各地上百万用户遭到攻击，并造成重大损失。蠕虫病毒已经成为互联网最主要的威胁之一，未来能够给网络带来重大灾难的也必定是网络蠕虫。

　　蠕虫是一种通过网络传播的恶意代码，它具有普通病毒的传播性、隐蔽性和破坏性，但与普通病毒也有很大差别，如表 6-2 所示。

表 6-2　蠕虫与病毒的比较

比 较 对 象	蠕 虫	病 毒
存在形式	独立程序	寄生
触发机制	自动执行	用户激活
复制方式	复制自身	插入宿主程序
搜索机制	扫描网络 IP	扫描本地文件系统
破坏对象	网络	本地文件系统
用户参与	不需要	需要

　　就存在形式而言，蠕虫不需要寄生在宿主文件中，它是一个独立的程序；而病毒需要宿主文件的介入。病毒是需要寄生的，它可以通过自己指令的执行，将自己的指令代码写到其他程序的体内，而被感染的文件就被称为"宿主"。宿主程序执行的时候，就可以先执行病毒程序，病毒程序运行完之后，再把控制权交给宿主原来的程序指令。可见，病毒的主要目的就是破坏文件系统。而蠕虫一般不采用插入文件的方法，而是复制自身在互联网环境下进行传播，病毒的传染主要是针对计算机内的文件系统，而蠕虫病毒的传染目标是互联网内的所有计算机。

　　就触发机制而言，蠕虫代码不需要计算机用户的干预就能自动执行。一旦蠕虫程序成功入侵一台主机，它就会按预先设定好的程序自动执行。而病毒代码的运行一般需要用户的激活，只有用户进行了某个操作，才会触发病毒的执行。

　　就复制方式而言，蠕虫完全依靠自身来传播，它通过自身的复制将蠕虫代码传播给扫描到的目标对象。而病毒需要将自身嵌入到宿主程序中，等待用户的激活。

就搜索机制而言,蠕虫搜索的是网络中存在某种漏洞的主机。病毒则只会针对本地上的文件进行搜索并传染,其破坏力相当有限。也正是由于蠕虫的这种搜索机制导致了蠕虫的破坏范围远远大于病毒。

就破坏对象而言,蠕虫的破坏对象主要是整个网络。蠕虫最显著的破坏就是造成网络的拥塞。而病毒的攻击对象则是主机的文件系统,删除或修改攻击对象的文件信息,其破坏力是局部的、个体的。

蠕虫的可怕之处在于它不需要计算机用户的参与就能悄无声息地传播,直至造成了严重的影响甚至是网络拥塞才会被人们意识到,而此时,蠕虫的传播范围已非常广泛了。

根据攻击对象的不同,可将蠕虫分为面向企业用户的蠕虫和面向个人用户的蠕虫两类。面向企业用户的蠕虫利用系统漏洞主动进行攻击,可能对整个网络造成瘫痪性的后果,这一类蠕虫以 CodeRed、Nimda、Slmmar 为代表;面向个人用户的蠕虫通过网络(主要是电子邮件、恶意网页形式等)迅速传播,以"爱虫""求职信"蠕虫为代表。在这两类中,第一类具有很大的主动攻击性,而且爆发也有一定的突然性,但由于这一类蠕虫主要利用系统漏洞对网络进行破坏,查杀这一类蠕虫并不是很困难。第二类的传播方式比较复杂和多样,少数利用操作系统或应用程序的漏洞,更多的是利用社会工程学对用户进行欺骗和诱使,这样的蠕虫造成的损失是非常大的,同时也是很难根除的。比如求职信蠕虫,在2001 年就已经被各大杀毒厂商发现,但直到 2002 年底依然排在病毒危害排行榜的首位。

根据传播途径的不同,又可以将蠕虫分成漏洞蠕虫和电子邮件蠕虫。漏洞蠕虫可利用微软公司产品的几个系统漏洞进行传播,如 SQL 漏洞、PRC 漏洞、RPC 漏洞和 LSASS 漏洞,其中 PRC 漏洞和 LSASS 漏洞最为严重。漏洞蠕虫极具危害性,大量的攻击数据堵塞网络,并可造成被攻击系统不断重启、系统速度变慢等现象。漏洞蠕虫的特性与黑客特性集成到一起,造成的危害就更大了。蠕虫多利用系统漏洞进行攻击与破坏,从而再复制与传播自己。据反病毒专家介绍,每当企业感染了蠕虫后都非常难以清除,需要拔掉网线后将每台计算机都查杀干净。如果网络中有一台计算机受到漏洞蠕虫攻击,那么整个网络将陷入蠕虫"泥潭"中。"冲击波""震荡波"蠕虫就是典型的例子。

电子邮件蠕虫主要通过邮件进行传播。邮件蠕虫使用自己的 SMTP 引擎,将病毒邮件发送给搜索到的邮件地址。有时候我们会发现同事或好友重复不断发来各种英文主题的邮件,这就是感染了邮件蠕虫。邮件蠕虫还能利用 IE 漏洞,使用户在没有打开附件的情况下感染蠕虫。MYDOOM 蠕虫变种 AH 能利用 IE 漏洞,使邮件不再需要附件就可以感染用户。

蠕虫病毒具有如下的技术特性:

- 跨平台。蠕虫并不仅仅局限于 Windows 平台,它也攻击其他的一些平台,诸如流行的 UNIX 平台的各种版本。
- 多种攻击手段。新的蠕虫有多种手段来渗入系统,比如利用 Web 服务器、浏览器、电子邮件、文件共享和其他基于网络的应用。
- 极快的传播速度。一种加快蠕虫传播速度的手段是,对网络上有漏洞的主机进行扫描,并获得其 IP 地址。
- 多态性。为了躲避检测、过滤和实时分析,蠕虫采取了多态技术。每个蠕虫都可以产生新的功能相近的代码并使用密码技术。

- 可变形性。除了改变其表象,可变形性蠕虫在其复制的过程中通过其自身的一套行为模式指令系统表现出不同的行为。
- 传输载体。由于蠕虫可以在短时间内感染大量的系统,因此它是传播分布式攻击工具的一个良好的载体,比如分布式拒绝服务攻击中的僵尸程序。
- 零时间探测利用。为了达到最大的突然性和分布性,蠕虫在其进入到网络上时就立即探测仅由特定组织所掌握的漏洞。

6.4.2 蠕虫的传播过程

任何蠕虫在传播过程中都要经历如下 3 个过程:首先,探测存在漏洞的主机;其次,攻击探测到的脆弱主机;最后,获取蠕虫副本,并在本机上激活它。因此,蠕虫代码的功能模块至少需包含扫描模块、攻击模块和复制模块 3 个部分。

蠕虫的扫描功能模块负责探测网络中存在漏洞的主机。当程序向某个主机发送探测漏洞的信息并收到成功的反馈信息后,就得到一个可传播的对象。对于不同的漏洞需要发送不同的探测包进行扫描探测。例如,针对 Web 的 CGI 漏洞可以发送一个特殊的 HTTP 请求来探测,针对远程缓冲区溢出漏洞就需要发送溢出代码来探测。缓冲区溢出是一种最常见的系统漏洞,通过向缓冲区中写入超出其范围的内容,使得缓冲区发生溢出,破坏程序的堆栈,迫使程序转而执行其他指令,从而达到攻击的目的。

攻击模块针对扫描到的目标主机的漏洞或缺陷,采取相应的技术攻击主机,直到获得主机的管理员权限,并获得一个 shell。利用获得的权限在主机上安装后门、跳板、监视器、控制端等等,最后清除日志。

攻击成功后,复制模块就负责将蠕虫代码自身复制并传输给目标主机。复制的过程实际上就是一个网络文件的传输过程。复制过程也有很多种方法,可以利用系统本身的程序实现,也可以用蠕虫自带的程序实现。从技术上看,由于蠕虫已经取得了目标主机的控制权限,所以很多蠕虫都倾向于利用系统本身提供的程序来完成自我复制,这样可以有效地减少蠕虫程序的大小。

经过上述 3 个步骤之后,感染蠕虫病毒的主机就成功地将蠕虫代码传播给网络中其他存在漏洞的主机了。由此可见,实际上蠕虫传播的过程就是自动入侵的过程,蠕虫采用的是自动入侵技术。由于受程序大小的限制,自动入侵程序不可能有太强的智能性,所以自动入侵一般都采用某种特定的模式。目前蠕虫使用的入侵模式就是:扫描漏洞→攻击并获得 shell→利用 shell。这种入侵模式也就是现在蠕虫常用的传播模式。

6.4.3 蠕虫的分析和防范

蠕虫与病毒不同的一个特征就是蠕虫能利用漏洞进行传播和攻击。这里所说的漏洞主要是软件缺陷和人为缺陷。软件缺陷,如远程溢出、微软 IE 和 Outlook 的自动执行漏洞等,需要软件厂商和用户共同配合,不断地升级软件来解决。人为缺陷主要是指计算机用户的疏忽,这就是所谓的社会工程学。当收到一封带着病毒的求职信邮件时,大多数人都会去点击。对于企业用户来说,蠕虫威胁主要集中在服务器和大型应用软件上;而对于个人用户来说,主要是防范人为缺陷。

1. 企业类蠕虫的防范

当前,企业网络主要应用于文件和打印服务共享、办公自动化系统、企业管理系信息系统(MIS)、Internet应用等领域。网络具有便利的信息交换特性,蠕虫就可能充分利用网络快速传播达到其阻塞网络的目的。企业在充分利用网络进行业务处理时,要考虑病毒防范问题,以保证关系企业命运的业务数据的完整性和可用性。

企业防治蠕虫需要考虑对蠕虫的查杀能力、病毒的监控能力和对新病毒的反应能力等问题。而企业防毒的一个重要方面就是管理策略。企业防范蠕虫的常见策略如下:

- 加强网络管理员安全管理水平,提高安全意识。由于蠕虫利用的是系统漏洞,所以需要在第一时间内保持系统和应用软件的安全性,保持各种操作系统和应用软件的更新。由于各种漏洞的出现,使得安全问题不再是一劳永逸的事,而企业用户经受攻击的危险也越来越大,要求企业的管理水平和安全意识也越来越高。
- 建立对蠕虫的检测系统。能够在第一时间内检测到网络的异常和蠕虫攻击。
- 建立应急响应系统。将风险减少到最低。由于蠕虫爆发的突然性,可能在发现的时候已经蔓延到整个网络,所以建立一个紧急响应系统是很有必要的,在蠕虫爆发的第一时间即能提供解决方案。
- 建立备份和容灾系统。对于数据库和数据系统,必须采用定期备份、多机备份和容灾等措施,防止意外灾难下的数据丢失。

2. 个人用户蠕虫的分析和防范

对于个人用户而言,威胁大的蠕虫一般采取电子邮件和恶意网页传播方式。这些蠕虫对个人用户的威胁最大,同时也最难以根除,造成的损失也很大。利用电子邮件传播的蠕虫通常利用的是社会工程学欺骗,即以各种各样的欺骗手段诱惑用户点击的方式进行传播。

该类蠕虫对个人用户的攻击主要还是通过社会工程学,而不是利用系统漏洞,所以防范此类蠕虫需要从以下几点入手:

- 提高防杀恶意代码的意识。
- 购买正版的防病毒(蠕虫)软件。
- 经常升级病毒库。
- 不随意查看陌生邮件,尤其是带有附件的邮件。

6.5　其他常见恶意代码

1. 脚本病毒

脚本病毒又称为移动代码,是指能够从主机传输到客户端计算机上并执行的代码,它通常是作为病毒、蠕虫或木马的一部分被传送到客户计算机上的。另外,脚本病毒可以利用系统的漏洞进行入侵,例如非法的数据访问和盗取root账号。通常用于编写脚本病毒的工具有Java Applets、ActiveX、JavaScript和VB Script等。

脚本病毒具有如下几个特点:

（1）编写简单，一个以前对病毒一无所知的病毒爱好者可以在很短的时间里编出一个新型病毒来。

（2）破坏力大。其破坏力不仅表现在对用户系统文件及性能的破坏，还表现在使邮件服务器崩溃，网络发生严重阻塞。

（3）感染力强。由于脚本是直接解释执行的，这类病毒可以直接通过自我复制的方式感染其他同类文件，并且自我的异常处理变得非常容易。

（4）传播范围大。这类病毒通过 HTML 文档、E-mail 附件或其他方式，可以在很短时间内传遍世界各地。

（5）病毒源码容易被获取，变种多。由于脚本病毒解释执行，其源代码可读性非常强，即使病毒源码经过加密处理后，其源代码的获取还是比较简单。因此，这类病毒变种比较多，稍微改变一下病毒的结构或者修改一下特征值，很多杀毒软件可能就无能为力。

（6）欺骗性强。脚本病毒为了得到运行机会，往往会采用各种让用户不大注意的手段，例如，邮件的附件名采用双后缀，如.jpg.vbs，这样，用户看到这个文件的时候，就会认为它是一个 JPG 图片文件。

（7）使得病毒生产机实现起来非常容易。所谓病毒生产机，就是可以按照用户的意愿生产病毒的软件。目前的病毒生产机大多为脚本病毒生产机，其中最重要的原因就是因为脚本是解释执行的，实现起来非常容易。

正因为以上几个特点，脚本病毒发展异常迅猛，特别是病毒生产机的出现，使得生成新型脚本病毒变得非常容易。

2. 逻辑炸弹

计算机中的逻辑炸弹是指在特定逻辑条件满足时被激活，实施破坏的计算机程序；该程序激活后造成计算机数据丢失，计算机不能从硬盘或者软盘引导，甚至会使整个系统瘫痪，并出现物理损坏的虚假现象。

逻辑炸弹一般是由黑客或组织内部的员工编制，并在特定时间内对特定程序或数据目标进行破坏的恶意代码。最常见的激活条件是一个日期，逻辑炸弹检查系统日期，直到预先编程的日期和当前日期一致，在这一时间点上，逻辑炸弹被激活并执行它的代码。逻辑炸弹也可以被编程为等待某一个信息，当逻辑炸弹看到该信息时，将激活并执行它的代码。最危险的逻辑炸弹是因为某事件未发生而触发的逻辑炸弹。比如，一名不道德的系统管理员，制造了一个逻辑炸弹用来删除服务器上的所有数据，触发条件是他在一个月内没有登录。这个逻辑炸弹可以在系统管理员被解雇以后一个月后触发，以报复原雇主。

自我复制是传统病毒的基本特征，与病毒相比，逻辑炸弹强调破坏作用本身，而实施破坏的程序不会传播。与典型木马程序相比，逻辑炸弹一般是隐含在具有正常功能的软件中，而典型的木马程序一般只模仿程序的外表，而没有真正的实际功能。

3. 后门程序

后门程序一般是指那些绕过系统安全控制而获取对程序或系统的特殊访问权的程序。在软件开发阶段，程序员常常会在软件内留下一些"后门"以方便修改程序设计中的问题。但如果这些后门被其他人知道，或是在发布软件之前没有被删除，那么它就成了安全风险，容易被黑客侵入。后门程序一般带有 backdoor 字样，它与病毒最大的差别在于：

后门程序不一定有自我复制的动作,即它不一定会"感染"其他计算机。

本质上木马和后门都提供网络后门的功能,但是木马的功能稍微强大一些,一般还有远程控制的功能,后门程序的功能则比较单一,仅仅提供绕过系统安全控制而进入系统的途径。

思 考 题

1. 什么是恶意代码?主要包括哪些类型?
2. 恶意代码生存技术主要包括哪几个方面?分别简述其原理。
3. 计算机病毒的概念及特征是什么?
4. 简述常见的病毒检测技术原理。
5. 什么是木马?木马和病毒有哪些主要区别?
6. 简述木马的三线程技术原理。
7. 什么是蠕虫?蠕虫具有哪些技术特性?
8. 蠕虫代码主要包括哪些模块?分别具有什么功能?

第 7 章

防 火 墙

随着计算机网络的发展和普及,绝大多数机构都建立了自己的网络,并接入到 Internet。Internet 上大量有用的信息和服务对于人们而言是必需的。但是,另一方面, Internet 在提供便利的同时,也使得外面的世界能够接触到本地网络并对其产生影响。 这便对机构产生了威胁。虽然给每个工作站和本地网络都配置强大的安全特性是可能 的,但却并不是一个实际的办法。一种越来越为人们所接受的替代方法是防火墙。防火 墙被嵌入在本地网络和 Internet 之间,从而建立受控的连接并形成外部安全墙或者说 是边界。这个边界的目的在于防止本地网络受到来自 Internet 的攻击,并在安全性将受 到影响的地方形成阻塞点。防火墙可以是一台计算机系统,也可以由两台或更多的系统 协同工作起到防火墙的作用。

防火墙是一种有效的防御工具,一方面它使得本地系统和网络免于受到网络安全方 面的威胁,另一方面提供了通过广域网和 Internet 对外界进行访问的有效方式。客观地 讲,防火墙并不是解决网络安全问题的万能药方,只是网络安全政策和策略中的一个组成 部分。但了解防火墙技术并学会在实际操作中应用防火墙技术,对于在"网络经济"社会 的工作和生活的人来说还是十分重要的。

7.1 防火墙的概念

防火墙的本义是指古代人们在房屋之间修建的一道墙,这道墙可以防止火灾发生时 蔓延到别的房屋。在计算机网络安全领域,防火墙是一个由软件和硬件组合而成的、起过 滤和封锁作用的计算机或者网络系统,它一般部署在本地网络(内部网)和外部网(通常是 Internet)之间,内部网被认为是安全和可信赖的,外部网则是不安全和不可信赖的。防火 墙的作用是隔离风险区域(外部网络)与安全区域(内部网)的连接,阻止不希望的或者未 授权的通信进出内部网,通过边界控制强化内部网的安全,同时不会妨碍内部网对外部网 的访问。

网络防火墙隔离了内部网和外部网,在企业内部网和外部网(Internet)之间执行访问 控制策略,以防止发生不可预测的、外界对内部网资源的非法访问或潜在破坏性侵入。防 火墙被设计成只运行专门用于访问控制软件的设备,而没有其他服务,具有相对较少的缺 陷和安全漏洞。此外,防火墙改进了登录和监测功能,可以进行专用的管理。如果采用了 防火墙,内部网中的计算机不再直接暴露给来自 Internet 的攻击。因此,对整个内部网的 主机的安全管理就变成了对防火墙的安全管理,使得安全管理更方便,易于控制。它是目前实现网络安全策略的最有效的工具之一,也是控制外部用户访问内部网的第一道关口。但需要指出的是,防火墙虽然可以在一定程度上保护内部网的安全,但内部网还应该有其他的安全保护措施,这是防火墙所不能代替的。

防火墙放置于网络拓扑结构的合适节点上,使所有进出内部网络的通信必须经过防火墙,从而隔离内部和外部网络。所有通过防火墙的通信必须根据安全策略制定的过滤规则(访问控制规则)进行监控和审查,过滤掉任何不符合安全规则的信息,以保护内部网不受外界的非法访问和攻击。防火墙本身应该是不可侵入的。防火墙是一种建立在被认为是安全可信的内部网和被认为是不太安全可信的外部网(Internet)之间的访问控制机制,是安全策略的具体体现。

7.2 防火墙的特性

一般而言,防火墙的设计目标有以下几个:

(1) 所有的通信,无论是从内部到外部的还是从外部到内部的,都必须经过防火墙。这一点可以通过阻塞所有未通过防火墙的对于本地网络的访问来实现。

(2) 只有被授权的通信才能通过防火墙,这些授权将在本地安全策略中规定。不同类型的防火墙实现不同的安全策略。

(3) 防火墙本身对于渗透必须是免疫的。这意味着必须使用运行安全操作系统的可信系统。

为了控制访问和加强站点安全策略,防火墙采用了 4 项常用技术:

(1) 服务控制。决定哪些 Internet 服务可以被访问,无论这些服务是从内而外还是从外而内。防火墙可以以 IP 地址和 TCP 端口为基础过滤通信;也可以提供代理软件,在服务请求通过防火墙时接收并解释它们;或者执行服务器软件的功能,比如邮件服务。

(2) 方向控制。决定在哪些特定的方向上服务请求可以被发起并通过防火墙。

(3) 用户控制。根据用户正在试图访问的服务器来控制其访问。这个技术特性主要应用于防火墙网络内部的用户(本地用户)。它也可以应用到来自外部用户的通信;后者要求某种形式的安全认证技术,例如 IPSec。

(4) 行为控制。控制一个具体的服务怎样被实现。举例来说,防火墙可以通过过滤邮件来清除垃圾邮件。它也可能只允许外部用户访问本地服务器的部分信息。

防火墙具有以下几个典型的功能:

(1) 访问控制功能。这是防火墙最基本和最重要的功能,通过禁止或允许特定用户访问特定资源,保护内部网络的资源和数据。防火墙定义了单一阻塞点,它使得未授权的用户无法进入网络,禁止了潜在的、易受攻击的服务进入或是离开网络。

(2) 内容控制功能。根据数据内容进行控制,比如过滤垃圾邮件,限制外部只能访问本地 Web 服务器的部分功能等等。

(3) 日志功能。防火墙需要完整地记录网络访问的情况,包括进出内部网的访问。一旦网络发生了入侵或者遭到破坏,可以对日志进行审计和查询,查明事实。

(4) 集中管理功能。针对不同的网络情况和安全需要,指定不同的安全策略,在防火墙上集中实施,使用中还可能根据情况改变安全策略。防火墙应该是易于集中管理的,便于管理员方便地实施安全策略。

(5) 自身安全和可用性。防火墙要保证自己的安全,不被非法侵入,保证正常的工作。如果防火墙被侵入,安全策略被破坏,则内部网络就变得不安全。防火墙要保证可用性,否则网络就会中断,内部网的计算机无法访问外部网的资源。

另外,防火墙可能还具有流量控制、网络地址转换(NAT)、虚拟专用网(VPN)等功能。

防火墙正在成为控制对网络系统访问的非常流行的方法。事实上,在 Internet 上的 Web 网站中,超过三分之一的 Web 网站都是由某种形式的防火墙加以保护的,这是对黑客防范较严、安全性较高的一种方式。任何关键的服务器都建议放在防火墙之后。

防火墙并不能做到绝对的安全,它也有局限性,包括:

(1) 防火墙不能防御不经由防火墙的攻击。比如,如果允许从内部网络向外拨号,网络内部可能会有用户通过拨号连入 Internet,形成与 Internet 的直接连接,从而绕过了防火墙,成为一个潜在的后门攻击渠道。

(2) 防火墙不能防范来自内部的威胁。比如某个心怀不满的员工或者某个私下里与网络外部攻击者联手的雇员从内部网进行破坏活动,因为该通信没有经过防火墙,则防火墙无法阻止。

(3) 防火墙不能防止病毒感染的程序和文件进出内部网。事实上,安装了防火墙的网络系统内部运行着多种多样的操作系统和应用程序,想通过扫描所有进出网络的文件、电子邮件以及信息来检测病毒的方法是不实际的,也是不大可能实现的。这只能在每台主机上安装反病毒软件。

(4) 防火墙不能防止数据驱动式的攻击。一些表面正常的数据通过电子邮件或者其他方式复制到内部主机上,一旦被执行就形成攻击。

防火墙技术发展主要经历了 4 个阶段。第一代防火墙是基于路由器的,即防火墙与路由器一体,采用的主要是包过滤技术。它利用路由器本身对分组解析。第二代防火墙由一系列具有防火墙功能的工具集组成。这一代的防火墙将过滤功能从路由器中独立出来,并在其中加入告警和审计的功能。此时,用户可针对自己的需求构造防火墙。这一代的防火墙是纯软件产品,而且对系统管理员提出了相当复杂的要求,因为管理员必须掌握和精通足够的知识,才能让防火墙运转良好。第三代防火墙为应用层防火墙。它建立在通用操作系统之上。它包括分组过滤功能,装有专用的代理系统,监控所有协议的数据和指令,保护用户编程和用户可配置内核参数的配置,安全性和速度大为提高。第四代防火墙为动态包过滤技术,也称作状态检测技术。该技术能够做到对网络中多种通信协议的数据包作出通信状态的动态响应。

7.3 防火墙的技术

根据不同的分类标准,可将防火墙分为不同的类型。

从工作原理角度看,防火墙技术主要可分为网络层防火墙技术和应用层防火墙技术。

这两个层次的防火墙技术的具体实现有包过滤防火墙、代理服务器防火墙、状态检测防火墙和自适应代理防火墙。

根据实现防火墙的硬件环境不同,可将防火墙分为基于路由器的防火墙和基于主机系统的防火墙。包过滤防火墙和状态检测防火墙可以基于路由器,也可基于主机系统实现;而代理服务器防火墙只能基于主机系统实现。

根据防火墙的功能不同,可将防火墙分为 FTP 防火墙、Telnet 防火墙、E-mail 防火墙、病毒防火墙、个人防火墙等各种专用防火墙。通常也将几种防火墙技术结合在一起使用以弥补各种技术自身的缺陷,增加系统的安全性能。

7.3.1　包过滤技术

网络层防火墙技术根据网络层和传输层的原则对传输的信息进行过滤。网络层技术的一个范例就是包过滤(packet filtering)技术。因此,利用包过滤技术在网络层实现的防火墙也叫包过滤防火墙。

1. 包过滤原理

在基于 TCP/IP 协议的网络上,所有往来的信息都被分割成许许多多一定长度的数据包,即 IP 分组,包中包含发送方 IP 地址和接收方 IP 地址等信息。当这些数据包被送上互联网时,路由器会读取接收方的 IP 地址信息并选择一条合适的物理线路发送数据包。数据包可能经由不同的路线到达目的地,当所有的包到达目的地后会重新组装还原。

包过滤技术是最早的防火墙技术,工作在网络层。这种防火墙的原理是:将 IP 数据报的各种包头信息与防火墙内建规则进行比较,然后根据过滤规则有选择地阻止或允许数据包通过防火墙。这些过滤规则也称作访问控制表(access control table)。流入数据流到达防火墙后,防火墙就检查数据流中每个 IP 数据报的各种包头信息,例如源地址、目的地址、源端口、目的端口、协议类型,来确定是否允许该数据包通过。一旦该包的信息匹配了某些特征,则防火墙根据其内建规则对包进行相应的操作。例如,基于特定 Internet 服务的服务器驻留在特定端口的事实,如 TCP 端口 23 提供 Telnet 服务,包过滤技术可以通过规定适当的端口号来达到允许或阻止到特定服务连接的目的。再比如,如果防火墙中设定某一 IP 地址的站点为不适宜访问的站点,则从该站点地址来的所有信息都会被防火墙过滤掉。这样可以有效地防止恶意用户利用不安全的服务对内部网进行攻击。

包过滤防火墙要遵循的一条基本原则就是"最小特权原则",即明确允许管理员希望通过的那些数据包,禁止其他的数据包。包过滤的核心技术是安全策略及过滤规则的设计。包过滤防火墙一般由路由器充当,要求路由器在完成路由选择和数据转发之外,同时具有包过滤功能。

包过滤防火墙的主要工作原理如图 7-1 所示。

由图 7-1 可见,包过滤防火墙的数据流向在 TCP/IP 协议栈内最多只经过下面的网络接口层、网络层和传输层 3 层,数据报不会上传到应用层。

包过滤防火墙的具体实现是基于过滤规则的。建立这类防火墙包括如下步骤:建立安全策略,写出所允许的和禁止的任务,将安全策略转化为一个包过滤规则表。过滤规则的设计主要依赖于数据包所提供的包头信息:源地址、目的地址、TCP/UDP 源端口号、

图 7-1　包过滤防火墙

TCP/UDP目的端口号、标志位、用来传送数据包的协议等。由规则表和数据头内容的匹配情况来执行过滤操作。如果有一条规则和数据包的状态匹配,就按照这条规则来执行过滤操作。如果没有一条规则匹配,就执行默认操作。默认的策略可能是:

- 丢弃。所有没有被规定允许转发的数据包都将被丢弃。
- 转发。所有没有被规定需要丢弃的数据包都将被转发。

表 7-1 给出了包过滤规则表的一些例子。在每个表中,规则被从上到下依次应用。"∗"号是一个通配符,用来表示符合要求的每一种可能。这里假设使用默认丢弃策略。

表 7-1　包过滤规则表的实例

(a) 规则表例 1

处理	内部主机	端口	外部主机	端口	说　　明
阻塞	∗	∗	SPIGOT	∗	这些人不被信任
通过	OUR-GW	25	∗	∗	与内部主机的 SMTP 端口有连接

(b) 规则表例 2

处理	内部主机	端口	外部主机	端口	说　　明
阻塞	∗	∗	∗	∗	默认

(c) 规则表例 3

处理	内部主机	端口	外部主机	端口	说　　明
通过	∗	∗	∗	25	与外部主机的 SMTP 端口有连接

(d) 规则表例 4

处理	内部主机	端口	目的地	端口	标识	说　　明
通过	本地主机	∗	∗	25		发往外部 SMTP 端口的包
通过	∗	25	∗	∗	ACK	外部主机的回复

(e) 规则表例 5

处理	内部主机	端口	目的地	端口	标识	说　　明
通过	本地主机	*	*	*		本地主机的输出的请求
通过	*	*	*	*	ACK	对本地请求的回复
通过	*	*	*	>1024		到非服务器的通信

表 7-1(a)所示的规则表允许进入防火墙内部的邮件通过(端口 25 专门供 SMTP 进入内部使用),但是只能发往一台特定的网关主机,从特定的外部主机 SPIGOT 发来的邮件将被阻塞。

表 7-1(b)所示的为默认策略。实际应用中,所有的规则表都把默认策略当作最后的规则。

表 7-1(c)所示的规则表规定内部的每一台主机都可以向外部发送邮件。一个目的端口为 25 的 TCP 包将被路由到目的计算机上的 SMTP 服务器。这条规则的问题在于把端口 25 用来作为 SMTP 接收只是一个默认设置;而外部计算机的端口 25 可能被设置用来做其他的应用。从这条规则可以看出,一个攻击者可以通过发送一个 TCP 源端口为 25 的数据包来获得对内部计算机的访问权。

表 7-1(d)所示的规则表达到了表 7-1(c)所没有达到的效果。它利用了 TCP 连接的优点,一旦建立一个连接,那么 TCP 段被设置一个 ACK 标志,表示是另一方发来的数据段。因此,这个规则表就允许那些源 IP 地址是给定的某些主机,而目标 TCP 端口数是 25 的数据分组通过。并同时允许那些源端口数为 25 并且包含一个 ACK 标志的数据分组通过。当然必须清楚地指定源系统和目的系统,才能有效地定义这些规则。

表 7-1(e)所示的规则表是一种处理 FTP 连接的方法。为实现 FTP,需要建立两个 TCP 连接:控制连接负责建立文件传输,数据连接负责实际文件的传输过程。数据连接使用与控制连接不同的端口,这个端口是在传输时动态分配的。大多数服务器使用低端口,它们往往是攻击者的目标;大多数对外部系统的呼叫则倾向于使用高端口,特别是大于 1023 的。因此,这个规则表在下列情况允许通过:

* 从内部发出的数据包。
* 对一个内部计算机所建立的连接进行响应的数据包。
* 内部计算机上发向高端口的数据包。

这个方案要求系统设置为只有某些适当的端口可用。

表 7-1(e)所示的规则表表明了在包过滤层上处理应用程序存在着困难。

2. 包过滤防火墙的优点

包过滤技术是一种简单、有效的访问控制技术,它通过在网络间相互连接的设备下加载允许、禁止来自某些特定的源地址、目的地址、TCP 端口号等规则,对通过的数据包进行检查,限制数据包进出内部网络。

包过滤防火墙技术有如下优点:

* 一个包过滤路由器能协助保护整个网络。数据包过滤的主要优点之一就是一个

恰当防止的包过滤路由器有助于保护整个网络。如果仅有一个路由器连接内部与外部网络,不论内部网络的大小和内部拓扑结构如何,通过该路由器进行数据包过滤,就可在网络安全保护上取得较好的效果。

- 包过滤用户对用户透明。数据包过滤不要求任何自定义软件或客户机配置,也不要求用户有任何特殊的训练或操作。当包过滤路由器决定让数据包通过时,它与普通路由器没有区别。比较理想的情况是用户没有感觉到它的存在,除非他们试图做过滤规则所禁止的事。较强的"透明度"是包过滤的一大优势。
- 包过滤路由器速度快,效率高。包过滤路由器只检查报头相应的字段,一般不查看数据包的内容,而且某些核心部分是由专用硬件实现的,故其转发速度快,效率较高。
- 技术通用、廉价、有效。包过滤技术不是针对各个具体的网络服务采取特殊的处理方式,而是对各种网络服务都通用,大多数路由器都提供包过滤功能,不用再增加更多的硬件和软件,因此其价格低廉,能在很大程度上满足企业的安全要求,其应用行之有效。

此外,包过滤技术还易于安装、使用和维护。

3. 包过滤防火墙的缺点

包过滤技术也有明显的缺点:

- 安全性较差。防火墙过滤的只有网络层和传输层的有限消息,因而各种安全要求不可能充分满足;在许多过滤器中,过滤规则的数目有限,且随着规则数目的增加,性能将受到影响。包过滤路由器只是检测 TCP/IP 报头,检查特定的几个域,而不检查数据包的内容,不按特定的应用协议进行审查和扫描,不作详细分析和记录。非法访问一旦突破防火墙,即可对主机上的软件和配置漏洞进行攻击。因此,与其他技术相比,包过滤技术的安全性较差。
- 由于防火墙可用的信息有限,它所提供的日志功能也十分有限。包过滤器日志一般只记载那些曾经做出过访问控制决定的信息(源地址、目的地址和通信类型)。
- 无法执行某些安全策略。包过滤路由器上的信息不能完全满足人们对安全策略的需求。例如,数据包仅仅表明它们来自什么主机而不是什么用户,因此多数包过滤防火墙不支持高级用户认证方案,这导致了防火墙缺少上层功能。同样,数据包表明它到什么端口,而不是到什么应用程序。当我们通过端口号对高级协议强行限制时,不希望在端口上有指定协议之外的协议,恶意的知情者能够很容易地破坏这种控制。
- 这种防火墙通常容易受到利用 TCP/IP 规定和协议栈漏洞的攻击,例如网络层地址欺骗。大多数包过滤路由器都是基于源 IP 地址、目的 IP 地址而进行过滤的。而 IP 地址的伪造是很容易、很普遍的。如果攻击者将自己主机的 IP 地址设置成一个合法主机的 IP 地址,就可以轻易通过路由器。因此,包过滤路由器对于 IP 地址欺骗大都无能为力,即使按 MAC 地址进行绑定,也是不可信的。因此对于一些安全要求较高的网络,包过滤路由器是不能胜任的。
- 由于在这种防火墙做出安全控制决定时,起作用的只是少数几个因素,包过滤防火墙对那种由于不恰当的设置而导致的安全威胁显得十分脆弱。换句话说,偶然性的改动可能会导致防火墙允许某些传输类型、源地址和目的地址的数据包通过,而事实上按照该系统的安全策略,这些数据包是应该被阻塞的。

从以上分析可以看出,包过滤技术虽然能起到一定的安全保护作用,且有也有许多优点,但是它毕竟是早期的防火墙技术,本身存在较多缺陷,不能提供较多的安全性。在实际应用中,很少把这种技术作为单独的解决方案,而是把它与其他防火墙技术组合在一起使用。

7.3.2　代理服务技术

1. 代理服务技术原理

代理服务器防火墙又称应用层网关、应用层防火墙,它工作在 OSI/RM 的应用层,掌握着应用系统中可用作安全决策的全部信息。代理服务技术的核心是运行于防火墙主机上的代理服务器程序,这些代理服务器程序直接对特定的应用层进行服务。

代理服务器防火墙完全阻隔了网络通信流,通过对每种应用服务编制专门的代理服务程序,实现监视和控制应用层通信流的作用。从内部网用户发出的数据包经过这样的防火墙处理后,就像是源于防火墙外部网卡一样,从而可以达到隐藏内部网结构的作用。其技术原理如图 7-2 所示。

外部连接　　　内部连接

Telnet
FTP
SMTP
HTTP

外部主机　　　　　　　　　　　　　内部主机

图 7-2　代理服务技术

代理服务器通常运行在两个网络之间,在某种意义上,可以把这种防火墙看作一个翻译器,由它负责外部网和内部网之间的通信,当防火墙两端的用户使用 Telnet 和 FTP 之类的 TCP/IP 应用程序时,两端的通信终端不会直接联系,而是由应用层的代理来负责转发。代理会截获所有的通信内容,如果连接符合预定的访问控制规则,则代理将数据转发给目标系统,目标系统回应给代理,然后代理再将传回的数据送回客户机。对于客户来说,代理服务器像一台真正的服务器,而对于客户想要访问的真正的服务器来说,它又像一台客户机。如果网关无法执行某个应用程序的代理码,服务就无法执行,也不能通过防火墙发送。而且,网关可以被设置成只能支持网络管理员所愿意接受的某些应用程序,而拒绝所有其他的服务。

代理服务器像一堵墙一样挡在内部用户和外界之间,彻底隔断内网与外网的直接通信,起着监视和隔绝应用层通信流的作用。内网用户对外网的访问变成防火墙对外网的访问,然后再由防火墙转发给内网用户。所有通信都必须经应用层代理软件转发,访问者任何时候都不能与服务器建立直接的 TCP 连接,应用层的协议会话过程必须符合代理的安全策略要求。在这种特性中,由于网络连接都是通过中介来实现的,所以恶意的侵害几乎无法伤害到被保护的真实的网络设备。

代理服务技术能够记录通过它的一些信息,如什么用户在什么时间访问过什么站点等。这些信息可以帮助网络管理员识别网络间谍。代理服务器通常都拥有一个高速缓存,该缓存存储用户频繁访问的站点内容(页面),在下一个用户要访问该站点的这些内容时,代理服务器就不用连接到 Internet 上的服务器重复地获取相同的内容,而是直接将其缓存中存储的内容发给用户。如果某次访问被认为是攻击,则代理服务器将发出警报,并保存攻击痕迹。

代理服务可以实现用户认证、详细日志、审计跟踪和数据加密等功能,并实现对具体协议及应用的过滤,如阻塞 JavaScript。代理服务技术能完全控制网络信息的交换,控制会话过程,具有灵活性和安全性。但代理服务可能影响网络的性能,对用户不透明,且对每一种服务器都要设计一个代理模块,建立对应的网关层,实现起来比较复杂。

2. 代理服务器的实现

代理服务技术控制对应用程序的访问,它能够代替网络用户完成特定的 TCP/IP 功能。代理服务器适用于特定的互联网服务,对每种不同的服务都应用一个相应的代理,如代理 HTTP、FTP、E-mail、Telent、WWW、DNS、POP3 等。

代理服务器的实现方式有以下几种。

1) 应用代理服务器

应用代理服务器可以在网络应用层提供授权检查及代理服务功能。当外部某台主机试图访问受保护的内部网时,它必须先在防火墙上经过身份认证。通过身份认证后,防火墙运行一个专门程序,把外部主机与内部主机连接起来。在这个过程中,防火墙可以限制用户访问的主机、访问时间及访问方式。同样,受保护的内部网络用户访问外部网时也需要先登录到防火墙上,通过验证后才可使用 Telent 或 FTP 等有效命令。应用代理服务器的优点是既可以隐藏内部 IP 地址,也可以给单个用户授权。即使攻击者盗用了一个合法的 IP 地址,他也要通过严格的身份认证。但是这种认证使得应用网关不透明,用户每次连接都要受到"盘问",这会给用户带来许多不便。而且这种代理技术需要为每个应用网关编写专门的程序。

2) 回路级代理服务器

回路级代理服务器也称一般代理服务器,它适用于多个协议,但不解释应用协议中的命令就建立了连接回路。回路级代理服务器通常要求修改用户程序。套接字服务器(sockets server)就是回路级代理服务器。套接字是一种网络应用层的国际标准。当受保护的网络客户机需要与外部网交互信息时,在防火墙上的套接字服务器检查客户的 UserID、IP 源地址和 IP 目的地址,经过确认后,套接字服务器才与外部服务器建立连接。对用户来说,受保护的内部网与外部网的信息交换是透明的,用户感觉不到防火墙的存在,这是因为 Internet 用户不需要登录到防火墙。

回路级代理服务器可为不同的协议提供服务。大多数回路级代理服务器也是公共服务器,它们几乎支持任何协议,但不是每个协议都能由回路级代理服务器轻易实现。

3) 智能代理服务器

如果一个代理服务器不仅能处理转发请求,同时还能够做其他许多事情,这种代理服务器就称为智能代理服务器。智能代理服务器可提供比其他方式更好的日志和访问控制能力。一个专用的应用代理服务器很容易升级到智能代理服务器,而回路级代理服务器升级则比较困难。

4)邮件转发服务器

当防火墙采用相应技术使得外部网络只知道防火墙的 IP 地址和域名时,从外部网络发来的邮件就只能发送到防火墙上。这时防火墙对邮件进行检查,只有当发送邮件的源主机是被允许的,防火墙才对邮件的目的地址进行转换,送到内部的邮件服务器,由其进行转发。

3. 代理服务器防火墙的特点

代理服务器技术有以下优点:

- 安全性好。由于每一个内、外网络之间的连接都要通过代理服务技术的接入和转换,通过专门为特定的服务(如 HTTP)编写的安全化应用程序进行处理,然后由防火墙本身分别向外部服务器提交请求和向内部用户发应回答,没有给内、外网络计算机以任何直接会话的机会,从而避免了入侵者使用数据驱动类型的攻击方式入侵内部网。另外,代理服务技术还按特定的应用协议对数据包的内容进行审查和扫描,因此增加了防火墙的安全性。安全性好是代理服务技术突出的特点。

- 易于配置。代理服务因为是一个软件,所以比过滤路由器更易配置,配置界面十分友好。如果代理服务实现得好,可以对配置协议要求较低,从而避免配置错误。

- 能生成各项记录。代理服务技术在应用层可以检查各项数据,所以可以按一定准则让代理生成各项日志和记录。这些日志和记录对于流量分析、安全检验是十分重要的。

- 能完全控制进出的流量和内容。通过采取一定的措施,按照一定的规则,借助于代理技术实现一整套安全策略,比如说控制"谁"和"做什么",在什么"时间"和"地点"控制等。

- 能过滤数据内容。可以把一些过滤规则应用于代理,让它在高层实现过滤功能,例如文本过滤、图像过滤、预防病毒和扫描病毒等。

- 能为用户提供透明的加密机制。用户通过代理服务收发数据,可以让代理服务完成加/解密功能,从而方便用户,确保数据的保密性。这一点在虚拟专用网(VPN)中特别重要。代理服务可以广泛地用于企业内部网中,提供较高安全性的数据通信。

- 可以方便地与其他安全技术合成。目前安全问题解决方案很多,如验证(authentication)、授权(authorization)、账号(accounting)数据加密、安全协议(SSL)等。如果把代理与这些技术联合使用,将大大增强网络的安全性。

代理服务技术也有它的缺点:

- 速度较慢。因为对于内网的每个访问请求,应用代理都需要建立一个单独的代理进程,它要保护内网的 Web 服务器、数据库服务器、文件服务器、邮件服务器及业务程序等,就需要建立一个个的服务代理,以处理客户端的访问请求。这样,应用代理的处理延迟会很大。

- 对用户不透明。许多代理要求客户端做相应改动或安装指定的客户软件,这给用户增加了不透明度。

- 难于配置。对于不同服务器代理可能要求不同的服务器。可能需要为每项协议设置一个不同的代理服务器,因为代理服务器不得不理解协议,以便判断什么是允许的,什么是不允许的,并且还要装扮成一个对真实服务器来说它就是客户、对客户来说它就是服务器的角色。选择、安装和配置所有这些不同的服务器是一项较繁重的工作。

- 通常要求对客户或者过程进行限制。除了一些为代理而设置的服务以外,代理服务器要求对客户或过程进行限制,每一种限制都有不足之处,人们无法经常按他们自己的步骤使用快捷可用的方式。由于这些限制,代理应用就不能像非代理应用运行得那样好,它们往往可能曲解协议的说明。

- 代理不能改进底层协议的安全性。因为代理工作于 TCP/IP 的应用层,所以它不能改善底层通信协议抗攻击(如 IP 欺骗、SYN 泛滥、伪造 ICMP 消息和一些拒绝服务)的能力。

7.3.3 状态检测技术

1. 状态检测技术的工作原理

状态检测(stateful inspection)技术由 Check Point 公司率先提出,又称动态包过滤技术。状态检测技术是新一项防火墙技术。这种技术具有非常好的安全特性,它使用了一个在网关上实行的网络安全策略的软件模块,称为检测引擎。检测引擎在不影响网络正常运行的前提下,采取抽取有关数据的方法对网络通信各层进行实时监测。检测引擎将抽取的状态信息动态地保存起来,作为以后执行安全策略的参考。检测引擎维护一个动态的状态信息表并对后续的数据包进行检查。一旦发现任何连接的参数有意外的变化,连接就被终止。

状态检测技术监视和跟踪每一个有效连接的状态,并根据这些信息决定网络数据包是否能通过防火墙。它在协议底层截取数据包,然后分析这些数据包,并将当前数据包和状态信息与前一时刻的数据包和状态信息进行比较,从而得到该数据包的控制信息,以达到保护网络安全的目的。

检测引擎支持多种协议和应用程序,并可以很容易地实现应用和服务的扩充。与前两种防火墙不同,当用户访问请求达到网关的操作系统前,状态监视器要收集有关数据进行分析,结合网络配置和安全规定作出接纳或拒绝、身份认证、警报处理等动作。一旦某个访问违反了安全规定,该访问就会被拒绝,并报告有关状态,做日志记录。

状态检测技术试图跟踪通过防火墙的网络连接和包,这样它就可以使用一组附加的标准,以确定是否允许和拒绝通信。状态检测防火墙是在使用了基本包防火墙的通信上应用一些技术来做到这一点的。为了跟踪包的状态,状态检测防火墙不仅跟踪包中包含的信息,还记录有用的信息以帮助识别包。

状态检测技术可检测无连接状态的远程过程调用(RPC)用户数据报(UDP)之类的端口信息,而包过滤和代理服务技术都不支持此类应用。状态检测防火墙无疑是非常坚固的,但它会降低网络的速度,而且配置也比较复杂。好在有关防火墙厂商已经注意到这一问题,如 Check Point 公司的防火墙产品 Firewall-1,所有的安全策略规则都是通过面向对象的图形用户界面(GUI)定义的,因此可以简化配置过程。

表 7-2 是一个连接状态表的例子。

表 7-2　状态检查防火墙的状态表实例

源 地 址	源端口	目 的 地 址	目 的 端 口	连接状态
192.168.1.100	1030	210.9.88.29	80	已建立
192.168.1.102	1031	216.32.42.123	80	已建立
192.168.1.101	1033	173.66.32.122	25	已建立
192.168.1.106	1035	177.231.32.12	79	已建立
223.43.21.231	1990	192.168.1.6	80	已建立
219.22.123.32	2112	192.168.1.6	80	已建立
210.99.212.18	3321	192.168.1.6	80	已建立
24.102.32.23	1025	192.168.1.6	80	已建立
223.212.212	1046	192.168.1.6	80	已建立

2. 通过状态检测防火墙数据包的类型

状态检测防火墙在跟踪连接状态方式下通过数据包的类型有 TCP 包和 UDP 包。

- TCP 包。当建立起一个 TCP 连接时,通过的第一个包被标有包的 SYN 标志。通常,防火墙丢弃所有外部的链接企图,除非已经建立起某条特定规则来处理它们。对内部到外部的主机连接,防火墙注明连接包,允许响应随后在两个系统之间传输的包,直接到连接结束为止。在这种方式下,传入的包只有在它响应的是一个已建立的连接时才允许通过。

- UDP 包。UDP 包比 TCP 包简单,因为它们不包含任何连接或序列信息只包含源地址、目的地址、检验和携带的数据。这些简单的信息使得防火墙很难确定包的合法性,因为没有打开的连接可利用,以测试传入的包是否应被允许通过。但如果防火墙跟踪包的状态,就可以确定其合法性。对传入的包,若它使用的地址和 UDP 包携带的协议与传出的连接请求匹配,该包就被允许通过。

3. 状态检测技术的特点和应用

状态检测技术结合了包过滤技术和代理服务技术的特点。与包过滤技术一样,它对用户透明,能够在 OSI/RM 网络层上通过 IP 地址和端口号过滤进出的数据包;与代理服务技术一样的是可以在 OSI/RM 应用层上检查数据包内容,查看这些内容是否符合安全规则。

状态检测技术克服了包过滤技术和代理服务技术的局限性,能根据协议、端口及源地址、目的地址的具体情况决定数据包是否通过。对于每个安全策略允许的请求,状态检测技术启动相应的进程,可快速地确认符合授权标准的数据包,使得运行速度加快。

状态检测技术的缺点是状态检测可能造成网络连接的某种迟滞,不过运行速度越快,这个问题就越不易察觉。

状态检测防火墙已经在国内外得到广泛应用,目前在市场上流行的防火墙大多属于状态检测防火墙,因为该防火墙对于用户透明,在 OSI/RM 最高层上加密数据,不需要再去修改客户端程序,也不需对每个需要在防火墙上运行的服务额外增加一个代理。

7.3.4　自适应代理技术

新近推出的自适应用代理(adaptive proxy)防火墙技术本质上也属于代理服务技术,但它也结合了动态包过滤(状态检测)技术。

自适应代理技术是最近在商业应用防火墙中实现的一种革命性的技术。组成这类防火墙的基本要素有两个,即自适应代理服务器和动态包过滤器。自适应代理防火墙结合了代理服务防火墙的安全性和包过滤防火墙的高速等优点,在保证安全性的基础上将代理服务器防火墙的性能提高十倍以上。

在自适应代理服务与动态包过滤器之间存在一个控制通道。在对防火墙进行配置时,用户仅仅将需要的服务类型、安全级别等信息通过相应代理的管理界面进行设置就可以了。然后自适应代理就可以根据用户的配置信息,决定是使用相应代理服务从应用层代理请求,还是使用动态包过滤器从网络层转发包。如果是后者,它将动态地通知包过滤器增减过滤规则,满足用户对速度和安全的双重要求。

7.4　防火墙的体系结构

除了使用简单的系统,例如单一的包过滤路由器或网关这样的防火墙之外,还有配置更为复杂的防火墙,事实上这类防火墙更为常用。图 7-3 给出了 3 种常见的防火墙配置。

1. 屏蔽主机防火墙(单宿堡垒主机)

堡垒主机是由防火墙的管理人员所指定的某个系统,它是网络安全的一个关键点。在防火墙体系中,堡垒主机有一个到公用网络的直接连接,是一个公开可访问的设备,也是网络上最容易遭受入侵的设备。堡垒主机必须检查所有出入的流量,并强制实施安全策略定义的规则。内部网络的主机通过堡垒主机访问外部网络,内部网也需要通过堡垒主机向外部网络提供服务。堡垒主机通常作为应用层网关和电路层网关的服务平台。单宿堡垒主机指只有一个网络接口的设备,以应用层网关的方式运作。

在单宿堡垒主机结构中,防火墙包含两个系统:一个包过滤路由器和一台堡垒主机。堡垒主机是外部网主机能连接到的唯一的内部网上的系统,任何外部系统要访问内部网的资源都必须先连接到这台主机。路由器按照如下方式配置:

(1) 对来自 Internet 的通信,只允许发往堡垒主机的 IP 包通过。

(2) 对来自网络内部的通信,只允许经过了堡垒主机的 IP 包通过。

这样,所有外部连接只能到达堡垒主机,所有内部网的主机也把所有出站包发往堡垒主机。堡垒主机执行验证和代理的功能。这种配置比单一包过滤路由器或者单一的应用层网关更为安全。理由有二:第一,这种配置实现了网络层和应用层的过滤,在系统安全

(a) 屏蔽主机防火墙(单宿堡垒主机)

(b) 屏蔽主机防火墙(双宿堡垒主机)

(c) 屏蔽子网防火墙系统

图 7-3 常见防火墙配置

策略允许的范畴内又有着相当的灵活性;第二,入侵者必须攻破两个独立的系统才有可能威胁到内部网络的安全。

这种配置较为灵活,可以提供直接的 Internet 访问。一个例子是,内部网络可能有一个如 Web 服务器之类的公共信息服务器,在这个服务器上,高级的安全不是必需的,这样,就可以将路由器配置为允许信息服务器与 Internet 之间的直接通信。

2. 屏蔽主机防火墙(双宿堡垒主机)

在单宿堡垒主机体系中,如果包过滤路由器被攻破,那么通信就可以越过路由器在 Internet 和内部网络的其他主机之间直接进行。屏蔽主机防火墙双堡垒主机结构在物理上防止了这种安全漏洞的产生［参见图 7-3（b）］。双宿堡垒主机具有至少两个网络接口。外部网络和内部网络都能与堡垒主机通信，但是外部网络和内部网络之间不能直接通信，它们之间的通信必须经过双宿堡垒主机的过滤和控制。单宿堡垒主机体系所带来的双重安全性的好处在这种配置里依然存在。而且，信息服务器或者其他的主机在安全策略允许的范围内都可以和路由器直接通信。

双宿堡垒主机体系结构比较简单，它连接内部网络和外部网络，相当于内外网络之间的跳板，能够提供高级别的安全控制，可以完全禁止外部网络对内部网络的访问，同时可以允许内部网络用户通过双宿堡垒主机访问外部网络。这种体系的弱点是，一旦堡垒主机被攻破成为一个路由器，则外部网络用户可以直接访问内部网络资源。

3. 屏蔽子网防火墙

如图 7-3（c）所示，屏蔽子网防火墙是本章探讨的配置里最为安全的一种。在这种配置中，使用了两个包过滤路由器，一个在堡垒主机和 Internet 之间，称为外部屏蔽路由器；另一个在堡垒主机和内部网络之间，称为内部屏蔽路由器。每一个路由器都被配置为只和堡垒主机交换流量。外部路由器使用标准过滤来限制对堡垒主机的外部访问，内部路由器则拒绝不是堡垒主机发起的进入数据包，并只把外出数据包发给堡垒主机。这种配置创造出一个独立的子网，子网可能只包括堡垒主机，也可能还包括一些公众可访问的设备和服务，比如一台或者更多的信息服务器以及为了满足拨号功能而配置的调制解调器。这个独立子网充当了内部网络和外部网络之间的缓冲区，形成一个隔离带，即所谓的非军事区（DeMilitarized Zone，DMZ）。在这里，Internet 和内部网络都有权访问 DMZ 子网里的主机，但是要通过子网的通信则被阻塞。这种配置有如下优点：

- 有 3 层防御来抵御入侵者：外部路由器、堡垒主机、内部路由器。
- 外部路由器只能向 Internet 通告 DMZ 子网，Internet 上的系统只能通过外部路由器访问 DMZ 子网。因此，内部网络对于 Internet 而言是不可见的。
- 类似地，从内部网络通过内部路由器也只能得知子网的存在；因此，网络内部的系统无法构造直接到 Internet 的路由，必须通过堡垒主机才能访问 Internet。

7.5　个人防火墙

现在网上流行很多个人防火墙软件，它是应用程序级的。个人防火墙是一种能够保护个人计算机系统安全的软件，是可以直接在用户计算机操作系统上运行的软件服务。通常，这些防火墙安装在计算机网络接口的较低级别上，使它们可以监视通过网卡的所有网络通信。

一旦安装了个人防火墙，就可以把它设置成"学习模式"，这样，对遇到的每一种新的网络通信，个人防火墙都会提示用户一次，询问如何处理这种通信。然后，个人防火墙便记住了其响应方式，并应用于以后遇到的同种网络通信。例如，如果用户已经安装了一台个人 Web 服务器，个人防火墙可能对第一个传入的 Web 连接做一个标记，并询问用户是否允许它通过。用户可能允许所有的 Web 连接、来自某些特定 IP 地址范围的连接等，个人防火墙就将这些规则应用于此后所有传入的 Web 连接。

可以将个人防火墙想象成在用户计算机上建立的一个虚拟网络接口,网络通信不再是计算机操作系统直接通过网卡进行的通信,而是操作系统与个人防火墙的对话,仔细检查网络通信,然后再通过网卡通信。

1. 个人防火墙的优点

个人防火墙有以下优点:

(1) 增加了保护功能。个人防火墙具有安全保护功能,既可以抵挡外来攻击,还可以抵挡内部的攻击。例如,家庭用户使用 Modem 或 ISDN/ADSL 上网,个人防火墙就能够为用户隐藏暴露在网络上的信息(如 IP 地址)。

(2) 易于配置。个人防火墙产品通常可以使用直接的配置选项获得基本可使用的配置。

(3) 廉价。个人防火墙不需要额外的硬件资源就为内部网的个人用户和公共网络中的单个系统提供安全保护。它已被集成到 Windows XP 版本中,使用 Windows 的其他系统或其他产品也可以免费获得或者按有限的成本价获得。

2. 个人防火墙的缺点

个人防火墙有以下缺点:

(1) 接口通信受限。个人防火墙对公共网络只有一个物理接口,而真正的防火墙应当监视并控制两个或更多的网络接口之间的通信。因此,其个人防火墙本身可能会容易受到威胁,或者说它存在网络通信可以绕过防火墙的规则这样的弱点。

(2) 集中管理比较困难。个人防火墙需要在每个客户端进行配置,这将增加管理开销。

(3) 性能受限。个人防火墙是为了保护单个计算机系统而设计的,但是如果安装它的计算机是与内部网络上的其他计算机共享到 Internet 的连接,则它也可以保护小型网络。个人防火墙在充当小型网络路由器时将导致性能下降。这种保护机制通常不如专用防火墙方案有效,因为它们通常只限于 IP 和端口地址。

7.6　防火墙的应用与发展

7.6.1　防火墙的应用

选用防火墙首先要明确哪些数据是必须保护的,这些数据被侵入会导致什么样的后果,以及网络不同区域需要什么等级的安全级别。不管采用原始设计还是使用现成的防火墙产品,首先需根据安全级别确定防火墙的安全标准;其次,选用防火墙必须与网络接口匹配,要防止可以预料到的各种威胁。防火墙可以是软件或硬件模块,并能集成于网桥、网关或路由器等设备之中。

在选用防火墙时应注意以下几点:

(1) 选用防火墙时要注意防火墙自身的安全性。大多数人在选用防火墙时都将注意力放在防火墙如何控制连接以及防火墙支持多少种服务上,但往往忽略了一点,防火墙也是网络上的设备,也可能存在安全问题。防火墙如果不能确保自身安全,则其控制功能再强,也终究不能安全保护内部网络。

（2）要考虑用户的安全策略中的特殊需求,比如：

- IP 地址转换。进行 IP 地址转换有两个好处：一是隐藏内部网络真正的 IP 地址,这可以使黑客无法直接攻击内部网络,也是强调防火墙自身安全性的主要原因;二是可以让内部用户使用保留的 IP 地址,这对许多 IP 地址不足的企业是有意义的。
- 双重 DNS。当内部网络使用没有注册的 IP 地址或防火墙进行 IP 转换时,DNS 也必须经过转换。因为同样一个主机的内部 IP 与给予外界的 IP 将会不同,有的防火墙会提供双重 DNS,有的则必须在不同主机上各安装一个 DNS。
- 虚拟专用网络(VPN)。VPN 可以在防火墙与防火墙或移动的客户机间对所有网络传输的内容加密,建立一个虚拟通道,让两者间感觉是在同一个网络上,可以安全且不受拘束地相互存取。
- 病毒扫描功能。大部分防火墙都可以与防病毒系统搭配以实现病毒扫描功能。有的防火墙则可以直接集成病毒扫描功能,差别只是病毒扫描工作由防火墙完成还是由另一台专用的计算机完成。
- 特殊控制需求。有时候企业会有特别的控制需求,如限制特定使用者发送 E-mail,FPT 只能下载文档而不能上传文档,限制同时上网人数、使用时间等,依需求不同而定。

（3）如何选用最符合需求的产品,这是消费者最关心的事。所以,在选用防火墙软件时,明确防火墙应是一个整体网络的保护者,必须能弥补其他操作系统的不足,应为使用者提供不同平台的选择,应能向使用者提供完善的售后服务等。

7.6.2　防火墙技术的发展

网络安全通常是通信技术与管理两者结合来实现的,良好的网络管理加上优秀的防火墙技术是提高网络安全性能的最好选择。虽然网络防火墙技术已经发展了几代,防火墙的研究和开发人员也已尽了很大努力,但用户的需求永远是推动技术前进的源动力。

随着网上的攻击手段不断出现,以及防火墙在用户的核心业务系统中占据的地位越来越重要,用户对防火墙的要求越来越高。比如用户可能要求防火墙应能提供更细粒度的访问控制手段,防火墙对新出现的漏洞和攻击方式应能够迅速提供有效的防御方法,防火墙的管理应更加容易和方便,防火墙在紧急情况下可以做到迅速响应,防火墙具有很好的性能和稳定性等。用户的这些要求归纳起来是防火墙技术应具备智能化、高速度、分布式、多功能和专业化的发展趋势。

1. 智能化

防火墙将从目前的静态防御策略向具备人工智能的智能化方向发展。未来智能化的防火墙应能实现以下功能：

- 自动识别并防御各种黑客攻击手法及其相应的变种。
- 在网络出口发生异常时自动调整与外网的连接端口。
- 根据信息流量自动分配、调整网络信息流量及协同多台物理设备工作。

- 自动检测防火墙本身的故障并能自动修复。
- 具备自主学习并制定识别与防御方法。

2. 高速度

随着网络传输速率的不断提高,防火墙必须在响应速度和报文转发速度方面做相应的升级,这样才不至于成为网络的瓶颈。

3. 分布式并行结构

分布式并行处理的防火墙是防火墙的另一发展趋势,在这种概念下,将有多台物理防火墙协同工作,共同组成一个强大的、具备并行处理能力和负载均衡能力的逻辑防火墙。

4. 多功能

未来网络防火墙将在现有的基础上继续完善其功能并不断增加新的功能。例如:

- 在保密性方面,将继续发展高保密性的安全协议用于建立 VPN,基于防火墙的 VPN 在较长一段时间内将继续成为用户使用的主流。
- 在过滤方面,将从目前的地址、服务、URL、文本、关键字过滤发展到对 CGI、ActiveX、Java 等 Web 应用的过滤,并将逐渐具备病毒过滤的功能。
- 在服务方面,将在目前透明应用的基础上完善其性能,并将具备针对大多数网络通信协议的代理服务功能。
- 在管理方面,将从子网和内部网络的管理方式向基于专用通道和安全通道的远程集中管理方式发展;管理端口的安全性将是其重点考虑内容;用户费用统计、多种媒体的远程警报及友好的图形化管理界面将成为防火墙的基本功能。
- 在安全方面,对网络攻击的检测、拦截及告警功能将继续是防火墙最重要的性能指标。

5. 专业化

单向防火墙、电子邮件防火墙、FTP 防火墙等针对特定服务的专业化防火墙将作为一种产品门类出现。

未来防火墙的发展思路是:防火墙将从目前对子网或内部网管理的方式向远程上网集中管理方式发展;过滤深度不断加强,从目前的地址、服务过滤,发展到 URL(页面)过滤、关键字过滤和对 ActiveX、Java 等的过滤,并逐渐具备病毒清除功能。利用防火墙建立 VPN 是较长一段时间内用户使用的主流,IP 的加密需求越来越强,安全协议的开发是一大热点;对网络攻击的检测和告警将成为防火墙的重要功能。此外,网络的防火墙产品还将把网络前沿技术,如 Web 页面超高速缓存、虚拟网络和带宽管理等与其自身结合起来。

思 考 题

1. 什么是防火墙?它有哪些功能和局限性?
2. 为了控制访问和加强站点安全策略,防火墙采用了哪些技术?
3. 简述包过滤原理。
4. 状态检测技术具有哪些特点?
5. 简述屏蔽子网防火墙的结构。

第8章

网络攻击与防范

随着 Internet 的迅猛发展和日渐普及,各种网络应用层出不穷,能够使用户完成过去不可想象的工作。另一方面,Internet 面临的安全威胁也日益突出,其中网络攻击成为网络安全中危害最严重的现象之一,所以研究和解决各种攻击的方法将显得很有必要。

本章首先介绍网络攻击的概念和各种网络攻击手段,然后介绍入侵检测系统(IDS)。

8.1 网络攻击概述

8.1.1 网络攻击的概念

从广义上讲,任何在非授权的情况下试图存取信息、处理信息或破坏网络系统以使系统不可靠、不可用的故意行为都被称为网络攻击。对计算机和网络安全系统而言,入侵与攻击没有本质的区别,仅仅是在形式和概念描述上有所不同,其实质基本上是相同的。入侵伴随着攻击,攻击成功的结果就是入侵。在入侵者没有侵入目标网络之前,会采取一些方法或手段对目标网络进行攻击;当攻击者侵入目标网络之后,入侵者利用各种手段窃取和破坏别人的资源。

攻击和网络安全是紧密联系的。研究网络安全不研究网络攻击等同于纸上谈兵,研究网络攻击而不研究网络安全等同于闭门造车。从某种意义上说,没有攻击就没有安全。同样的手段和技术,攻击者可以用来入侵网络系统,网络管理员则可以用来进行检测并对相关的漏洞采取补救措施。

攻击者所采用的攻击手段主要有以下 8 种:

(1) 冒充。将自己伪装成为合法用户(如系统管理员),并以合法的形式攻击系统。

(2) 重放。攻击者首先复制合法用户所发出的数据(或部分数据),然后进行重发,以欺骗接收者,进而达到非授权入侵的目的。

(3) 篡改。通过采取秘密方式修改合法用户所传送数据的内容,实现非授权入侵的目的。

(4) 服务拒绝。中止或干扰服务器为合法用户提供服务或抑制所有流向某一特定目标的数据。

(5) 内部攻击。利用其所拥有的权限对系统进行破坏活动。这是最危险的类型,据有关资料统计,80%以上的网络攻击或破坏与内部攻击有关。

(6) 外部攻击。通过搭线窃听、截获辐射信号、冒充系统管理人员或授权用户、设置旁路躲避鉴别和访问控制机制等各种手段入侵系统。

（7）陷阱门。首先通过某种方式侵入系统，然后安装陷阱门，并通过更改系统功能属性和相关参数，使得侵入者在非授权情况下能对系统进行各种非法操作。

（8）特洛伊木马。这是一种具有双重功能的客户/服务器体系结构。特洛伊木马系统不但具有授权功能，而且具有非授权功能，一旦建立这样的体系，整个系统便被占领。

8.1.2　网络攻击的类型

网络攻击通常可归纳为拒绝服务型攻击、利用型攻击、信息收集型攻击和虚假信息型攻击4大类型。

1. 拒绝服务型攻击

拒绝服务（Denial of Service，DoS）攻击是攻击者通过各种手段来消耗网络带宽或者服务器的系统资源，最终导致被攻击服务器资源耗尽、系统崩溃而无法提供正常的网络服务。这种攻击对服务器来说可能并没有造成损害，但可以使人们对被攻击服务器所提供服务的信任度下降，影响公司声誉以及用户对网络的使用。

TCP是一个面向连接的协议，在网络中广泛应用。因此，黑客也会利用TCP协议自身的漏洞进行攻击，影响网络中运行的绝大多数服务器。

具体的DoS攻击方式有SYN Flood（SYN洪泛）攻击、IP碎片攻击、Smurf攻击、死亡之ping攻击、泪滴（teardrop）攻击、UDP Flood（UDP洪泛）攻击、Fraggle攻击等。

2. 利用型攻击

利用型攻击是一类试图直接对用户主机进行控制的攻击。最常见的利用型攻击有3种：

（1）口令猜测。一旦黑客识别了一台主机而且发现了基于NetBIOS、Telnet或NFS服务的可利用的用户账号，成功的口令猜测能提供对主机的控制。

（2）特洛伊木马。木马是一种直接由黑客或通过用户秘密安装到目标系统的程序。木马一旦安装成功并取得管理员权限，安装此程序的人就可以直接远程控制目标系统。最常见的一种木马叫做后门程序。采取不下载可疑程序并拒绝执行，运用网络扫描软件定期监视内部主机上的TCP服务等措施可预防该攻击。

（3）缓冲区溢出。由于麻痹大意的程序员在很多的服务程序中使用类似strcpy()、strcat()等不进行有效位检查的函数，最终可能导致恶意用户编写一小段程序来进一步打开安全豁口，然后将该代码缀在缓冲区中的有效载荷末尾。当发生缓冲区溢出时，返回指针指向恶意代码，这样系统的控制权就会被夺取。

3. 信息收集型攻击

信息收集型攻击用来为进一步入侵系统提供有用的信息。这类攻击主要包括扫描技术和利用信息服务技术等，其具体实现有以下几种：

（1）地址扫描。运用ping程序探测目标地址，若对此做出响应，则表示其存在。在防火墙上过滤掉ICMP应答消息可预防该攻击。

（2）端口扫描。通常使用一些软件，向大范围的主机链接一系列的TCP端口。扫描软件可报告它成功地建立了连接的主机开放端口。许多防火墙能检测到系统是否被扫描,并自动阻断扫描企图。

（3）反向映射。黑客向主机发送虚假消息,然后根据返回的 host unreachable 这一消息的特征判断出哪些主机在工作。由于正常的扫描活动容易被防火墙侦测到,黑客转而使用不会触发防火墙规则的常见消息类型。NAT 和非路由代理服务器能自动抵制此类攻击,也可在防火墙上过滤 host unreachable ICMP 应答。

（4）DNS 域转换。DNS 协议不对转换或信息的更新进行身份认证,这使得该协议可被黑客以不同方式利用。对于一台公共 DNS 服务器,黑客只需实施一次 DNS 域转换操作就能得到所有主机的名称以及内部 IP 地址。可采用防火墙过滤掉域转换请求来避免这类攻击。

（5）Finger 服务。黑客可使用 Finger 命令来探刺 Finger 服务器以获取该系统的用户信息。采用关闭 Finger 服务并记录尝试连接该服务器的对方 IP 地址,或者在防火墙上进行过滤,可预防 Finger 服务攻击。

4. 虚假信息型攻击

虚假信息型攻击用于攻击目标配置不正确的消息,主要有高速缓存污染和伪造电子邮件两种形式。

（1）DNS 高速缓存污染。由于 DNS 服务器与其他域名服务器交换信息时并不进行身份验证,这就使黑客可以将一些虚假信息掺入,并把黑客引向自己的主机。可采取措施预防该攻击,例如,在防火墙上过滤入站的 DNS 更新,外部 DNS 服务器不能更改内部服务器对内部主机的认识,等等。

（2）伪造电子邮件。由于 SMTP 并不对邮件发送者的身份进行鉴定,因此黑客可以对网络内部客户伪造电子邮件,声称是来自某个客户或可以相信的人,并附带上可安装的木马程序或一个引向恶意网站的链接。采用 PGP 等安全工具或者对电子邮件发送者进行身份鉴别可预防该攻击。

8.1.3　网络攻击的过程

一次成功的攻击可以归纳成以下 5 个步骤。当然,在实际的操作中,可以根据实际情况进行调整。

1. 隐藏自身

攻击者都会利用某些技术手段隐藏自己真实的 IP 地址。通常有两种方法实现自身 IP 地址的隐藏。第一种方法是首先入侵网络上一台防护手段比较薄弱的主机（俗称"肉鸡"）,然后利用这台主机进行攻击。这样,即使攻击行为被发现,暴露的也是肉鸡的 IP 地址。第二种方式是网络代理跳板,其基本思想是将某一台主机设为代理,通过该代理再入侵其他主机,这样留下的是代理主机的 IP 地址,从而有效地保护了攻击者的安全。二级代理的一种基本结构如图 8-1 所示。

攻击者通过二级代理入侵某一台主机,这样在入侵的主机上就不会留下攻击者的信息。从技术上讲,可以选择更多的代理级别,但是考虑到效率问题,一般选择二级或三级代理比较合适。选择代理主机的一般原则是选择不同地区的主机作为代理,比如要入侵北美的某台主机,则可以选择欧洲的某台主机做一级代理,而选择澳洲的另外一台主机作

攻击者计算机   代理服务器1   代理服务器2   被入侵主机

图 8-1   二级代理结构

为二级代理,从而可以很好地隐藏自己。可以选作代理的主机必须先安装相关的代理软件,一般都是首先入侵一些防护手段比较薄弱的主机,再将这些主机作为代理。

2. 踩点与扫描

网络踩点就是通过各种途径对攻击目标进行尽可能多的了解,获取相关信息,如攻击目标的 IP 地址、所在网络的操作系统类型和版本、系统管理人员的邮件地址等,根据这些信息进行分析,可得到被攻击方系统中存在的漏洞。常见的踩点方法包括:在域名及其注册机构查询,对公司性质的了解,对主页进行分析,邮件地址的搜集和目标 IP 地址范围查询。踩点的目的是探察对方各方面的情况,确定攻击的时机。网络踩点实质上是一个信息收集的过程,本身并不对目标造成危害,只是为攻击提供有用的信息。

在收集到攻击目标的一些网络信息后,攻击者会利用各种工具探测目标网络上的每台主机,以寻求该系统的安全漏洞或安全弱点,这就是网络扫描。扫描采取模拟攻击的形式对目标可能存在的已知安全漏洞逐项进行检查,目标可能是工作站、服务器、路由器、交换机等。根据扫描结果向攻击者提供周密、可靠的分析报告。

有两种常用的扫描策略:一种是主动式策略,另一种是被动式策略。

主动式扫描是基于网络的,通过执行一些脚本文件模拟对系统进行攻击的行为并记录系统的反应,从中发现可能的漏洞。主动式扫描一般可以分成活动主机探测、ICMP 查询、ping 扫描、端口扫描、指定漏洞扫描、综合扫描等。扫描方式分成两个大类:慢速扫描和乱序扫描。慢速扫描是指对非连续端口进行的、源地址不一致的、时间间隔长而没有规律的扫描;乱序扫描是指对连续端口进行的、源地址一致的、时间间隔短的扫描。

被动式扫描策略是基于主机的,对系统中不合理的设置、脆弱的口令以及其他同安全规则相抵触的对象进行检查。被动式扫描不会对系统造成破坏,而主动式扫描会对系统进行模拟攻击,可能造成破坏。

3. 侵入系统并提升权限

攻击者以前几步所做的工作为基础,再结合自身的水平及经验总结出相应的攻击方法,在进行模拟攻击的实践后,将等待时机,实施真正的网络攻击。

一种常见的攻击方法是:首先以一个普通用户身份登录目标主机,然后再利用系统漏洞提升自己的权限。因此,攻击者首先要有该主机的一个账号和密码,否则连登录都无法进行。这样常迫使攻击者先设法盗窃账户文件,进行破解,从中获取某用户的账户和口令,再寻觅合适时机以此身份进入主机。常用手段有两种:

(1)社会工程学攻击。比如冒充公司高层人员给公司打电话,声称自己的账号被意外锁定,说服某位职员根据他的指示修改相关的账号信息,从而可以正常登录目标主机。

（2）暴力攻击。比如字典攻击,因为大多数用户习惯使用标准的单词作为密码,因此,可以通过利用包含单词列表的文件去破解截获的用户账号和口令。

当然,通过非正常途径,利用某些工具或系统漏洞登录主机也是攻击者常用的一种技法。比如,利用 Unicode 漏洞、缓冲区溢出漏洞等获得系统权限,通过管理漏洞获得管理员权限,通过软件漏洞获得系统权限,通过监听获得敏感信息进一步获得相应权限,通过攻破与目标机有信任关系的另一台主机获得目标机的控制权,等等。

获得系统管理员权限的目的是连接到目标主机,并对其进行完全控制,达到攻击的目的。

4. 种植后门

为了保持长期对已侵入主机的访问权,攻击者一般会在被侵入的主机上种植一些供自己访问的后门。网络后门是保持对目标主机长久控制的关键策略。

只要能不通过正常登录进入系统的途径都称为网络后门。比如,在攻击者拿到了管理员密码并侵入目标主机以后,可以通过工具开启目标主机的 Telnet 服务,实现对目标主机的长久入侵。

木马是另外一种可以长期驻留在对方主机中的手段。本质上,木马和后门都提供非正常访问的途径,只不过木马的功能更强大,还能够进行远程控制,而后门则功能单一,只是提供攻击者侵入对方主机的途径。

5. 网络隐身

在成功的侵入目标主机并留下网络后门以后,一般被侵入的主机会存储相关的登录日志,这样容易被管理员发现。在入侵完毕后需要清除登录日志及其他相关日志。

8.2　常见网络攻击

攻击者在进行一次完整的攻击之前,首先要确定攻击要达到的目的,即要给对方造成什么伤害。常见的攻击目的就是破坏和入侵。破坏型攻击就是破坏攻击的目标,使其不能正常工作,而不随意控制目标的系统运行。要达到破坏性攻击的目的,主要的手段是拒绝服务攻击。入侵型攻击就是入侵攻击目标,它以获得一定的权限、控制攻击目标为目的。该类攻击比破坏型攻击更为普遍,威胁也更大。

8.2.1　拒绝服务攻击

拒绝服务攻击(DoS)是出现较早,实施较为简单的一种攻击方法。DoS 攻击主要是攻击者利用 TCP/IP 协议本身的漏洞或网络中操作系统的漏洞,让被攻击主机无法响应正常的用户请求。攻击者通过发送大量无效的请求数据包造成服务器进程无法短期释放,大量积累而耗尽系统资源,使得服务器无法对正常请求进行响应,造成服务器瘫痪。这种攻击主要是用来攻击域名服务器、路由器以及其他网络操作服务,攻击之后造成被攻击者无法正常工作和提供服务。

在 DoS 攻击中,攻击者加载过多的服务将系统资源(如 CPU 时间、磁盘空间、打印机,甚至是系统管理员时间)全部或部分占用,使得被攻击者没有多余资源供其他用户使用。由于 DoS 攻击工具的技术要求不高,效果却比较明显,因此成为当今网络中被黑客广为使用的攻击手段。

拒绝服务攻击主要表现为以下几种方式。

1. 死亡之 ping

死亡之 ping(ping of death)是最常使用的拒绝服务攻击手段之一,它利用 ping 命令发送不合法长度的测试包来使被攻击者无法正常工作。在早期的网络中,路由器对数据包的最大尺寸都有限制。在 TCP/IP 网络中,许多系统对 ICMP 包的大小都规定为 64KB,当 ICMP 包的大小超过该值时就导致内存分配错误,直至 TCP/IP 协议栈崩溃,最终使被攻击主机无法正常工作。

在基于 TCP/IP 协议的 Internet 广泛使用的今天,为了阻止死亡之 ping,现在所使用的网络设备(如交换机、路由器和防火墙等)和操作系统(如 UNIX、Linux、Windows 和 Solaris 等)都能够过滤掉超大的 ICMP 包。以 Windows 操作系统为例,单机版从 Windows 98 之后,Windows NT 从 Service Pack 3 之后,都具有抵抗一般死亡之 ping 攻击的能力。

2. 泪滴

在 TCP/IP 网络中,不同的网络对数据包的大小有不同的规定,例如以太网的数据包最大为 1500B(将数据包的最大值称为最大数据单元,MTU),令牌总线网络的 MTU 为 8182B,而令牌环网和 FDDI 对数据包没有大小限制。如果令牌总线网络中一个大小为 8000B 的 IP 数据包要发送到以太网中,由于令牌总线网络的数据包要比以太网的大,所以为了能够完成数据的传输,需要根据以太网数据包的大小要求,将令牌总线网络的数据包分成多个部分,这一过程称为分片。

在 IP 报头中有一个偏移字段和一个分片标志(MF)。如果 MF 标志设置为 1,则表明这个 IP 数据包是一个大 IP 数据包的片段,其中偏移字段指出了这个片段在整个 IP 数据包中的位置。例如,对一个 4500B 的 IP 数据包进行分片(MTU 为 1500B),则 3 个片段中偏移字段的值依次为 0、1500、3000。基于这些信息,接收端就可以成功地重组该 IP 数据包。

如果一个攻击者打破这种正常的分片和重组 IP 数据包的过程,把偏移字段设置成不正确的值(假如,把上面的偏移设置为 0、1300、3000),在重组 IP 数据包时可能会出现重合或断开的情况,就可能导致目标操作系统崩溃。这就是所谓的泪滴(teardrop)攻击。

防范泪滴攻击的有效方法是给操作系统安装最新的补丁程序,修补操作系统漏洞。同时,对防火墙进行合理的设置,在无法重组 IP 数据包时将其丢弃,而不进行转发。

3. ICMP 洪泛

ICMP 洪泛是利用 ICMP 报文进行攻击的一种方法。在平时的网络连通性测试中,经常使用 ping 命令来诊断网络的连接情况。当输入了一个 ping 命令后,就会发出 ICMP 响应请求报文,即 ICMP Echo 报文,接收主机在接收到 ICMP Echo 后,会回应一个 ICMP Echo Reply 报文。在这个过程中,当接收端收到 ICMP Echo 报文进行处理时需要占用一定的 CPU 资源。如果攻击者向目标主机发送大量的 ICMP Echo 报文,将产生 ICMP 洪泛,目标主机会将大量的时间和资源用于处理 ICMP Echo 报文,而无法处理正常的请求或响应,从而实现对目标主机的攻击。

防范 ICMP 洪泛的有效方法是对防火墙、路由器和交换机进行相应设置,过滤来自同一台主机的连续的 ICMP 报文。对于网络管理员来说,在网络正常运行时建议关闭 ICMP 报文,即不允许使用 ping 命令。例如,在 Windows XP、2003 系统中启用了 Internet 连接防火墙后,则默认所有的 ICMP 报文选项均被禁用,从而可以阻止来自网络的 ping 试探。

4. Smurf 攻击

在网络连通性诊断中通常使用 ICMP Echo,当一台主机接收到这样一个报文后,会向报文的源地址回应一个 ICMP Echo Reply。在 TCP/IP 网络中,一般情况下主机不会检查该 ICMP Echo 请求的源地址。利用该"漏洞",攻击者可以把 ICMP Echo 的源地址设置为一个广播地址或某一子网的 IP 地址,这样目标主机就会以广播形式回复 ICMP Echo Reply,导致网络中产生大量的广播报文,形成广播风暴。轻则影响网络的正常运行,重则由于耗用过量的网络带宽和主机(如路由器、交换机等)资源导致网络瘫痪。这种利用虚假源 IP 地址进行 ICMP 报文传输的攻击方式称为 Smurf 攻击。

为了防止 Smurf 攻击,在路由器、防火墙和交换机等网络硬件设备上可关闭广播、多播等特性。对于位于网络关键部位的防火墙,则可以关闭 ICMP 数据包的通过。

5. TCP SYN 洪泛

众所周知,在 TCP/IP 传输层,TCP 连接的建立要通过三次握手机制来完成。客户端首先发送 SYN 信息(第一次握手),服务器发回 SYN/ACK 信息(第二次握手),客户端连接再发回 ACK 信息(第三次握手),此时连接建立完成。若客户端不发回 ACK,则服务器在超时后处理其他连接。在连接建立后,TCP 层实体即可在已建立的连接上开始传输 TCP 报文段。

TCP 的三次握手过程常常被黑客利用进行 DoS 攻击。TCP SYN 洪泛攻击的原理是:客户机先进行第一次握手,服务器收到信息进行第二次握手,正常情况下客户机应该进行第三次握手。但是,因为被攻击者控制的客户端在进行第一次握手时修改了 IP 数据包的地址,即将一个实际上不存在的 IP 地址填充在自己的 IP 数据包的源 IP 字段中。这样,服务器发送的第二次握手信息实际上没有接收方,所以服务器不会收到第三次握手的确认消息。这种情况下,服务器端会一直等待直至超时。当存在大量这样的无效请求的时候,服务器端就会有大量的信息在排队等待,直到所有的资源被用光而不能再接收客户机的请求。当正常的用户向服务器发出请求时,由于没有了资源就会被拒绝服务。

SYN 洪泛攻击是典型的 DoS 攻击。要防止 SYN 洪泛攻击,应对系统设定相应的内核参数,使得系统强制对超时的 SYN 请求连接数据包复位,同时通过缩短超时常数和加长等候队列使得系统能迅速处理无效的 SYN 请求数据包。

8.2.2　分布式拒绝服务攻击

分布式拒绝服务攻击(Distributed Denial of Service,DDoS)是一种基于 DoS 攻击但形式特殊的拒绝服务攻击。DDoS 采用一种分布、协作的大规模攻击方式,主要瞄准商业公司、搜索引擎和政府部门网站等比较大的站点。DDoS 攻击是目前黑客经常采用而难以防范的攻击手段。DoS 攻击只是单机对单机的攻击,实现方法比较简单。与之不同的是,DDoS 攻击是利用一批受控制的主机向一台主机发起攻击,其攻击的强度和造成的威胁要比 DoS 攻击严重得多,当然其破坏性也要强得多。为了最大限度地阻止 DDoS 攻击,了解 DDoS 的攻击方式和防范手段已是网络安全人员所必备的技能。

早期的 DoS 攻击主要是针对处理能力较弱的单机,而对拥有高带宽连接、高性能设备的网站影响不大。单一的 DoS 攻击一般采用一对一方式,其效果是使被攻击目标的 CPU 速度、内存和网络带宽等各项性能指标变低。随着计算机处理能力和内存容量的迅速增加,目标主机对恶意攻击包的"消化能力"也增加了,这就降低了 DoS 攻击的风险和危险。因此,DDoS 攻击手段应运而生,其攻击的思路就是利用更多的被控制机发起进攻,以更大的规模来进攻目标主机。

DDoS 攻击的原理如图 8-2 所示。

图 8-2　DDoS 攻击原理

从图 8-2 可以看出,在整个 DDoS 攻击过程中共涉及 4 种主机:攻击者、主控傀儡机(主控端)、攻击傀儡机(代理服务器)和被攻击者,这 4 种主机在攻击中扮演不同的角色。

(1) 攻击者。发布实施 DDoS 的指令,是整个 DDoS 攻击中的主控制台。与 DoS 攻击略有不同,DDoS 攻击中的攻击者对计算机的配置和网络带宽的要求并不高,只要能够向主控傀儡机正常发送攻击命令即可。

(2) 主控傀儡机。不属于攻击者所有的计算机,而是攻击者非法侵入并控制的一些主机。攻击者在这些计算机上安装特定的主控软件,通过这些主机再分别控制大量的攻击傀儡机。攻击者首先需要入侵主控傀儡机,在获得对主控傀儡机的写入权限后,在主控端主机上安装特定的程序,该程序能够接收攻击者发来的特殊指令,而且可以把这些指令发送到攻击傀儡机上。

(3) 攻击傀儡机。同样也是攻击者入侵并控制的一批主机,同时攻击者也需要在入侵这些主机并获得对这些主机的写入权限后,在上面安装并运行攻击器程序,接收和运行主控傀儡机发来的指令。攻击傀儡机是攻击的直接执行者,直接向被攻击主机发起攻击。

（4）被攻击者。是 DDoS 攻击的直接受害者,目前多为一些大型企业的网站或数据库系统。

在整个 DDoS 攻击过程中,攻击者发起 DDoS 攻击的第一步就是要寻找在 Internet 上有漏洞的主机,进入系统后安装后门程序,攻击者入侵的主机越多,参与攻击的主机也就越多。第二步是在入侵主机上安装攻击程序,其中一部分主机充当攻击的主控端,另一部分主机充当攻击傀儡机。各部分主机各司其职,在攻击者的统一指挥下对被攻击者发起攻击。DDoS 攻击包是从攻击傀儡机上发出的,主控傀儡机只发布命令而不参与实际的攻击。平时攻击傀儡机并没有什么异常,只是一旦被攻击者控制并接收到指令,他们就成为害人者去发起攻击了。由于攻击者在幕后操纵,所以在攻击时不会受到监控系统的跟踪,身份不容易被发现。

一般来说,攻击者的 DDoS 攻击分为以下几个阶段:

（1）准备阶段。在这个阶段,黑客搜集和了解目标的情况(主要是目标主机数目、地址、配置、性能和带宽)。该阶段对于攻击者来说非常重要,因为完全了解目标的情况,才能有效地进行进攻。对于 DDoS 攻击者,要攻击某个站点,首先要确定到底有多少台主机在支持这个站点,一个大的网站可能有很多台主机利用负载均衡技术提供同一个网站的 WWW 服务。

（2）占领傀儡机。该阶段实际上是使用了利用型攻击手段。简单地说,就是占领和控制傀儡机,取得最高的管理权限,或至少得到一个有权限完成 DDoS 攻击任务的账号。

（3）植入程序。占领傀儡机后,攻击者在主控傀儡机上安装主控制软件,在攻击傀儡机上安装守护程序。攻击傀儡机上的代理程序在指定端口上监听来自主控傀儡机发送的攻击命令,而主控傀儡机接受从攻击者计算机发送的指令。

（4）实施攻击。经过前 3 个阶段的精心准备后,攻击者就开始瞄准目标准备攻击了。攻击者登录到主控傀儡机,向所有的攻击机发出攻击命令。这时候潜伏在攻击机中的 DDoS 攻击程序就会响应控制台的命令,一起向受害主机高速发送大量的数据包,导致受害主机死机或无法响应正常的请求。

从实际应用来看,防火墙是抵御 DoS/DDoS 攻击最有效的设备。因为防火墙的主要功能之一就是在网络的关键位置对数据包进行相应的检测,并判断数据包是否被放行。在防火墙上可以采取禁止对主机的非开放服务的访问,限制同时打开的 SYN 最大连接数,限制特定 IP 地址的访问,严格限制开放的服务器的对外访问等设置;在网络的路由器上可采取检查每一个经过路由器的数据包,设置 SYN 数据包流量速率,在边界路由器上部署策略,使用 CAR 限制 ICMP 数据包流量速率等设置。

8.2.3 缓冲区溢出攻击

1. 缓冲区溢出攻击原理

缓冲区是用户为程序运行时在计算机中申请的一段连续的内存,它保存给定类型的数据。缓冲区溢出攻击利用目标程序的缓冲区溢出漏洞,通过操作目标程序堆栈并暴力改写其返回地址,从而获得目标控制权。缓冲区溢出的工作原理是:攻击者向一个有限空间的缓冲区中复制过长的字符串,这时可能产生两种结果:一是过长的字符串覆盖了相邻的存储单元而造成程序瘫痪,甚至造成系统崩溃;二是可让攻击者运行恶意代码,执行任意指令,甚至获得管理员用户的权限等。缓冲区溢出攻击是一种常见且危害很大的系统攻击手段,这种攻击可以使一个匿名的 Internet 用户有机会获得一台主机的部分或全部的控制权。

缓冲区溢出攻击是最为常见的一种攻击方式,占据远程网络攻击的绝大多数。有资料显示,80%的攻击事件与缓冲区溢出漏洞有关。目前公开的安全漏洞也有相当一部分属于缓冲区溢出漏洞。

1988 年的莫里斯蠕虫就利用 UNIX fingered 程序不限制输入长度的漏洞,输入 512 个字符后使缓冲区溢出。该蠕虫程序以 root(根)身份执行,并感染到其他主机上。Slammer 蠕虫也是利用未及时更新补丁的 Microsoft SQL Server 数据库缓冲区溢出漏洞,采用不正确的方式将数据发到 Microsoft SQL Server 的监听端口,这个错误可以引起缓冲区溢出攻击。攻击代码通过缓冲溢出获得非法权限后,被攻击主机上的 SQL server.exe 进程会尝试向随机的 IP 地址不断发送攻击代码,感染其他主机,最终形成 UDP 洪泛,造成网络堵塞甚至瘫痪。

缓冲区溢出攻击的目的在于扰乱具有某些特权的程序功能,使攻击者取得程序的控制权,如果该程序具有足够的权限,那么整个主机就被控制了。为了达到这个目的,攻击者一是要在程序的地址空间里安排适当的代码,二是要通过适当的初始化寄存器和存储器,让程序跳转到事先安排的地址去执行。因此,缓冲区溢出攻击采用在程序的地址空间里安排适当的代码,控制程序的执行流程使之跳转到攻击代码,综合代码植入和流程控制等方法实现。

缓冲区溢出攻击主要利用了 C 语言程序中数组边界条件、函数指针等设计不当的漏洞,大多数 Windows、Linux、UNIX 和数据库系列的开发依赖于 C 语言,而 C 语言的缺点是缺乏类型安全,这也成为操作系统、数据库等大型应用程序最普通的漏洞之一。

2. 缓冲区溢出攻击的防范

缓冲区溢出是一种流行的网络攻击方法,它易于实现且危害严重,给系统的安全带来了极大的隐患。值得关注的是,防火墙对这种攻击方式无能为力,因为攻击者传输的数据分组并无异常特征,没有任何欺骗。另外,可以用来实施缓冲区溢出攻击的字符串非常多样化,无法与正常数据进行有效区分。缓冲区溢出攻击不是一种窃密和欺骗手段,而是从计算机系统的最底层发起的攻击,因此在它的攻击下系统的身份验证和访问权限等安全策略形同虚设。

可以采用以下几种方法保护缓冲区免受溢出攻击:

(1) 编写正确的代码。人们开发了一些工具和技术来帮助程序员编写安全正确的程序,如编程人员可以使用具有类型安全的语言 Java 以避免 C 语言的缺陷;在 C 语言开发环境下编程应避免使用 Gets、Sprintf 等不限制边界溢出的危险函数;使用检查堆栈溢出的编译器(如 Compaq C 编译器)等。

(2) 非执行缓冲区保护。通过使被攻击程序的数据段堆栈空间不可执行,从而使得攻击者不可能植入缓冲区的代码,这就是非执行缓冲区保护。

(3) 数组边界检查。这种检查可防止缓冲区溢出的产生。为了实现数组边界检查,应该对数组的读写操作进行检查以确保在正确的范围内对数组的操作。最直接的方法是检查所有的数组操作,但是通常可以采用一些优化技术来减少检查的次数。

(4)程序指针完整性检查。这种检查可在程序指针被引用之前检测到它的改变。因此,即便一个攻击者成功地改变了程序的指针,由于系统事先检测到了指针的改变,这个指针就不会被使用。

此外,在产品发布前仍需要仔细检查程序溢出情况,将危险降至最低。普通用户或系统管理员应及时为自己的操作系统和应用程序更新补丁,以补修公开的漏洞,减少不必要的开放服务端口,合理配置自己的系统。

8.2.4 僵尸网络

近年来,僵尸网络(BotNet)逐渐发展成为攻击者手中最有效的攻击平台,是当前互联网面临的主要安全威胁之一。

1. 僵尸网络概念与结构

僵尸网络是攻击者出于恶意目的,融合传统的恶意软件,如计算机病毒、蠕虫和木马等技术,传播僵尸程序感染大量主机,并通过一对多的命令与控制(Command and Control,C&C)信道控制被感染的主机所组成的叠加网络(overlay network)。僵尸网络为攻击者提供了隐匿、灵活且高效的一对多命令与控制机制,是一个能发起多种大规模攻击的平台。利用僵尸网络,攻击者可以实现多种恶意活动,如分布式拒绝服务攻击(DDoS)、垃圾邮件、钓鱼网站、信息窃取等。

典型的僵尸网络结构如图 8-3 所示。

图 8-3 僵尸网络结构

僵尸网络包括以下组成部分：

- 控制者(BotMaster)。命令的发起者,即控制僵尸网络的攻击者。控制者通过控制程序向僵尸网络发布攻击命令、更新僵尸程序、设置攻击类型等。
- 僵尸主机(Bot)。俗称"肉鸡",是一个被僵尸程序感染的主机。僵尸程序秘密运行在被感染的主机中,可以接收控制者发布的命令并执行命令。僵尸程序的本质就是一个网络客户端,会按照服务器的命令执行相应的代码。
- 命令与控制服务器(C&C server)。控制者与僵尸主机通信的平台。控制者通过命令与控制服务器发布命令,僵尸主机则通过命令与控制服务器接收命令并向控制者发送命令执行报告。命令与控制服务器通过专门的命令与控制(C&C)信道和僵尸主机进行通信。

僵尸程序的典型功能结构如图 8-4 所示。

图 8-4　僵尸程序功能结构

从功能上,一个僵尸程序可以分为基本功能模块和辅助功能模块。基本功能模块包括实现僵尸网络特性的命令与控制模块,以及实现网络传播特性的传播模块。辅助功能模块使僵尸程序具有更强大的攻击功能和更好的生存能力。

命令与控制模块是整个僵尸程序的核心,实现了僵尸主机与控制器的交互,接收攻击者的控制命令,进行解析和执行。传播模块通过各种不同的方式将僵尸程序传播到新的主机,使其加入僵尸网络接受攻击者的控制,从而扩展僵尸网络的规模。

辅助功能模块是僵尸程序除主体功能外的功能,主要包括以下几部分：

- 信息窃取模块。用于获取感染主机信息(包括系统资源情况、进程列表、开启时间、网络带宽和速度情况等),以及搜索并窃取感染主机上有价值的敏感信息(如软件注册码、电子邮件列表、账号口令等)。
- 僵尸主机控制模块。是攻击者利用受控的大量僵尸主机完成各种不同攻击目标的模块集合,包括 DDoS 攻击模块、发送垃圾邮件模块以及点击欺诈模块等。
- 下载与更新模块。为攻击者提供向受控主机注入二次感染代码以及更新僵尸程序的功能。
- 躲避检测与对抗分析模块。对僵尸程序进行多态、变形、加密等,并通过各种方式进行实体隐藏,以及检查 debugger 的存在、识别虚拟机环境、杀死反病毒进程、阻止反病毒软件升级等功能,使得僵尸程序能够躲避受控主机使用者和反病毒软件的检测。

2. 工作机制

僵尸网络利用其所控制的僵尸主机群发起攻击,其活动大致分为 4 个阶段。

(1) 感染目标主机,构建僵尸网络。攻击者会通过各种方式侵入主机,植入僵尸程序来构建僵尸网络。传播方式主要有远程漏洞攻击、弱口令扫描入侵、邮件附件、恶意文档、文件共享等。早期的僵尸网络主要以类似蠕虫的主动扫描结合远程漏洞攻击进行传播,这种方式的主要弱点是不够隐蔽,容易被检测到。近年来,僵尸网络逐渐以更为隐蔽的网页或邮件挂马为主要传播方式,而且还加入了更多社会工程(social engineering)手段,更具有欺骗性。比如,根据近期的新闻和热点事件来变换其传播邮件的标题和内容,以增加其成功传播的几率。感染目标主机之后,攻击者会加载隐藏模块,通过变形技术、多态技术、Rootkit 技术等,使得僵尸程序隐藏于被控主机中。同时攻击者会加载通信模块,构建命令与控制信道,实现一对多的控制关系。

(2) 发布命令,控制僵尸程序。根据命令获取方式的不同,可以分为推模式(push)和拉模式(pull)。推模式是指僵尸主机在平时处于等待状态,僵尸控制程序主动向僵尸主机发送命令,僵尸主机只有被动接收到控制端命令后才进入下一步动作。拉模式是指控制端程序会将命令代码放置在特定位置,僵尸程序会定期从该位置主动去读取代码,作为进行下一步动作的命令。

(3) 展开攻击。根据攻击位置可将僵尸网络发起的攻击分为本地攻击和远程攻击。本地攻击指发起针对僵尸网络内部被控主机的攻击,比如对用户隐私信息的窃取等。远程攻击指攻击非僵尸网络内部的主机。远程攻击根据目的不同又分为两类:一类是扩展僵尸网络规模,这类攻击目的是让外部主机感染同样的僵尸程序,最终成为僵尸网络的一部分;另一类攻击是打击、渗透方式,比如分布式拒绝服务、垃圾邮件等。

(4) 攻击善后。主要目的是隐藏攻击痕迹,防止被追踪溯源。

3. 僵尸网络分类

僵尸网络的命令与控制机制决定了僵尸网络的拓扑结构、通信效率、可扩展性以及是否容易被防守者发现和破坏,是僵尸网络工作机制的核心部分。基于命令与控制信道使用的通信协议,可以将僵尸网络分成 IRC 僵尸网络、HTTP 僵尸网络、P2P 僵尸网络等。

IRC 僵尸网络是最早产生并且现在仍然大量存在的一类僵尸网络,基于标准 IRC (Internet Relay Chat,互联网中继聊天)协议构建其命令与控制信道。IRC 僵尸网络控制者加入 IRC 聊天频道,通过聊天频道控制所属频道的 IRC 僵尸主机。IRC 僵尸网络的控制服务器可构建在公用 IRC 聊天服务器上,但为了保证对控制服务器的绝对控制权,攻击者一般会利用其完全控制的主机架设专门的控制服务器。典型的 IRC 僵尸网络包括 GT-Bot、SdBot、AgoBot、SpyBot 等。

基于 IRC 协议,攻击者向受控僵尸程序发布命令的方法有 3 种:设置频道主题(TOPIC)命令,当僵尸程序登录到频道后立即接收并执行这条频道主题命令;使用 PRIVMSG 消息向频道内所有僵尸程序或指定僵尸程序发布命令,这种方法最为常用;通过 NOTICE 消息发送命令,这种方法在效果上等同于发送 PRIVMSG 消息。

HTTP 僵尸网络与 IRC 僵尸网络的功能结构相似,所不同的仅仅是 HTTP 僵尸网络控制器是以 Web 网站方式构建的。典型的采用 HTTP 协议构建命令与控制机制的僵尸程序有 Bobax、ClickBot、MegaD、Ikee. B 等。相对于 IRC 协议，HTTP 是目前网络应用最主要的通信方式之一，基本不会被屏蔽。僵尸网络的通信可以隐藏在大量正常的应用流量之中，另外，攻击者还可以很容易地升级到 HTTPS 来加密整个通信过程，从而具有更好的隐蔽性。少数僵尸网络，如 Naz，还直接利用流行的社交网站，如 Facebook、Twitter 等作为控制服务器，进一步增加了检测和封锁的难度。

基于 IRC 协议和 HTTP 协议的僵尸网络都是集中式的，其命令与控制机制均具有集中控制点，拓扑结构为客户/服务器架构，容易被跟踪、检测和反制。为了让僵尸网络更具韧性和隐蔽性，一些新出现的僵尸程序开始使用 P2P 协议构建其命令与控制机制。

P2P 僵尸网络一般采用 P2P 协议并呈现出 P2P 结构。在这种僵尸网络中，僵尸节点也可以传播命令与控制信息，这为攻击者提供了灵活多变的操纵接口，而无须固定的操纵设施。典型的采用结构化 P2P 协议的僵尸网络有 Storm 等，而非结构化 P2P 僵尸网络有 Nugache 等。

4. 僵尸网络防范

1）僵尸网络检测

检测的目的是发现新出现的僵尸网络，这包括单机上发现僵尸程序并检测到 C&C 通信，通过网络边界流量监测或单点探测发现控制服务器的存在，或者在网络安全事件日志或网络应用数据中发现若干主机或账号的行为疑似由僵尸网络产生。

当前，检测僵尸网络的主要方法可归纳为 4 类：

（1）终端检测。在终端上首先利用蜜罐获取恶意代码，然后对捕获的恶意代码进行主机层面的分析，进而筛选出僵尸程序。

（2）网络流量分析检测。僵尸网络 C&C 通信具有时空相似性，与正常用户的网络通信模式具有较大差异。所谓时空相似性，指的是大量僵尸程序在维持连接、收发控制命令和执行攻击任务时经常表现出协同性，使得多个僵尸程序会在同一时间窗内进行内容相似的通信。网络流量分析一般与网络安全事件检测联动，以筛选可疑流并对流进行聚类分析。

（3）协议特征检测。利用僵尸网络的协议特征来开展检测工作。

（4）基于网络攻击检测。某些特定安全事件有很大概率是由僵尸网络发起的，定位到这些安全事件的源头，就可能发现僵尸程序。

2）僵尸网络追踪

追踪的目的是发现控制者的攻击意图和僵尸网络的内部活动，即掌握控制者发布的控制命令及其触发的僵尸程序动作。基于所掌握的 C&C 协议，可以采用的追踪方法可归纳为两类：

（1）以渗透的方式加入到僵尸网络中以求掌握僵尸网络内部活动情况，这种渗透的行为主体称为僵尸网络渗透者。

（2）在可控环境中运行 Sandbot，并对其通信内容进行审计，从而可获知僵尸网络的活动。Sandbot 的优点是可以在不掌握 C&C 协议的条件下迅速开始追踪，但掌握了 C&C 协议有助于提高追踪的有效性。

3）僵尸网络对抗

利用技术手段对抗僵尸网络,将其危害降至最低是僵尸网络防护的最终目标。根据对抗效果可以把当前对抗技术分为 4 类:

(1) 劫持(hijacking)僵尸网络,接管其全部控制权。比如,伪装成控制者向僵尸网络注入良性控制命令(如自删除命令、下载运行专杀工具命令),不仅可以清除整个僵尸网络,还可以接管其控制权。

(2) 挖掘并利用僵尸程序存在的溢出漏洞获得僵尸主机控制权,从而进行主机层面的僵尸程序清除。

(3) 污染(poisoning)僵尸网络,改变其拓扑结构和节点关系,从而遏制控制信息分发。

(4) 对僵尸网络关键节点进行拒绝服务攻击,降低关键节点的处理能力,从而降低僵尸网络的可用性。

8.3　入侵检测

随着计算机网络特别是 Internet 的迅速发展和大范围的普及,越来越多的系统遭到网络攻击的威胁。这些威胁大多是通过挖掘操作系统和应用服务序的弱点或缺陷或漏洞来实现的。而绝大多数人在谈到网络安全时,首先会想到防火墙、杀毒软件、加密软件等。但是,防火墙、杀毒软件、加密软件等更关注被动的"防护"。随着攻击者知识的日趋成熟,攻击工具与手法的日趋复杂多样,人们越来越清醒地认识到仅仅依靠现有的防护措施来维护系统安全是远远不够的。

入侵检测是一种从更深层次上进行主动网络安全防御的措施,它不仅可以通过监测网络实现对内部攻击、外部入侵和误操作的实时防范,有效地弥补防火墙的不足,而且能结合其他网络安全产品,对网络安全进行全方位的保护,具有主动性和实时性的特点。目前,入侵检测的相关研究已成为网络安全领域的热点课题。

8.3.1　入侵检测概述

1. 入侵检测的概念

入侵检测是指在计算机网络或计算机系统中的若干关键点收集信息并对收集到的信息进行分析,从而判断网络或系统中是否有违反安全策略的行为和被攻击的迹象。它是对入侵行为的发觉。

很多人认为,只要安装一个防火墙就可以保障网络的安全,其实这是一个误解,事实上,仅仅使用防火墙保障网络安全是远远不够的。首先,防火墙本身会有各种漏洞和后门,有可能被外部黑客攻破;其次,防火墙不能阻止内部攻击,对内部入侵者来说毫无作用;再次,防火墙通常不能提供实时的入侵检测能力;最后,有些外部访问可以绕开防火墙。

入侵检测作为安全技术,其主要目的有 4 点:识别入侵者;识别入侵行为;检测和监视已成功的安全突破;为对抗入侵及时提供重要信息,阻止事件的发生和事态的扩大。入侵检测对建立一个安全系统来说是非常必要的,它可以弥补传统安全保护措施的不足。

入侵检测系统可以弥补防火墙的不足,为网络提供实时的入侵检测并采取相应的防护手段。入侵检测系统可以看作是防火墙之后的第二道安全闸门,是防火墙的重要补充,它在不影响网络性能的情况下能对网络进行监测,从而提供对内部攻击、外部攻击和误操作的实时检测。

2. 入侵检测过程

入侵检测的典型过程是:信息收集,信息(数据)预处理,数据的检测分析,根据安全策略做出响应。有的还包括检测效果的评估。

信息收集是指从网络或系统的关键点得到原始数据,这里的数据包括原始的网络数据包、系统的审计日志、应用程序日志等原始信息。数据预处理是指对收集到的数据进行预处理,将其转化为检测器所需要的格式,也包括对冗余信息的去除,即数据简约。数据的检测分析是指利用各种算法建立检测器模型,并对输入的数据进行分析以判断入侵行为的发生与否。入侵检测的效果如何将直接取决于检测算法的好坏。这里所说的响应是指产生检测报告,通知管理员,断开网络连接,或更改防火墙的配置等积极的防御措施。入侵检测被认为是防火墙之后的第二道防线,是动态安全技术的核心之一。

入侵检测的一个基本工具是审计记录。用户活动的记录应作为入侵检测系统的输入。一般采用下面两种方法:

- 原始审计记录。几乎所有的多用户操作系统都有收集用户活动信息的审计软件。使用这些信息的好处是不需要再额外使用收集软件。其缺点是审计记录可能没有包含所需的信息,或者信息没有以方便的形式保存。
- 检测专用的审计记录。使用的收集工具可以只记录入侵检测系统所需要的审计记录。此方法的优点在于专用审计软件可适用于不同的系统。缺点是一台计算机要运行两个审计包管理软件,需要额外的开销。

一般地,一条审计记录包含如下几个域:

- 主体。行为的发起者。主体通常是终端用户,也可是充当用户或用户组的进程。所有活动来自主体发出的命令。主体分为不同的访问类别,类别之间可以重叠。
- 动作。主体对一个对象的操作或联合一个对象完成的操作,如登录、读、I/O 操作和执行。
- 客体。行为的接受者,包括文件、程序、消息、记录、终端、打印机、用户或程序创建的结构。当一个客体是一个活动的接受者时,则主体也可看成是客体,比如电子邮件。客体可根据类型分类。客体的粒度可根据客体类型和环境发生变化。例如,数据库行为的审计可以以数据库整体或以记录为粒度进行。
- 异常条件。若返回时有异常,则标识出该异常情况。
- 资源使用。列出某些资源使用的数量(例如,打印或显示的行数、读写记录的次数、处理器时钟、使用的 I/O 单元、会话占用的时间)。
- 时间戳。用来唯一地标识动作发生的时间。

3. 入侵检测系统

入侵检测系统(Intrusion Detection System,IDS)是完成入侵检测功能的软件、硬件的组合。入侵检测系统是对敌对攻击在适当的时间内进行检测并做出响应的一种工具。它能在不影响网络性能的情况下对网络进行监测,从而提供对内部攻击、外部攻击和误操作的实时防范,在计算机网络和系统受到危害之前进行报警、拦截和响应。入侵检测系统是网络安全防护体系的重要组成部分,是一种主动的网络安全防护措施。IDS 从系统内部和各种网络资源中主动采集信息,从中分析可能的网络入侵或攻击。一般说来,IDS 还应对入侵行为做出紧急响应。

IETF 定义了一个 IDS 的通用模型,如图 8-5 所示。

图 8-5　IDS 体系结构

IDS 包括下列几个实体:

- 事件生成器。它是采集和过滤事件数据的程序或模块,负责收集原始数据。它对数据流、日志文件等进行追踪,然后将搜集到的原始数据转换成事件,并向系统的其他部分提供此事件。
- 事件分析器。事件分析器是分析事件数据和任何 CIDF(Common Intrusion Detection Framework,通用入侵检测框架)组件传送给它的各种数据。例如,对输入的事件进行分析,检测是否有入侵的迹象,或描述对入侵响应的响应数据,都可以发送给事件分析器进行分析。
- 事件数据库。负责存放各种原始数据或已加工过的数据。它从事件产生器或事件分析器接收数据并进行保存,它可以是复杂的数据库,也可以是简单的文本。
- 响应单元。是针对分析组件所产生的分析结果,根据响应策略采取相应的行为,发出命令响应攻击。
- 目录服务器。用于各组件定位其他组件,以及控制其他组件传递的数据并认证其他组件的使用,以防止入侵检测系统本身受到攻击。目录服务器组件可以管理和发布密钥,提供组件信息和用户组件的功能接口。

在这一框架中,事件数据库是核心,体现了 IDS 的检测能力。

一般来说,入侵检测系统的主要功能如下:

- 监测并分析用户和系统的活动。
- 核查系统配置与漏洞。
- 识别已知的攻击行为并报警。
- 统计并分析异常行为。
- 对操作系统进行日志管理,并识别违反安全策略的用户活动。

8.3.2 入侵检测系统分类

目前对现有的入侵检测系统可以用以下几类方法进行分类。根据检测的对象分为基于主机的入侵检测、基于网络的入侵检测、基于主机和基于网络的混合型入侵检测；根据检测技术原理分为异常检测和误用检测；根据其工作方式分为离线检测系统和在线检测系统；根据体系结构分为集中式和分布式，等等。

1. 基于检测对象分类

按照检测对象或者数据来源的不同，可分为基于主机的入侵检测系统、基于网络的入侵检测系统和混合入侵检测系统3类。

基于主机的入侵检测系统(Host-based IDS,HIDS)开始并兴盛于20世纪80年代。其检测对象是主机系统和本地用户。检测原理是：在每一个需要保护的主机上运行一个代理程序，根据主机的审计数据和系统的日志发现可疑事件，检测系统可以运行在被检测的主机上，从而实现监控。

基于主机的入侵检测系统如图8-6所示。

图 8-6　基于主机的入侵检测系统

基于主机的入侵检测系统具有以下优点：

- 能确定攻击是否成功。基于主机的IDS使用含有已发生的事件信息，根据该事件信息能准确判断攻击是否成功，因而基于主机的IDS误报率较小。
- 监控更为细致。基于主机的IDS监控目标明确。它可以很容易地监控一些在网络中无法发现的活动，如敏感文件、目录、程序或端口的存取。例如，基于主机的IDS可以监测所有用户登录及退出系统的情况，以及各用户联网后的行为。

- 配置灵活。用户可根据自己的实际情况对主机进行个性化的配置。
- 适应于加密和交换的环境。由于基于主机的 IDS 安装在监控主机上,因而不会受加密和交换的影响。
- 对网络流量不敏感。基于主机的 IDS 不会因为网络流量的增加而放弃对网络的监控。

基于主机的入侵检测系统有以下缺点:

- 由于它通常作为用户进程运行,依赖于操作系统底层的支持,与系统的体系结构有关,所以它无法了解发生在下层协议的入侵活动。
- 由于 HIDS 要驻留在受控主机中,对整个网络的拓扑结构认识有限,根本监测不到网络上的情况,只能为单机提供安全防护。
- 基于主机的入侵检测系统必须配置在每一台需要保护的主机上,占用一定的主机资源,使服务器产生额外的开销。
- 缺乏对平台的支持,可移植性差。

基于网络的入侵检测系统(Network-based IDS,NIDS)通过监听网络中的分组数据包来获得分析攻击的数据源,分析可疑现象。它通常使用报文的模式匹配或模式匹配序列来定义规则,检测时将监听到的报文与规则进行比较,根据比较的结果来判断是否有非正常的网络行为。通常情况下是利用混杂模式的网卡来捕获网络数据包。

基于网络的入侵检测系统如图 8-7 所示。

图 8-7 基于网络的入侵检测系统

基于网络的入侵检测系统的优点如下:

- 检测速度快。NIDS 能在微秒或秒级发现问题。
- 能够检测到 HIDS 无法检测的入侵,例如 NIDS 能够检查数据包的头部而发现非法的攻击,NIDS 能够检测那些来自网络的攻击,它能够检测到非授权的非法访问。
- 入侵对象不容易销毁证据,被截取的数据不仅包括入侵的方法,还包括可以定位入侵对象的信息。
- 检测和响应的实时性强,一旦发现入侵行为就立即阻止攻击。
- 与操作系统无关性。由于基于网络的 IDS 配置在网络上对资源进行安全监控,具有与操作系统无关的特性。

基于网络的入侵检测系统的缺点如下：

- NIDS 无法采集高速网络中的所有数据包。
- 缺乏终端系统对待定数据报的处理方法等信息，使得从原始的数据包中重构应用层信息很困难，因此，NIDS 难以检测发生在应用层的攻击。
- NIDS 对以加密传输方式进行的入侵无能为力。
- NIDS 只检查它直接连接网段的通信，并且精确度较差，在交换式网络环境下难以配置，防入侵欺骗的能力较差。

NIDS 和 HIDS 都有不足之处，单纯使用一类系统会造成主动防御体系的不完整。由于两者各有优点和缺陷，有些能力是不能互相替代的，而且两者的优缺点是互补的，如果将这两类系统结合起来部署在网络内，则会构成一套完整、立体的主动防御体系。综合了网络和主机两种结构特点的 IDS，既可以发现网络中的攻击信息，也可以从系统日志中发现异常状况，这就是混合式入侵检测系统。它既可以利用来自网络数据，也可以利用来自计算机主机的数据信息。采用混合分布式入侵检测系统可以联合使用基于主机和基于网络这两种不同的检测方式，有很好的操作性，能够达到更好的检测效果。

2. 基于检测技术原理的分类

入侵检测根据技术原理可分为异常检测和误用检测两类。

1）异常检测

异常检测也称为基于行为的检测，它来源于这样的思想：任何一种入侵行为都能由于其偏离正常或者所期望的系统和用户的活动规律而被检测出来。异常检测通常首先从用户的正常或者合法活动收集一组数据，这一组数据集被视为"正常调用"。若用户偏离了正常调用模式，则被认为是入侵。这就是说，任何不符合以往活动规律的行为都将被视为入侵行为。

异常检测方法的优点如下：

（1）正常使用行为是被准确定义的，检测的准确率高。

（2）能够发现任何企图发掘、试探系统最新和未知漏洞的行为，同时在某种程度上它较少依赖于特定的操作系统环境。

异常检测的缺点如下：

（1）必须枚举所有的正常使用规则，否则会导致有些正常使用的行为会被误认为是入侵行为，即有误报产生。

（2）在检测时，某个行为是否属于正常，通常不能做简单的匹配，而要利用统计方法进行模糊匹配，在实现上有一定的难度。

异常检测的模型如图 8-8 所示。

目前基于异常检测的入侵检测方法主要有以下几种：

（1）统计学方法。

统计方法是一种较成熟的入侵检测方法，通过一段时间内收集的合法用户行为的相关数据来定义正常的或者期待的行为，然后对观测的数据进行统计测试来确定行为的合法性。

图 8-8　异常检测的模型

该方法由于以成熟的概率统计理论作为基础,所以在应用上很容易被采用。但是它也存在着明显的不足。统计方法需要分析大量的审计数据,当入侵行为对审计记录的影响非常小时,即使该行为具有明显的特征,也不能被检测出来。检测的阈值难以确定,阈值过低则虚警率就会提高,这样会影响系统的正常工作;阈值过高则漏警率就会升高,不能有效检测到入侵行为,这样对系统的入侵行为就不能适时制止。

(2) 神经网络法。

神经网络是发展比较成熟的理论,而且在很多领域都得到了广泛应用。这种方法对用户行为具有学习和自适应功能,能够根据实际检测到的信息有效地加以处理,并做出入侵可能性的判断。因此,在基于神经网络的入侵检测系统中,只要提供系统的审计数据,它就可以通过自学习从中提取正常的用户或系统活动的特征模式,而不必对大量的数据进行存取。利用神经网络所具有的识别分类和归纳能力,可以使入侵检测系统适应用户行为特征的可变性。从模式识别的角度来看,入侵检测系统可以使用神经网络来提取用户行为的模式特征,并以此创建用户的行为特征轮廓。总之,把神经网络引入入侵检测系统,能很好地解决用户行为的动态特征以及搜索数据的不完整性、不确定性所造成的难以精确检测的问题。神经网络适用于不精确模型,但其描述的精确度很重要,否则会引起大量的误报。

(3) 数据挖掘法。

基于数据挖掘的入侵检测系统的基本构成包括数据收集、数据清理、数据选择和转换、发现模块以及结果显示。由于入侵检测的本质特点是分类,这样数据挖掘的技术优势在入侵检测领域也得到了充分的发挥。可用于入侵检测领域的算法有关联规则、序列模式发现、粗糙集、聚类等。但是数据挖掘在入侵检测中的应用还不是很成熟,还需要进一步研究。

(4) 免疫学。

由于免疫系统的独特性能,使得采用免疫学方法的入侵检测系统同样拥有很多优势,主要表现在多样性、容错性、分布性、动态性、自管理性和自适应性等方面。采用免疫学的入侵检测系统其检测的虚警率会很低,但会有漏警现象发生。由于这种技术在实现上存在一定的难度,所以目前仍处在理论研究阶段,离真正的实用阶段还有相当大的距离。

2）误用检测

误用检测又称为特征检测，建立在对过去各种已知网络入侵方法和系统缺陷知识的积累之上。入侵检测系统中存储着一系列已知的入侵行为描述，当某个系统的调用与一个已知的入侵行为相匹配时，则认为是入侵行为。

误用检测直接对入侵行为进行特征化描述，其主要优点有：依据具体特征库进行判断，检测过程简单，检测效率高，针对已知入侵的检测精度高，可以依据检测到的不同攻击类型采取不同的措施。缺点有：对具体系统依赖性太强，可移植性较差，维护工作量大，同时无法检测到未知的攻击。

误用检测的模型如图 8-9 所示。

图 8-9　误用检测的模型

常用的误用检测方法包括以下几种：

（1）专家系统。

用专家系统对入侵进行检测，经常是针对有特征的入侵行为，是基于一套由专家经验事先定义规则的推理系统。所谓的规则即是知识，专家系统的建立依赖于知识库的完备性，知识库的完备性又取决于审计记录的完备性与实时性。

由于专家系统的建立依赖于知识库，建立一个完善的知识库是很困难的，这是专家系统当前所面临的一大不足。另外，由于各种操作系统的审计机制也存在差异，针对不同操作系统的入侵检测专家系统之间的移植性问题也十分突出。系统的处理速度问题也使得基于专家系统的入侵检测只能作为一种研究原形，要实现商业化则需要采用更有效的处理方法。

（2）模式匹配。

模式匹配检查对照一系列已有的攻击，比较用户活动，将收集到的信息与已知的网络入侵和系统特征库进行比较，从而发现违背安全策略的入侵行为。目前，模式匹配已经成为入侵检测领域中使用最广泛的检测手段和机制之一，这种想法的先进之处在于定义已知的问题模式，然后观察能与模式匹配的事件数据。独立的模式可以由独立事件、事件序列、事件临界值或者允许与、或操作的通用规则表达式组成。

（3）状态迁移分析。

状态迁移分析方法以入侵行为的共性为前提,要求所有的入侵行为必须有这样的共性:第一,攻击者拥有对目标系统的某些最低限度的必要访问权限;第二,所有的入侵行为将导致某些先前没有的功能的实现。总之要有实际的系统状态发生。

在这种方法中,入侵者的行为可以用状态迁移图表示。在状态迁移分析中,入侵被看作是由一些初始行为向目标有害行为迁移的行为序列,状态迁移分析表确定需求和渗透的危害,同时也列出了成功完成一个入侵必然发生的关键行为。

3. 基于工作方式的分类

入侵检测根据工作方式可分为离线检测和在线检测。

离线检测系统是非实时工作的系统,它在事后分析审计事件,从中检查入侵活动。事后入侵检测由网络管理人员进行,他们具有网络安全的专业知识,根据计算机系统对用户操作所做的历史审计记录判断是否存在入侵行为,如果有,就断开连接,并记录入侵证据和进行数据恢复。事后入侵检测是管理员定期或不定期进行的,不具有实时性。

在线检测系统是实时联机的检测系统,它包含对实时网络数据包分析和实时主机审计分析。实时入侵检测在网络连接过程中进行,系统根据用户的历史行为模型、存储在计算机中的专家知识以及神经网络模型等对用户当前的操作进行判断,一旦发现入侵迹象,立即断开入侵者与主机的连接,并收集证据和实施数据恢复。这个检测过程是不断循环进行的。

8.3.3　分布式入侵检测

最初的 IDS 采用的是集中式的检测方法,由中央控制台集中处理采集到的数据信息,分析判断网络安全状况。基于主机的和基于网络的 IDS 都是集中式入侵检测系统。其弱点是检测中心被攻击会造成全局的破坏或瘫痪。为应对复杂多变的大型分布式网络,分布式入侵检测系统(Distributed IDS,DIDS)应运而生,它采用多个代理在网络各部分分别进行入侵检测,各检测单元协作完成检测任务,并还能在更高层次上进行结构扩展,以适应网络规模的扩大。通过各个模块的共同合作,可获得更有效地防卫。

分布式入侵检测系统的各个模块分布在网络中不同的计算机、设备上。一般来说,分布性主要体现在数据收集模块上,如果网络环境比较复杂,数据量比较大,那么数据分析模块也会分布在网络的不同计算机设备上,通常是按照层次性的原则进行组织。分布式入侵检测系统根据各组件间的关系还可细分为层次式 DIDS 和协作式 DIDS。

在层次式 DIDS 中,定义了若干个分等级的监测区域,每一个区域有一个专门负责分析数据的 IDS,每一级 IDS 只负责所监测区域的数据分析,然后将结果传送给上一级 IDS。层次式 DIDS 通过分层分析很好地解决了集中式 IDS 的不可扩展的问题,但同时也存在下列问题:当网络的拓扑结构改变时,区域分析结果的汇总机制也需要做相应的调整;一旦位于最高层的 IDS 受到攻击后,其他那些从网络多路发起的协同攻击就容易逃过检测,造成漏检。

协作式 DIDS 将中央检测服务器的任务分配给若干个互相合作的基于主机的 IDS,这些 IDS 不分等级,各司其职,负责监控本地主机的某些活动,所有的 IDS 并发执行并相互协作。协作式 IDS 的特点就在于它的各个节点都是平等的,一个局部 IDS 的失效不会导致整个系统的瘫痪,也不会导致协同攻击检测的失败。因而,系统的可扩展性、安全性都得到了显著的提高。但同时它的维护成本却很高,并且增加了所监控主机的工作负荷,如通信机制、审计开销、踪迹分析等。而且主机之间的通信、审计以及审计数据分析机制的优劣直接影响了协作式入侵检测系统的效率。

典型的分布式入侵检测系统结构如图 8-10 所示。

图 8-10　分布式入侵检测系统的典型结构

该分布式入侵检测系统主要有 3 个部分:

- 主机代理模块。审计收集模块作为后台进程运行在监测系统上。它的作用是收集有关主机安全事件的数据,并将这些数据传至中心管理员模块。
- 局域网监视模块。其运作方式与主机代理模块相同。但它还分析局域网的流量,将结果报告给中心管理员模块。
- 中心管理员模块。接收局域网监视模块和主机代理模块送来的报告,分析报告,并对其进行综合处理以判断是否存在入侵。

8.3.4　入侵检测技术发展趋势

入侵检测系统目前主要存在以下几个问题:

(1) 高速网络下的误报和漏报。基于网络的入侵检测系统是通过截获网络上的数据包来进行分析和匹配,从而判断是否存在攻击行为的。匹配过程需要占用大量的时间和系统资源,如果检测测速度落后于网络的传输速度,就会导致入侵检测系统漏掉其中部分数据包,从而导致漏报。

(2) 入侵检测产品和其他网络安全产品结合的问题。在大型的网络中,入侵检测系统如何与其他网络安全产品之间交换信息,共同协作来发现并阻止攻击,关系到整个系统的安全问题。目前的入侵检测系统尚不具备这方面的能力。

(3) 入侵检测系统的功能相对单一。随着攻击手段的不断增加,入侵行为逐渐复杂化,而目前的大多数入侵检测系统只能对某一类型的攻击做出反应。比如,基于网络的入侵检测系统无法检测出本地的攻击,而基于主机的入侵检测系统同样无法检测出网络的攻击。

(4) 入侵检测系统本身存在的问题。基于网络的入侵检测系统对加密的数据流以及交换网络下的数据流不能进行检测。另外,入侵检测系统缺少自我保护机制,本身的组件容易受到攻击。

今后,入侵检测将主要向分布式、智能化、高检测速度、高准确度、高安全性的方向发展,入侵检测的研究重点会包括以下几个:

(1) 分布式入侵检测。主要面向大型网络和异构系统,它采用分布式结构,可以对多种信息进行协同处理和分析,与单一架构的入侵检测系统相比具有更强的检测能力。

(2) 智能入侵检测。在现阶段主要包括机器学习、神经网络、数据挖掘等方法。国内外已经开展了各种智能技术(方法)在入侵检测中的应用研究,研究的主要目的是降低检测系统的误报和漏报概率,提高系统的自学习能力和实时性。从目前的一些研究成果看,基于智能技术的入侵检测方法具有许多传统检测方法所没有的优点,有良好的发展潜力。

(3) 高效的模式匹配算法。对目前广泛应用的基于误用检测方法的入侵检测系统,模式匹配算法在很大程度上影响着系统的检测速度。随着入侵方式的多样化和复杂化,检测系统存储的入侵模式越来越多,对入侵模式定义的复杂程度也越来越高,因而迫切需要研究和应用高效的模式匹配算法。

(4) 基于协议分析的入侵检测。对网络型入侵检测系统而言,如果其检测速度跟不上网络数据的传输速度,检测系统就会漏掉其中的部分数据包,从而导致漏报而影响系统的准确性和有效性。大部分现有的网络型入侵检测系统只有几十兆位每秒的检测速度,而百兆甚至千兆网络的大量应用对系统的检测速度提出了更高的要求。基于协议分析的入侵检测所需的计算量相对较少,可以利用网络协议的高度规则性快速探测攻击的存在,即使在高负载的网络上也不容易产生丢包现象。

(5) 与操作系统的结合。目前,入侵检测系统的普遍缺陷是与操作系统结合不紧密,这会导致很多不便。例如,很难确定黑客攻击系统到了什么程度,不知道黑客拥有了系统哪个级别的权限,黑客是否控制了一个系统等。与操作系统的紧密结合可以提升入侵检测系统对攻击,特别是比较隐蔽的、新出现的攻击的检测能力。

(6) 入侵检测系统之间以及入侵检测系统和其他安全组件之间的互动性研究。在大型网络中,网络的不同部分可能使用了多种入侵检测系统,甚至还有防火墙、漏洞扫描等其他类别的安全设备,这些入侵检测系统之间以及 IDS 和其他安全组件之间的互动,有利于共同协作,减少误报,并更有效地发现攻击,做出响应,阻止攻击。

(7) 入侵检测系统自身安全性的研究。入侵检测系统是一种安全产品,自身的安全极为重要。因此,越来越多的入侵检测产品采用强身份认证、黑洞式接入、限制用户权限等方法,免除自身安全问题。

（8）入侵检测系统的标准化。到目前为止，尚没有一个关于入侵检测系统的正式国际标准出现，这种情况不利于入侵检测系统的应用与发展。国际上有一些组织正在做这方面的研究工作。入侵检测系统的标准化工作应该主要包括大型分布式入侵检测系统的体系结构、入侵特征的描述（数据格式）、入侵检测系统内部的通信协议和数据交换协议、各个组件间的互动协议和接口标准等。

8.4　计算机紧急响应

8.4.1　紧急响应

互联网是一个高速发展、自成一体且结构复杂的组织，很难进行统一管理，因此网络安全工作的管理也很困难。随着网络用户的不断增多、安全缺陷的不断发现和广大用户对网络的日益依赖，只从"防护"方面考虑网络安全问题已无法满足要求。这就需要一种服务，能够在安全事件发生时进行紧急援助，避免造成更大的损失。这种服务就是紧急响应。

在现实网络应用中，紧急响应环节往往没有得到真正的重视。用户总是觉得已经投入了很多资金购置了全套的网络设置，不能理解为什么还要不断地支出一笔似乎看不到回报的费用。可是现实越来越证明，缺少了高质量的紧急响应，攻击者总是可以想办法进入系统，网络就存在安全风险。

1989 年，在美国国防部的资助下，卡内基·梅隆大学软件工程研究中心成立了世界上第一个计算机紧急响应小组协调中心（Computer Emergency Response Team / Coordination Center，CERT / CC）。十余年来，CERT 在反击大规模的网络入侵方面起到了重要作用。CERT 的成功经验为许多国家所借鉴。许多国家和一些网络运营商以及一些大企事业单位都相继成立了相应的计算机紧急响应小组。我国的计算机紧急响应小组简称 CNCERT，不同机构也有相应的计算机紧急响应小组，如上海交通大学的计算机紧急响应小组叫 SJTUCERT。国际上众多的计算机紧急响应小组（CERT）组织了一个紧密合作的国际性组织——事件响应与安全组织论坛（FIRST）。各小组通过 FIRST 论坛共享信息，互通有无，成为打击计算机网络犯罪的一个联盟。

紧急响应可分为以下几个阶段的工作：

（1）准备阶段。在事件真正发生之前应该为事件响应做好准备，这一阶段十分重要。准备阶段的主要工作包括建立合理的防御和控制措施，建立适当的策略和程序，获得必要的资源和组建响应队伍。

（2）检测阶段。在此阶段要做出初步的动作和响应。根据获得的初步材料和分析结果，估计事件的范围，制定进一步的响应战略，并且保留可能用于司法程序的证据。

（3）抑制阶段。抑制的目的是限制攻击的范围。抑制措施十分重要，因为太多的安全事件可能迅速失控，典型的例子就是具有蠕虫特性的恶意代码的传播。可能的抑制策略一般包括：关闭所有的系统，从网络上断开相关系统，修改防火墙和路由器的过滤规则，封锁或删除被攻破的登录账号，提高系统或网络行为的监控级别，设置陷阱，关闭服务,反击攻击者的系统等。

(4) 根除阶段。在事件被抑制之后,通过对有关恶意代码或行为的分析结果,找出事件根源并彻底清除。对于单机上的事件,主要可以根据各种操作系统平台的具体检查和根除程序进行操作;但是大规模爆发的恶意程序几乎都带有蠕虫性质,要根除各个主机上的这些恶意代码是一个十分艰巨的任务。很多案例的数据表明,众多的用户并没有真正关注他们的主机是否已经遭受入侵,有的甚至持续一年多,任由感染蠕虫的主机在网络中不断地搜索和攻击别的目标。造成这种现象的重要原因是各个网络之间缺乏有效的协调,或者是在一些商业网络中,网络管理员对接入到网络中的子网和用户没有足够的管理权限。

(5) 恢复阶段。该阶段的目标是把所有被攻击的系统和网络设备彻底恢复到正常的任务状态。恢复工作应该十分小心,避免出现误操作而导致数据的丢失。另外,恢复工作中如果涉及机密数据,需要遵照机密系统的特殊恢复要求进行。对不同任务恢复工作的承担单位要有不同的担保。如果攻击者获得了超级用户的访问权,一次完整的恢复后应该强制性地修改所有的口令。

(6) 报告和总结阶段。这是最后一个阶段,却是绝对不能忽略的重要阶段。这个阶段的目标是回顾并整理发生事件的各种相关信息,尽可能地把所有情况记录到文档中。这些记录的内容不仅对有关部门的其他处理工作具有重要意义,而且对将来应急工作的开展也是非常重要的积累。

8.4.2　蜜罐技术

应急处理的常用技术和前沿技术有蜜罐技术、漏洞再现及状态模拟应答技术、沙盒技术、状态追踪技术、应用层协议分析技术等。在这里简单介绍蜜罐技术。

1. 蜜罐技术概述

蜜罐(honeypot)系统是试图将攻击从关键系统引诱开并能记录其一举一动的诱骗系统。蜜罐系统充满了看来很有诱惑力的信息,但是这些信息实际上是一个"陷阱"。当检测到对蜜罐系统的访问时,很可能就有攻击者闯入。蜜罐系统的另一个目的是诱惑攻击者在该系统上浪费时间,以延缓其对真正目标的攻击。

蜜罐的功能如下:

* 使攻击重要系统的攻击者转移方向。
* 收集攻击者活动的信息。
* 希望攻击者在系统中逗留足够的时间,使管理员能对此攻击做出响应。

利用蜜罐技术构建一个蜜罐系统,主要就是要观察入侵者,收集信息。蜜罐系统的精髓就是它的监视功能。利用蜜罐系统能从尽可能多的来源收集尽量多的信息,虽然收集到的许多数据可能毫无用处,但监视系统任一部分崩溃或是安全受到威胁,都不应该导致蜜罐系统丧失功能。因此,一方面,可以使用分布在网络中的正常系统和资源构建蜜罐系统,利用闲置的服务端口来充当欺骗;另一方面,利用计算机系统的多宿主能力,使只有一块以太网卡的计算机具有多个 IP 地址,而且每个 IP 地址还具有它们自己的 MAC 地址。这项技术可用于建立填充一大段地址空间的欺骗,使入侵者很难区分哪些服务是真,哪些服务是假,浪费入侵者的入侵时间,消耗入侵者的资源,从而可以更好地观察入侵的行为和方式。通过网络流量仿真、网络动态配置、多重地址转换和组织信息欺骗等来增强网络欺骗,这些技术的应用和研究是蜜罐技术不断发展的主要方向。

当入侵者进入一个蜜罐系统时,他的目的无非是获得系统信息或利用系统资源入侵别的系统。这时一方面可通过模仿网络流量(如采用实时方式或重现方式复制真正的网络流量并限制外发的数据包)来限制入侵者利用系统资源入侵别的系统;另一方面,可通过网络动态配置(如模仿实际网络工作时间、人员的登录状况等)、多重地址转换(如动态设定 IP 地址或将欺骗服务绑定在与提供真实服务主机相同类型和配置的主机上)和组织信息欺骗(如构建 DNS 的虚拟管理系统、NFS 的虚拟服务系统)等,使入侵者获得的系统信息实际上是设计者提供的欺骗信息。

2. 蜜罐技术的实现

蜜罐系统是一个诱骗系统,引诱黑客前来攻击。同时蜜罐系统也是一个情报收集系统。因此,当攻击者入侵后,蜜罐系统就可以知道他是如何得逞的,随时了解针对网络系统服务器发动的最新攻击和漏洞。蜜罐系统还可以窃听黑客之间的联系,收集黑客所用的各种工具,并且掌握他们的社交网络。

设置蜜罐系统并不难,只要在 Internet 上有一台计算机运行没有打上补丁的微软 Windows 系统或者 Red Hat Linux 系统即可。因为黑客可能会设陷阱,以获取计算机的日志和审查功能。在计算机和 Internet 连接部位安置一套蜜罐系统,这样就可悄悄记录进出计算机的所有流量,然后静静地等待攻击者自投罗网。

蜜罐系统的监控者只要记录下进出系统的每个数据包,就能够对黑客的所作所为一清二楚。蜜罐系统本身的日志文件也是很好的数据来源,但这些日志文件很容易被攻击者删除。所以通常的办法是让蜜罐系统向同一网络中防御机制更完善的远程系统日志服务器发送日志备份。

3. 蜜罐技术的优势

蜜罐技术的优点之一是可大大减少所要分析的数据。在通常的网站或邮件服务器上,攻击流量常会被合法流量所淹没,而进出蜜罐系统的数据大部分是被"过滤"出的攻击流量,因而,浏览数据、查明攻击者的实际行为也就容易多了。

蜜罐系统主要是一种研究工具,但同样有着实际的商业应用价值。把蜜罐系统设置在与网络系统的 Web 服务器或邮件服务器相邻的 IP 地址上,就可以了解它所受到的攻击。

蜜罐技术是现阶段诱骗技术的主要应用。一个蜜罐就是一个用来观测入侵者如何探测并最终入侵系统的系统,这意味着它包含一些并不威胁网络系统的机密数据或应用程序,同时对于入侵者来说又具有很大的诱惑力。网络上的一台计算机表面看来像一台普通的主机,但对它进行一些特殊配置就可引诱潜在的黑客并捕获他们的踪迹。蜜罐并不是用来抓获入侵者的,而是只想知道入侵者在并不知道自己被观测的情况下如何工作。入侵者呆在蜜罐里的时间越长,他们的行为就暴露得越多。而蜜罐收集到的这些信息可以被用来评估入侵者的技术水平,了解他们使用的攻击工具。通过了解他们使用的工具和思路,可以更好地保护我们的系统和网络。而且利用蜜罐系统收集的信息对那些从事网络安全威胁趋势分析的人来说也是有价值的。

　　蜜罐技术充分体现了网络入侵检测系统的防御功能,尤其对于收集入侵者的威胁信息或收集证据以采取法律措施的工作来说至关重要。

思　考　题

　　1．什么是网络攻击？常见的攻击手段有哪些？

　　2．简述网络攻击的过程。

　　3．在整个 DDoS 攻击过程中都有哪些角色？分别完成什么功能？

　　4．简述僵尸网络的工作原理。

　　5．什么是入侵检测？入侵检测的典型过程是什么？

　　6．入侵检测和防火墙的主要区别是什么？二者是什么关系？

　　7．IDS 的基本功能有哪些？典型的 IDS 包括哪些实体？

　　8．简述异常检测和误用检测的基本原理。

　　9．什么是蜜罐？蜜罐的主要功能是什么？

第 9 章

虚拟专用网

随着全球信息化建设的快速发展，人们对网络基础设施的功能和可延伸性提出了新的要求。比如，一些出差在外的员工需要远程接入单位内部网络进行移动办公；某些组织处于不同城市的各分支机构之间需要进行远距离的互联；企业与商业伙伴的网络之间需要建立安全的连接，等等。对于移动办公用户来说，早期一般采用拨号方式接入到内部网络，通信费用相对较高，而且通信的安全得不到保证；对于分支机构互联以及和商业伙伴的安全连接，早期只能直接铺设网络线路或租用运营商的专线，不但成本高，而且实现困难。

虚拟专用网（Virtual Private Network，VPN）技术可以在公共网络（最典型的如Internet）中为用户建立专用的通道，帮助远程用户、公司分支机构、商业伙伴同公司的内部网建立可信的安全连接，并保证数据的安全传输。通过将数据流转移到低成本的公众网络上，一个企业的虚拟专用网解决方案将大幅度地减少在网络基础设施上的投入。另外，虚拟专用网解决方案可以使企业将精力集中到自己的业务上而不是网络上。

本章将介绍 VPN 的原理和技术。

9.1 VPN 概述

VPN 不是一种独立的组网技术，而是一组通信协议，目的是利用 Internet 或其他公共互联网络的基础设施为用户创建隧道以仿真专有的广域网，并提供与专用网络一样的安全和功能保障，供隧道的两个端节点之间安全地传输信息。

9.1.1 VPN 的概念

VPN 是利用 Internet 等公共网络的基础设施，通过隧道技术，为用户提供一条与专用网络具有相同通信功能的安全数据通道，实现不同网络之间及用户与网络之间的相互连接。IETF 草案将基于 IP 网络的 VPN 的定义为使用 IP 机制仿真出一个私有的广域网。

从定义来看，VPN 具有以下特点：

- 虚拟。用户不需要建立专用的物理线路，而是利用 Internet 等公共网络的基础设施建立一个临时或长期的、安全的连接，本质上是一条穿过公用网络的安全、稳定的隧道，并实现与专用数据通道相同的通信功能。
- 专用。VPN 并不是任何连接在公共网络上的用户都能够使用的，而是只有经过授权的用户才可以使用。同时，该通道内传输的数据一般会进行加密、鉴别等处理，从而保证了传输内容的完整性和机密性，确保 VPN 内部信息不受外部侵扰。

- 网络。VPN 是通过隧道技术仿真出来的一个私有广域网络。对 VPN 的用户而言，使用 VPN 与使用传统的专用网络没有区别。

为了确保传输数据的安全，VPN 在实现中提供了以下几个特性：

（1）隧道机制。可以利用协议的封装，配合其他特性的使用，加大对数据保护的强度，同时还可以屏蔽公用网络的一些影响。比如，IPSec 和 NAT 配合使用，在隧道两端的用户看来，可以完全忽视公用网络的存在，做到真正的"无缝连接"，可以大幅度地提高组网的灵活性。

（2）加密保护。通过对数据的加密，可以避免 VPN 数据传输过程中被第三方偷窥，而且可以根据数据的重要性选择不同强度的加密算法，这样可以更加有效地提高网络资源的利用率。

（3）完整性保护。通过使用完整性保护算法，可以避免数据传输过程中被第三方截获并非法篡改。和加密一样，可以根据数据的重要性选择不同的完整性保护算法。

（4）用户身份认证。在允许合法用户访问所需数据的同时，还必须禁止非法用户即未授权用户的访问。通过用户身份认证和 VPN 协议自身的认证方法，可以有效地实现这一目的。

（5）防止恶意攻击。在 VPN 在路由器的实现中，可以利用不同的功能防止一定的恶意攻击，如可以用访问列表来过滤报文，IPSec 可以用来抵御 replay 型的攻击，等等。

和传统的数据专网相比，VPN 具有如下优势：

- 在远端用户或驻外机构与公司总部之间、不同分支机构之间、合作伙伴与公司网络之间建立可靠、安全的连接，保证数据传输的安全性。这对于实现电子商务或金融网络与通信网络的融合特别重要。
- 利用公共网络进行信息通信，一方面使企业以更低的成本连接远地办事机构、出差人员和业务伙伴，另一方面可以提高网络资源利用率，有助于增加 ISP 的收益。
- 通过软件配置就可以增加、删除 VPN 用户，无须改动硬件设施。在应用上具有很大的灵活性。
- 支持驻外 VPN 用户在任何时间、任何地点的移动接入，能够满足不断增长的移动业务需求。
- 构建具有服务质量保证的 VPN（如 MPLS VPN），可为 VPN 用户提供不同等级的服务质量保证。

从实现方法来看，VPN 是指依靠 ISP（Internet Service Provider，Internet 服务提供商）和 NSP（Network Service Provider，网络服务提供商）的网络基础设施，在公共网络中建立专用的数据通信通道。在 VPN 中，任意两个节点之间的连接并没有传统的专用网络所需的端到端的物理链路。只是在两个专用网络之间或移动用户与专用网络之间，利用 ISP 和 NSP 提供的网络服务，通过专用 VPN 设备和软件，根据需要构建永久的或临时的专用通道。

VPN 技术发展大体上经历了 4 代：

第一代,传统的 VPN,以 FR/ATM 技术为主,实现对物理链路的复用,以虚电路方式建立虚拟连接通道,安全性基于链路的虚拟隔离,因 IP 网络的迅速发展逐渐失去优势。

第二代,早期的 VPN,基于 PPTP/L2TP 隧道协议,适合拨号方式的远程访问,加密及认证方式较弱,虚连接及数据安全性均不高,无法适应大规模 IP 网络发展的应用需求,已逐渐淡出市场。

第三代,主流的 VPN,以 IPSec/MPLS 技术为主,兼顾 IP 网络安全与分组交换性能,基本能满足当前各种应用需求。

第四代,迅速发展的 VPN,以 SSL/TLS 技术为主,通过应用层加密与认证实现高效、简单、灵活的 VPN 的安全传输功能,但安全性未能证明强于 IPSec VPN,且支持的应用不如 IPSec VPN 全面。

9.1.2　VPN 的基本类型

根据业务用途的不同,VPN 主要分为 3 种:内联网 VPN(Intranet VPN)、外联网 VPN(Extranet VPN)和远程接入 VPN(Access VPN)。

1. 内联网 VPN

越来越多的企业需要在全国乃至世界范围内建立各种办事机构、分公司、研究所等各个分支机构,传统上,连接各分支机构的方式一般是租用专线。显然,此方案的网络结构比较复杂,并且费用昂贵。

内联网 VPN 通过一个公共的网络基础设施连接企业总部、远程办事处和分公司等分支机构,企业拥有与专用网络的相同政策,包括安全服务质量(QoS)、可管理性和可靠性等。内联网 VPN 利用 Internet 的线路保证网络的互联性,而利用隧道、加密等技术保证信息在整个内联网 VPN 上的安全传输。

内联网 VPN 是一种最常使用的 VPN 连接方式,它将位于不同地理位置的两个或多个内部网络通过公共网络(主要为 Internet)连接起来,形成一个逻辑上的局域网。位于不同物理网络中的用户在通信时就像在同一局域网中一样,如图 9-1 所示。

图 9-1　内联网 VPN 结构

在使用了内联网 VPN 后,可以很方便地实现两个局域网之间的互联,其条件是分别在每一个局域网中设置一台 VPN 网关,同时每一个 VPN 网关都需要分配一个公用 IP 地址,以实现 VPN 网关的远程连接。而局域网中的所有主机都可以使用私有 IP 地址进行通信。

目前,许多具有多个分支机构的组织在进行局域网之间的互联时采用内联网 VPN

这种方式。

2. 外联网 VPN

随着信息技术的发展,企业越来越重视各种信息的处理。同时,不同企业之间的合作关系也越来越多,信息交换日益频繁。Internet 为这样的一种发展趋势提供了良好的基础,而如何利用 Internet 进行有效的信息交换与管理是企业发展中不可避免的一个关键问题。在企业与合作伙伴的这种联系过程中,企业需要根据不同的用户身份(如供应商、销售商等)进行授权访问,建立相应的身份认证机制和访问控制机制。

利用 VPN 技术可以组建安全的外联网 VPN,既可以向合作伙伴提供有效的信息服务,又可以保证自身的内部网络的安全。外联网 VPN 利用 VPN 将企业网延伸至供应商、合作伙伴与客户处,在不同企业间通过公共网络基础设施构筑 VPN,使部分资源能够在不同 VPN 用户间共享。

外联网 VPN 典型的结构如图 9-2 所示。与内联网 VPN 相似,外联网 VPN 也是一种网关对网关的结构。在内联网 VPN 中位于 LAN 1 和 LAN2 中的主机是平等的,可以实现彼此之间的通信。但在外联网 VPN 中,位于不同内部网络(LAN1、LAN2 和 LAN3)的主机在功能上是不平等的。

图 9-2　外联网 VPN 结构

外联网 VPN 其实是对内联网 VPN 在应用功能上的延伸,在内联网 VPN 的基础上增加了身份认证、访问控制等安全机制。

3. 远程接入 VPN

远程接入 VPN 也称为移动 VPN,为移动到外部网络的用户提供一种安全访问单位内部网络的方法,使用户随时随地以其所需的方式访问单位内部网络资源。远程接入 VPN 的主要应用场景是单位内部人员在外部网络访问单位内部网络资源,或家庭办公的用户远程接入单位内部网络。

远程接入 VPN 的结构如图 9-3 所示。

在远程接入 VPN 技术出现之前,如果用户要通过 Internet 连接到单位内部网络,需要在单位内部网络中部署一台远程访问服务器(Remote Access Server,RAS),用户通过拨号方式连接到该 RAS,再根据相应权限来访问内部网络中的相应资源。远程拨号方式

图 9-3　外联网 VPN 结构

需要 RAS 的支持,而且用户与 RAS 之间的通信是以明文方式进行的,缺乏安全性。另外,远程的拨号用户可能需要支付不菲的长途电话通信费。

远程接入 VPN 技术出现以后,需要访问单位内部网络的远程用户只需通过当地的 ISP 接入到 Internet 就可以和公司的 VPN 网关建立私有的隧道连接,并访问单位内部的资源。而且,可以对远程用户进行验证和授权,并对传输的信息加密,来保证连接的安全。与传统的远程拨号方式相比,远程连接 VPN 方式实现容易,使用费用较低,而安全性更高。远程接入 VPN 最适用于公司内部经常有流动人员远程办公的情况。

目前,远程接入 VPN 方式的使用非常广泛。例如,现在许多高校都建立了内部的数字资源数据库,如中国期刊全文数据库、电子图书馆和学位论文数据库等。考虑到安全和版权等问题,对这些数据库的访问一般都会进行限制,只允许用户在校园网中访问这些数字资源。为了方便本单位用户在外部网络中能够访问单位内部的网络资源,许多高校都部署了远程接入 VPN 系统。

9.1.3　VPN 的实现技术

为了在 Internet 等公共网络基础设施上高效、安全地实现数据传输,VPN 综合利用了隧道技术、加密技术、密钥管理技术和身份认证技术。

1. 隧道技术

隧道(tunneling)技术是 VPN 的核心技术,VPN 所有现有的实现都依赖于隧道。隧道主要是利用协议的封装来实现的,即用一种网络协议来封装另外一种网络协议的报文。简单地说,在隧道的一端把第二种协议报文封装在第一种协议报文中,然后按照第一种协议,通过已建立的虚拟通道(隧道)进行传输。报文到达隧道另一端时,再进行解封装的操作,从第一种协议报文中解析出第二种协议报文,将得到的原始数据交给对端设备。这就是一个基本的隧道技术的实现过程。

在进行数据封装时,根据封装协议(隧道协议)在 OSI/RM 中位置的不同,可以分为第二层隧道技术和第三层隧道技术两种类型。其中,第二层隧道技术是在数据链路层使用隧道协议对数据进行封装,再把封装后的数据通过数据链路层的协议进行传输。第三层隧道技术是在网络层进行数据封装,即利用网络层的隧道协议对数据进行封装,封装后的数据再通过网络层协议(如 IP)进行传输。

当前广为使用的隧道协议如表 9-1 所示。

表 9-1　常用的隧道协议

协议名称	RFC 编号	封装化	协议号码	L2/L3	加密与否	LAN 间连接型 VPN	远程访问型 VPN
L2F	2341	L2F	UDP(17)	第 2 层	否	×	○
PPTP	草案	DRE	GRE(47)	第 2 层	否	○	○
L2TP	草案	L2TP	UDP(17)	第 2 层	否	○	○
ATMP	2107	GRE	GRE(47)	第 3 层	否	×	○
BayDVS	无	GRE	GRE(47)	第 3 层	否	×	○
GRE	1701	GRE	GRE(47)	第 3 层	否	○	
IPSec ESP	2406	ESP	ESP(50)	第 3 层	是	○	○
IPSec AH	2402	AH	AH(51)	第 3 层	否	○	○

其中，二层隧道协议主要有以下几种：

- L2F(Layer 2 Forwarding)，主要在 RFC 2341 文档中进行了定义。
- PPTP(Point-to-Point Tunneling Protocol)，主要在 RFC 2637 文档中进行了定义。
- L2TP(Layer 2 Tunneling Protocol)，主要在 RFC 2661 文档中进行了定义。

在数据链路层上实现 VPN 有一定的优点。假定两个主机或路由器之间存在一条专用通信链路，而且为避免有人"窥视"，所有通信都需加密，这时可用硬件设备来进行数据加密。这样做最大的好处在于速度快。

然而，在数据链路层上实现 VPN 也会有一定的缺点。该方案不易扩展，而且仅在专用链路上才能很好地工作。另外，进行通信的两个实体必须在物理上连接到一起。这也给在链路层上实现 VPN 带来了一定的难度。

PPTP、L2F 和 L2TP 这 3 种协议都是运行在链路层中的，通常是基于 PPP 协议的，并且主要面向拨号用户，由此导致了这 3 种协议应用的局限性。

三层隧道协议主要有以下几种：

- IPSec(IP Security)，主要在 RFC 2401 文档中进行了定义。
- GRE(Generic Routing Encapsulation)，主要在 RFC 2784 文档中进行了定义。

当前在 Internet 及其他网络中，绝大部分数据是通过 IP 协议来传输的，逐渐形成了一种 everything on IP 的观点，使基于 IPSec 的 VPN 技术近年来在网络安全领域迅速发展并得到了广泛的应用。

2. 加密技术

加密对 VPN 来说是非常重要的技术。通过建立在公用网络基础设施上的 VPN 传输电子商务等应用的重要数据时，应当利用加密技术对数据进行保护，以确保网络上其他非授权的实体无法读取该信息。这样，即使攻击者从网上窃取了数据，也不能破译其内容。因此，VPN 的用户可以放心地利用 VPN 进行信息的传递。

目前，在网络通信领域中常用的信息加密体制主要包括对称加密体制和非对称加密体制两类。实际应用中通常是融合二者的混合加密技术,非对称(公开密钥)加密技术多用于认证、数字签名以及安全传输会话密钥等场合,对称加密技术则用于大量传输数据的加密和完整性保护。

在 VPN 解决方案中最普遍使用的对称加密算法主要有 DES、3DES、AES、RC4、RC5和 IDEA 等算法,普遍使用的非对称加密算法主要有 RSA、Diffie-Hellman 和椭圆曲线加密等。

需要指出的是,在 VPN 中加密并非是必要的技术。实际上,也可提供非加密型的VPN。当 VPN 封闭在特定的 ISP 内并且该 ISP 能够保证 VPN 路由及安全性时,攻击者不大可能窃取数据,因此可以不采用加密技术。

3. 密钥管理技术

因为 VPN 要应用加密和解密技术,因此密钥管理也就成为必要,它的主要任务是如何在开放网络环境中安全地传递密钥而不被窃取。现行密钥管理技术分为 SKIP 和ISAKMP/OAKLEY 两种。SKIP 主要利用 Diffie-Hellman 算法在开放网络上安全传输密钥;而 ISAKMP 则采用公开密钥机制,通信实体双方均拥有两把密钥,分别为公钥、私钥。不同的 VPN 实现技术选用其一或者兼而有之。

4. 身份认证技术

VPN 采用了身份认证技术鉴别用户身份的真伪。而且,因为认证协议一般都要采用基于散列函数的消息摘要技术,因而还可以提供消息完整性验证。从实现技术来看,目前VPN 采用的身份认证技术主要分为非 PKI 体系和 PKI 体系两类。

非 PKI 体系一般采用"用户 ID+密码"的模式,主要包括如下几种:

(1) PAP(Password Authentication Protocol,密码认证协议)。是最简单的一种身份验证协议。当使用 PAP 时,用户账号名称和对应的密码都以明文形式进行传输。在线路上窃听或在提供 VPN 连接的 IP 网络上窃听时,可以获取访问信息。因此,PAP 是一种不安全的协议。

(2) SPAP(Shiva Password Authentication Protocol,Shiva 密码认证协议)。是针对PAP 的不足而设计的。采用 SPAP 进行身份认证时,SPAP 会加密从客户端发送给服务器的密码,所以 SPAP 比 PAP 安全。但是,SPAP 始终以同一种加密的形式发送同一个用户密码,这使得 SPAP 身份验证很容易受到重放攻击的影响。

(3) CHAP(Challenge-Handshake AuthenticationProtocol,挑战握手认证协议)。采用挑战-响应的方式进行身份的认证。认证端发送一个随机数给被认证者,被认证者发送给认证端的不是明文口令,而是将口令和随机数连接后经 MD5 算法处理而得到的散列值。而且,一旦 CHAP 输入一次口令失败,就中断连接,不能再次输入。所以,CHAP 要比 PAP 和 SPAP 安全。

(4) MS-CHAP(Microsoft Challenge Handshake Authentication Protocol,微软挑战握手认证协议)。是经过微软公司扩展了的 CHAP 协议,得到 Windows 相关系统的支持。它采用 MPPE(Microsoft Point-to-Point Encryption)加密方法将用户的密码和数据同时进行加密后再发送,应答分组的格式和 Windows 网络的应答格式具有兼容性,散列算法采用 MD4。此外,它还具有口令变换功能、认证失败时重输入等扩展功能。

（5）EAP（Extensible Authentication Protocol，扩展身份认证协议）是一个提供多个认证方法的协议框架，允许用户根据自己的需要来自行定义认证方式。EAP 的使用非常广泛，它不仅用于系统之间的身份认证，而且还用于有线和无线网络的验证。除此之外，相关厂商可以自行开发所需要的 EAP 认证方式，例如视网膜认证、指纹认证等都可以使用 EAP。

（6）RADIUS（Remote Authentication Dial In User Service）。由朗讯公司开发，1997 年 1 月以 RFC 2058 公布了第一版规范。RADIUS 是为接入服务器开发的认证系统，具有集中管理远程拨号用户的数据库功能，换句话说，RADIUS 是存放使用者的用户名及口令的数据库。接收远程用户访问请求的接入服务器向 RADIUS 服务器查询该用户是否为合法用户。RADIUS 服务器检索用户数据库，如果该用户是合法用户，就发送"访问准许"信号；如果是数据库中未登录的用户或口令有错的用户，就发送"访问拒绝"的信号。RADIUS 不仅能够对用户进行认证，它还具有连接信息的控制功能和计费功能。

PKI 体系主要通过 CA，采用数字签名和散列函数保证信息的可靠性和完整性。例如，目前用户普遍关注的 SSL VPN 就是利用 PKI 支持的 SSL 协议实现应用层的 VPN 安全通信。有关 PKI 的内容已在第 4 章进行了详细介绍。

9.1.4　VPN 的应用特点

由于 VPN 技术具有非常明显的应用优势，所以近年来 VPN 产品引起了企业用户的普遍关注，各类软件产品的 VPN、专用硬件平台的 VPN 及集成到网络设备（主要为防火墙）中的 VPN 产品不断推出，而且在技术上推陈出新，以满足不同用户的应用需求。

1. VPN 的应用优势

对于企业用户来说，VPN 提供了基于 Internet 的安全、可靠和廉价的远程访问通道，具有以下的应用优势：

（1）节约成本。VPN 的实现是基于 Internet 等公共网络的，用户不需要单独铺设专用的网络线路，也不需要向 ISP 或 NSP 租用专线，只需要连接到当地的 ISP 就可以安全地接入单位内部网络，节省了网络建设、使用和维护成本。

（2）提供了安全保障。VPN 综合利用数据加密和身份认证等技术，保证了通信数据的机密性和完整性，保证了信息不被泄露或暴露给未经授权的用户。

（3）易于扩展。只需要简单地增加一台 VPN 设备，就可以利用 Internet 建立安全连接，配置和维护比较简单，费用较低。

2. VPN 存在的不足

任何事情都有两面。VPN 存在的不足主要是安全问题。VPN 扩展了网络的安全边界。例如，在局域网出口处设置了 VPN 网关后，网络的安全边界将由局域网扩展到外部主机。如果外部主机的安全性比较脆弱，那么入侵者可以利用外部主机连接到 VPN 网关后进入内部网络。另外，VPN 系统中密钥的产生、分配、使用和管理以及用户身份的认证方式都会影响 VPN 系统的安全性。

在实际应用中，一种有效的安全解决方案是：除建立完善的加密和身份认证机制外，还需要将 VPN 和防火墙配合应用，通过防火墙增加 VPN 系统的安全性。

9.2 隧 道 技 术

隧道技术是 VPN 的核心技术，VPN 的加密和身份认证等安全技术都需要与隧道技术相结合来实现。

9.2.1 隧道的概念

现实世界中的隧道是指为修建公路或铁路，挖通山麓而形成的路段。计算机网络中的隧道则是逻辑上的概念，是在公共网络中建立的一个逻辑的点对点连接。网络隧道技术的核心内容是"封装"，它利用一种网络协议（该协议称为隧道协议）将其他网络协议产生的数据报文封装在自己的报文中，并在网络中传输。在隧道的另外一端，通常是在目的局域网和公网的接口处，将数据解封装，取出负载。隧道技术包括数据封装、传输和解封装在内的全过程。

1. 隧道的组成

要形成隧道，需要有以下几项基本的要素。

（1）隧道开通器。隧道是基于网络协议在两点或两端建立的通信，隧道由隧道开通器和隧道终端器建立。隧道开通器的功能是在公共网络中创建一条隧道。多种网络设备和软件可以充当隧道开通器，例如 PC 上的 Modem 卡、有 VPN 拨号功能的软件、企业网络中有 VPN 功能的路由器、ISP 有 VPN 功能的路由器。

（2）有路由能力的公用网络。由于隧道是建立在公共网络中的，要实现 VPN 网关之间或 VPN 客户端与 VPN 网关之间的连接，这一公共网络必须具有路由功能。

（3）隧道终端器。其功能是使隧道到此终止。充当隧道终端器的网络设备和软件包括专用的隧道终端器、网络中的防火墙、ISP 路由器上的 VPN 网关等。

2. 隧道的形成过程

以内联网 VPN 为例，假设隧道协议是 IP 协议，如图 9-4 所示。假设总部的 LAN 和分公司的 LAN 上分别连有内部 IP 地址为 A 和 B 的计算机。总部和分公司到 ISP 的接入点上配置了 VPN 设备，它们的全局 IP 地址是 C 和 D。假定从计算机 B 向计算机 A 发送数据，连接分公司的 VPN 网关为隧道开通器，连接总部的 VPN 网关为隧道终端器。

具体步骤如下：

（1）封装。封装操作发生在隧道开通器上。B 发送的原始 IP 分组，其 IP 地址是以内部 IP 地址表示的"目的地址 A"和"源地址 B"。此分组到达隧道开通器 D 后，隧道开通器对此 IP 分组进行加密和认证处理，产生的附加数据，比如消息摘要，将附在加密后的原始 IP 包前。然后，隧道开通器添加一个新的 IP 头部形成一个新的 IP 分组，新 IP 头中的地址信息是全局 IP 地址：目的地址 C 和源地址 D。全局 IP 地址 C、D 是数据在 Internet 传输时路由选择的依据，使得新 IP 分组能够通过 Internet 中的若干路由器从隧道开通器 D 发往隧道终端器 C。

（2）解封装。解封装操作发生在隧道终端器上。解封装操作是封装操作的逆过程，首先去掉最外层用于在公共网络中进行寻址的 IP 头部信息，然后解密得到原始 IP 分组，

图 9-4　隧道工作原理示意图

并根据附加数据完成身份认证、完整性校验等操作,最后根据原始 IP 分组头的地址信息在总部 LAN 中找到目的主机 A,完成通信过程。

在数据封装过程中,出现了两个 IP 头,但原始 IP 分组经过了加密处理,其 IP 头在隧道中是不可见的。在隧道中传输时,主要依靠添加的新 IP 头的信息进行路由寻址。整个原始 IP 分组对隧道来说都是透明的。

3. 隧道的功能

从以上隧道的工作原理可以看出,隧道通过封装和解封装操作,只负责将 LAN1 中的用户数据原样传输到 LAN2,使 LAN2 中的用户感觉不到数据是通过公共网络传输过来的。通过隧道的建立,可以实现以下功能。

(1) 将数据传输到特定的目的地。虽然隧道建立在公共网络上,但是由于在隧道的两个端点(如 VPN 网关)之间建立了一条虚拟的通道,所以从隧道一端进入的数据只能被传输到隧道的另一端。

(2) 隐藏私有的网络地址。在如图 9-4 所示的 VPN 连接中,LAN1 和 LAN2 中的主机一般使用私有 IP 地址(原始 IP 分组头部),只有 VPN 网关使用公用 IP 地址(新 IP 头)。隧道的功能就是在隧道开通器和隧道终端器之间建立一条专用通道,私有网络之间的通信内容经过隧道开通器封装后通过公共网络的虚拟专用通道进行传输,然后在隧道终端器上进行解封装操作,还原成私有网络的通信内容,并转发到私有网络中。这样对于两个使用私有 IP 地址的私有网络来说,公共网络就像普通的通信电缆,而接在公共网络上的 VPN 网关则相当于两个特殊的节点。

(3) 协议数据传递。隧道只需要连接两个使用相同通信协议的网络,至于这两个网络内部使用什么类型的通信协议,隧道并不关心。对于隧道开通器来说,不管接收到的是什么类型的数据,都会对它进行封装,然后通过隧道传输到另一端的隧道终端器,由隧道终端器通过解封装操作进行还原。

（4）提供数据安全支持。由于在隧道中传输的数据是经过加密和认证处理的，从而可以保证这些数据在传输过程中的安全性。

9.2.2   隧道的基本类型

根据隧道建立方式的不同，可分为主动式隧道和被动式隧道两种基本类型。

1. 主动式隧道

当一个客户端计算机利用隧道客户端软件主动与目标隧道服务器建立一个连接时，该连接称为主动式隧道。主动式隧道由用户控制 VPN 的构建、管理和维护。在主动式隧道建立过程中，客户端计算机需要安装相关的 VPN 隧道协议，如 IPSec、GRE、L2TP、PPTP 等，并且能够通过 Internet 等公共网络连接到隧道服务器。

如果客户端计算机是通过拨号方式建立与隧道服务器的连接，需要以下 3 个步骤的操作：

（1）客户端计算机拨号连接到当地的 ISP，建立一个到 Internet 的连接。

（2）在客户端计算机上利用隧道客户端软件与隧道服务器之间建立隧道。客户端计算机需要知道隧道服务器的 IP 地址或主机名，同时在隧道服务器上已经为该客户端创建了连接账户，并分配了访问内部网络资源的相应权限。

（3）将客户端的 PPP 帧（用户数据）进行封装，通过隧道传送到目的地。

这是远程接入 VPN 最常见的隧道建立方式。对于专线接入 ISP 的用户，由于客户端计算机本身已经建立了到 Internet 的连接，则免去了以上的第（1）步操作，可以直接建立起与隧道服务器的连接，然后进行数据的传输。

远程接入 VPN 中用户与 VPN 网关之间的隧道建立一般采用主动式隧道。

2. 被动式隧道

与主动式隧道不同，被动式隧道的构建、管理和维护由 ISP 控制，允许用户在一定程度上进行业务管理和控制。功能特性集中在网络侧设备处实现，客户端计算机只需要支持网络互联，无须特殊的 VPN 功能。

与主动式隧道不同的是，被动式隧道主要用于两个局域网络的固定连接，在用户传输数据之前隧道就已经建立，所有发往远程局域网络的用户数据都自动地汇集到已建立的隧道中传输。所以，被动式隧道也称为强制式隧道。

当一个局域网中的某台计算机需要与远程另一局域网中的计算机进行通信时，数据全部被交给与本地局域网连接的隧道服务器。此隧道服务器接收到该数据后，将其强制通过已建立的隧道传输到对端的隧道服务器，对端隧道服务器将数据交给最终的目的计算机。与主动式隧道的另一个不同是，被动式隧道可以被多个客户端计算机共享，而主动式隧道只能供建立该隧道的客户端计算机独立使用。

内联网 VPN 和外联网 VPN 中，VPN 网关之间的隧道属于被动式隧道。

9.3   实现 VPN 的二层隧道协议

二层隧道协议是在 OSI/RM 的第二层（数据链路层）实现的隧道协议，即封装后的用户数据要靠数据链路层协议进行传输。由于数据链路层的数据单位称为帧，所以第二层隧道协议是以帧为数据交换单位来实现的。

用于实现 VPN 的第二层隧道协议主要有 PPTP、L2F 和 L2TP。

9.3.1　PPTP

PPTP(点对点隧道协议)由 Microsoft 公司和 Ascend 公司开发,是建立在 PPP (Point-to-Point)协议和 TCP/IP 协议之上的第二层隧道协议,实质上是对 PPP 协议的一种扩展。PPTP 使用一种增强的 GRE(Generic Routing Encapsulation)封装机制使 PPP 数据包按隧道方式穿越 IP 网络,并对传送的 PPP 数据流进行流量控制和拥塞控制。PPTP 并不对 PPP 协议进行任何修改,只是提供了一种传送 PPP 的机制,并在 PPP 的基础上增强了认证、压缩和加密等功能,提高了 PPP 协议的安全性。

由于 PPTP 基于 PPP 协议,因而它支持多种网络协议,可将 IP、IPx、AppleTalk、NetBEUI 的数据包封装于 PPP 数据帧中。PPTP 提供了 PPTP 客户端与 PPTP 服务器之间的加密通信,允许在公共 IP 网络(如 Internet)上建立隧道。

1. PPP 概述

PPP 是 Internet 中使用的一个点对点的数据链路层协议,主要是设计用来通过拨号或专线方式建立点对点连接发送数据,其功能是在 TCP/IP 网络中实现两个相邻物理节点(路由器或计算机)之间的通信。PPP 只负责在两个物理节点之间"搬运"上层数据,并不关心上层数据的具体内容。

在传统的拨号 PPP 模型中,远程用户需要使用长途拨号连接到网络接入服务器(Network Access Server,NAS)上,与 NAS 建立 PPP 连接。NAS 是远程访问接入设备,位于公用电话网(PSTN/ISDN)与 IP 网之间,将拨号用户接入 IP 网,如图 9-5 所示。

图 9-5　PPP 体系结构

PPP 主要由 3 部分组成:采用高级数据链路控制(HDLC)协议封装上层数据包;使用可扩展的链路控制协议(LCP)来建立、配置和测试数据链路;基于网络控制协议簇(NCP)来建立和配置不同的网络层协议,PPP 允许同时采用多种网络层协议。

PPP 拨号会话过程可以分成 4 个不同的阶段:

阶段 1:创建 PPP 链路。

PPP 使用链路控制协议(LCP)创建、维护以及终止一次物理连接。在 LCP 阶段,将对基本的通信方式进行选择,并选择用户身份认证协议,还就链路双方是否要对使用数据压缩或加密进行协商。

阶段 2:用户身份认证。

客户端 PC 将用户的身份信息发送给 NAS。大多数的 PPP 实现只提供了有限的验证方式,包括口令验证协议(PAP)、挑战握手验证协议(CHAP)和微软挑战握手验证协议(MS-CHAP)。

阶段3:PPP 回叫控制。

微软公司设计的 PPP 包括一个可选的回叫控制阶段。该阶段在完成验证之后使用回叫控制协议。如果配置使用回叫,那么在验证之后远程客户和 NAS 之间的连接将会被断开,然后由 NAS 使用特定的电话号码回叫远程客户,这样可以进一步保证拨号网络的安全性。

阶段4:调用网络层协议。

在以上各阶段完成之后,PPP 将调用在阶段 1 选定的网络控制协议(NCP)。例如,在该阶段 IP 控制协议(IPCP)可以向拨入用户分配动态地址。

一旦完成上述 4 阶段的协商,PPP 就开始在连接对等双方之间转发数据。每个被传送的数据报都被封装在 PPP 包头内,该包头将会在到达接收方之后被去除。

2. PPTP 的体系结构

PPTP 将传统的网络服务器 NAS 的功能划分成客户/服务器的体系结构。传统的NAS 具有以下功能:

(1) 与 PSTN/ISDN 的物理接口和对 modem 以及终端适配器的控制。

(2) LCP 会话的逻辑终点。

(3) 参与 PPP 的认证协议。

(4) 对 PPP 多连接协议的通道进行汇聚和管理。

(5) NCP 的逻辑终点。

(6) NAS 接口之间多协议的路由选择和桥接。

PPTP 把上述 NAS 的功能由 PAC 和 PNS 两个设备完成。PAC 完成功能(1)和功能(2),并且参与功能(3)。PNS 负责完成功能(4)、(5)和(6),还负责验证 PAC 并桥接 PAC的被封装的流量到另外的地方。PPTP 协议完成 PAC 和 PNS 之间的 PPP 协议数据单元的传送、访问控制和管理。

PPTP 协议的实现只包含 PAC 和 PNS,拨号用户可以不需理解 PPTP,像连接传统的 NAS 一样直接连接到 PAC,建立一条 PPP 连接。PAC 和 PNS 建立 PPTP 隧道,将客户端计算机和 PAC 之间的 PPP 连接延伸到 PNS,如图 9-6 所示。

图 9-6　PPTP 体系结构

3. PPTP 的工作机制

PPTP 是一个面向连接的协议,PAC 和 PNS 维护它们的连接状态。PAC 和 PNS 之间有两种连接:控制连接和数据连接。数据连接一般被称为隧道,使用增强的 GRE 封装机制在 PAC 与 PNS 之间传送 PPP 数据包,多个 PPP 会话(session)可以共享同一条隧道。控制连接负责隧道和隧道中会话的建立、释放和维护。控制连接使用 TCP,因此 PAC 和 PNS 都必须支持 TCP/IP。

每一对 PNS 和 PAC 之间需要一个专用的控制连接,该控制连接必须在发送其他 PPTP 报文之前建立。控制连接使用 TCP 作为传输协议来携带这个信息,目标端口号是 1723。控制连接的建立既可以由 PNS 发起,也可以由 PAC 发起。

PPTP 控制连接的建立过程如下:

(1) PAC 和 PNS 建立一个 TCP 连接。

(2) PAC 或者 PNS 向对方发送一个请求消息(Start-Control-Connection-Request),请求建立一个控制连接。请求消息中有关于帧格式、信道类型、PAC 支持的最大 PPP 会话数量等信息。

(3) 收到请求的 PAC 或 PNS 发送一条响应消息(Start-Control-Connection-Reply)。响应报文中,包含一个控制连接建立是否成功的结果域。如果不成功,则说明出错原因;如果成功,则要对帧格式、信道类型、PAC 支持的最大 PPP 会话数量等信息进行确认。

Echo-Request 和 Echo-Reply 用作控制连接的 keep alive 消息。如果在 60s 内没有收到对等体的任何类型的控制消息,就会产生 keep alive 消息;如果没有收到对其请求的应答包,控制连接将会终止。

控制连接建立以后,下一步就是数据连接,即隧道的建立(也称为建立一个会话)。以下消息可能参与这个过程:

Outgoing-Call-Request

Outgoing-Call-Reply

Incoming-Call-Request

Incoming-Call-Reply

Incoming-Call-Connected

Outgoing-Call-Request 是由 PNS 产生并发送给 PAC 的,它告诉 PAC 建立一条到 PNS 的隧道;Outgoing-Call-Reply 则是 PAC 给 PNS 的响应,响应中包含隧道是否已成功建立,如果失败,响应中还会包含失败的原因指示等信息。

Incoming-Call-Request 消息是由 PAC 发送给 PNS 的,用于指明一个进入的呼叫正由 PAC 到 PNS 建立,这个消息允许 PNS 在回应或者接受之前获取呼叫的一些信息;PNS 发送给 PAC 一个 Incoming-Call-Reply 消息作为响应,表明是接受还是拒绝连接请求,这个消息也含有 PAC 在通过隧道和 PNS 通信时应当使用的流量控制信息;Incoming-Call-Connected 消息是 PAC 发送给 PNS 的,用于响应回应包。因此,这是一个三次握手的机制:请求、响应和已连接确认。

PPTP 控制报文的结构如图 9-7(a)所示,其中各部分的内容如下:

- IP 头。标明参与隧道建立的 PPTP 客户机和 PPTP 服务器的 IP 地址及其他相关信息。

- TCP 头。标明建立隧道时使用的 TCP 端口等信息,其中 PPTP 服务器的端口为 TCP1723。
- PPTP 控制信息。携带了 PPTP 呼叫控制和管理信息,用于建立和维护 PPTP隧道。
- 数据链路头和数据链路尾。用数据链路层协议对连接数据包(IP 头、TCP 头和 PPTP 控制信息)进行封装,从而实现相邻物理节点之间的数据包传输。

数据链路头	IP头	TCP头	PPTP控制信息	数据链路尾

(a) PPTP控制报文

数据链路头	IP头	GRE头	PPP头	加密的PPP净荷	数据链路尾

(b) PPTP数据报文

图 9-7   PPTP 报文结构

PPTP 数据报文负责传输用户的数据,其报文结构如图 9-7(b)所示。初始的用户数据经过加密后,形成加密的 PPP 净荷;然后添加 PPP 头信息,封装形成 PPP 帧;PPP 帧再进一步添加 GRE 头信息,形成 GRE 报文;添加 IP 头,其中 IP 头包含数据网络连接的情况;最后添加相应的数据链路头和数据链路尾信息。

使用 PPTP 时,要考虑以下几个安全问题。首先,PPTP 本身不提供对数据的加密保护,因为 PPP 连接控制阶段可以通过 LCP 进行是否加密/压缩的选择,所以 PPTP 可以使用微软公司点对点加密技术(Microsoft Point-to-Point Encryption,MPPE)对 PPP 数据包进行加密,但这是一种"弱加密"方案。其次,PPTP 使用的 TCP 控制连接没有安全保护,在 PAC 和 PNS 之间发送的消息没有验证或数据完整性检查。最后,IP、GRE 和 IP 的头信息不被保护。

9.3.2   L2F

L2F(Layer 2 Forwarding,第二层转发协议)是由 Cisco 公司提出的可以在多种网络类型(如 ATM、帧中继和 IP 网络等)上建立多协议的安全 VPN 的通信方式。L2F 将数据链路层的协议(如 HDLC、PPP 等)封装起来传送,所以网络的数据链路层完全独立于用户的数据链路层协议。L2F 的标准于 1998 年提交给 IETE,并在 RFC 2341 文档中发布。

1. L2F 的工作过程

以在 IP 网络中实现基于 L2F 的 VPN 为例,如图 9-8 所示。L2F 远端用户通过 PSTN、ISND 和以太网等方式拨号接入公共 IP 网络,并通过以下步骤完成隧道建立和数据的传输。

(1)建立与 NAS 的正常连接。用户按正常访问 IP 网络的方式连接到 NAS 服务器,

图 9-8　L2F 隧道原理

建立 PPP 连接。

（2）进行 VPN 拨号。VPN 客户通过 VPN 软件向 NAS 服务器发送请求,希望建立与远程 L2F 服务器的 VPN 连接。

（3）建立隧道。NAS 根据用户名称等信息对远程 L2F 服务器发送隧道建立连接请求,这种方式下,隧道的配置和建立对用户是完全透明的。

（4）数据传输。L2F 服务器允许 NAS 发送 PPP 帧,并通过公共 IP 网络连接到 L2F 服务器。这时,由 VPN 客户机发送过来的数据在 NAS 上进行 L2F 封装,然后通过已建立的隧道发送到 L2F 服务器。L2F 服务器将收到的报文进行解封装操作后,把封装前的数据(净载荷)接入到内部网络中,进一步交付给目的主机。

2. L2F 的报文格式

与 PPTP 和 L2TP 一样,L2F 的报文也分为控制报文和数据报文两部分。其中 L2F 控制报文用于 L2F 隧道的建立、维护和断开,而 L2F 数据报文负责在 L2F 隧道中进行数据的传输。L2F 控制报文和 L2F 数据报文的格式如图 9-9 所示。

数据链路头	IP头	UDP头	L2F控制信息	数据链路尾

(a) L2F控制报文

数据链路头	IP头	UDP头	L2F头	PPP头	加密的PPP净荷	L2F校验（可选）	数据链路尾

(b) L2F数据报文

图 9-9　L2F 报文格式

与 PPTP 相比,L2F 有两个主要的不同之处:一是在进行 L2F 的封装时增加了可选的 L2F 校验信息,以确保 L2F 数据帧的可靠传输;二是 L2F 使用 UDP 来封装 L2F 数据帧。另外,在创建 L2F 隧道的过程中,使用的认证协议为 PAP 或 CHAP。除此之外,L2F 报文格式与 PPTP 基本类似。

9.3.3　L2TP

L2TP(Layer 2 Tunneling Protocol,第二层隧道协议)是由 Cisco、Ascend、Microsoft、3Com 和 Bay 等厂商共同制定的,1999 年 8 月公布了 L2TP 的标准 RFC 2661。L2TP 是经典型的被动式隧道协议,结合了第二层转发协议 L2F(Layer 2 Forwarding)和 PPTP 的优点,可以让用户从客户端或接入服务器端发起 VPN 连接。L2TP 定义了利用公共网络设施封装传输链路层 PPP 帧的方法。

L2TP 的好处就在于支持多种协议,用户可以保留原来的 IPX、AppleTalk 等协议,使得在原来非 IP 网上的投资不至于浪费。另外,L2TP 还解决了多个 PPP 链路的捆绑问题。PPP 链路捆绑要求其成员均指向同一个网络访问服务器(NAS)。L2TP 则允许在物理上连接到不同 NAS 的 PPP 链路,在逻辑上的终点为同一个物理设备。同时,L2TP 作为 PPP 的扩充提供了更强大的功能,允许第 2 层连接的终点和 PPP 会话的终点分别设在不同的设备上。

鉴于 IP 协议的广泛性,我们将注意力放在基于 IP 网络的 L2TP。

1. L2TP 的组成

L2TP 主要由 LAC(L2TP Access Concentrator,L2TP 接入集中器)和 LNS(L2TP Network Server,L2TP 网络服务器)构成。LAC 支持客户端的 L2TP,用于发起呼叫、接收呼叫和建立隧道。LAC 一般是一个具有 PPP 端系统和 L2TP 协议处理功能的 NAS,为用户提供通过 PSTN/ISDN 和 xDSL 等多种方式接入网络的服务。LNS 是所有隧道的终点。在传统的 PPP 连接中,用户拨号连接的终点是 NAS,L2TP 使得 PPP 协议的终点延伸到 LNS。LNS 一般是一台能够处理 L2TP 服务器端协议的计算机。

L2TP 的体系结构如图 9-10 所示。

图 9-10　L2TP 体系结构

L2TP 方式给服务提供商和用户带来了许多方便。用户不需要在 PC 上安装专门的客户端软件,企业网可以在本地管理认证数据库,从而降低了应用成本和培训维护费用。同时,L2TP 提供了差错和流量控制。在安全性上,L2TP 可以借助于 PPP 协议提供的认证——CHAP、PAP 和 MS-CHAP,或者使用 EAP 及其衍生方法进行认证。PPTP 使用 MPPE 作为加密,而 L2TP 依赖更安全的方案:L2TP 的数据包是被 IPSec 的 ESP 使用传输模式保护的。

2. L2TP 的工作原理

和 PPTP 类似,使用 L2TP 建立基于隧道的 PPP 会话包含两步:为隧道建立一个控制连接;建立一个会话来通过隧道传输用户数据。

隧道和相应的控制连接必须在呼入和呼出请求发送之前建立。L2TP 会话必须在隧道传送 PPP 帧之前建立。多个会话可以共享一条隧道,一对 LAC 和 LNS 之间可以存在多条隧道。

控制连接是在会话开始之前一堆 LAC 和 LNS 之间的最原始的连接,其建立涉及双方身份的认证、L2TP 的版本、传送能力和传送窗口的大小。L2TP 在控制连接建立期间使用一种简单的、可选的、类似于 CHAP 的隧道认证机制。为了认证,LAC 和 LNS 之间必须有一个共享的密钥。

在控制连接建立之后,就可以创建单独的会话。每个会话对应一个 LAC 和 LNS 之间的 PPP 流。与控制连接不同,会话的建立是有方向的:LAC 请求与 LNS 建立的会话是 Incoming call,LNS 请求与 LAC 建立的会话是 Outgoing call。

一旦隧道创建完成,LAC 就可以接收从远程系统来的 PPP 帧,去掉 CRC 和与介质相关的 LAC 域,连接成 LLC 帧,然后封装成 L2TP,通过隧道传输。LNS 接收 L2TP 包,处理被封装的 PPP 帧,交给真正的目标主机。信息发送方将会话 ID 和隧道 ID 放在发送报文的头中。因此 PPP 帧流可以在给定的 LNS-LAC 对之间复用同一条隧道。

3. L2TP 的报文格式

L2TP 报文也有两种:控制报文和数据报文。与 PPTP 不同的是,L2TP 的两种报文采用 UDP 来封装和传输。

1) L2TP 控制报文

L2TP 控制报文的结构如图 9-11(a)所示。与 PPTP 一样,L2TP 的控制报文用于隧道的建立、维护与断开。但与 PPTP 不同的是,L2TP 控制报文在 L2TP 服务器端使用了 UDP 1701 端口,L2TP 客户端系统默认也使用 UDP 1701 端口,但也可以使用其他的 UDP 端口。另外,与 PPTP 不同的是,在 L2TP 的控制报文中,对封装后的 UDP 数据报使用 IPSec ESP 进行了加密处理,同时对使用 IPSec ESP 加密后的数据进行了认证。其他操作与 PPTP 基本相同。

2) L2TP 数据报文

负责传输用户的数据,其封装后的报文结构如图 9-11(b)所示。客户端发送 L2TP 数据的过程包括如下几个步骤:

(1) PPP 封装。为 PPP 净荷(如 TCP/IP 数据报、IPX/SPX 数据报或 NetBEUI 数据帧等)添加 PPP 头,封装成为 PPP 帧。

(2) L2TP 封装。在 PPP 帧上添加 L2TP 头部信息,形成 L2TP 帧。

(3) UDP 封装。在 L2TP 帧上添加 UDP 头,L2TP 客户端和 L2TP 服务器的 UDP 端口默认为 1701,将 L2TP 帧封装成为 UDP 报文。

(4) IPSec 封装。在 UDP 报文的头部添加 IPSec ESP 头部信息,在尾部依次添加 IPSec ESP 尾部和 IPSec ESP 认证尾部信息,用于对数据的加密和安全认证。

(5) IP 封装。在 IPSec 报文的头部添加 IP 头部信息,形成 IP 报文。其中 IP 头部信

(a) L2TP控制报文

(b) L2TP数据报文

图 9-11　L2TP 报文格式

息中包含 IPSec 客户端和 IPSec 服务器的 IP 地址。

（6）数据链路层封装。根据 L2TP 客户端连接的物理网络类型（如以太网、PSTN 和 ISDN 等）添加数据链路层的帧头和帧完成对数据的最后封装。封装后的数据帧在链路上进行传输。

L2TP 服务器端的处理过程正好与 L2TP 客户端相反，为解决封装操作，最后得到封装之前的净载荷。有效的净载荷将交付给内部网络，由内部网络发送到目的主机。

9.4　实现 VPN 的三层隧道协议

三层隧道协议对应于 OSI/RM 中的第三层（网络层），使用分组（也称为包）作为数据交换单位。与第二层隧道协议相比，第三层隧道协议在实现方式上相对要简单些。用于实现 VPN 的第三层隧道协议主要有 GRE 和 IPSec。

9.4.1　GRE

GRE（Generic Routing Encapsulation，通用路由封装）协议是一种应用非常广泛的第三层 VPN 隧道协议，由 Cisco 和 Net-Smiths 公司共同提出，并于 1994 年提交给 IETF，分别以 RFC 1701 和 RFC 1702 文档发布。2002 年，Cisco 等公司对 GRE 进行了修订，称为 GRE v2，相关内容在 RFC 2784 中进行了规定。

1. GRE 的工作原理

GRE 协议规定了如何用一种网络协议去封装另一种网络协议的方法，是一种最简单的隧道封装技术，它提供了将一种协议的报文在另一种协议组成的网络中传输的能力，其工作原理如图 9-12 所示。

外部 IP 头是传送的分组头部，作用是将被封装的数据包封装成 IP 分组，使其能够在 IP 网络中传输。GRE 头用来传送与有效载荷数据包有关的控制信息，用来控制 GRE 报文在隧道中的传输以及 GRE 报文的封装和解封装过程。有效载荷是被封装的其他网络层协议的数据包，若被封装的协议为 IP 分组，则有效载荷数据包就是一个 IP 分组。

图 9-12　GRE 封装原理

　　在最简单的情况下,路由器接收到一个需要封装和路由的原始数据包后,首先给这个数据包添加一个 GRE 头,形成 GRE 报文;然后给 GRE 报文添加一个 IP 头,即将 GRE 报文封装在一个 IP 分组中;最后把这个 IP 分组发送到网络上,由 IP 层负责路由寻址和转发。

　　GRE 除封装 IP 分组外,还支持对 IPX/SPX、AppleTalk 等多种网络通信协议的封装,同时还广泛支持对 RIP、OSPF、BGP 和 EBGP 等路由协议的封装。GRE 在封装过程中并不关心原始数据包的具体格式和内容。

　　GRE 协议报文在隧道中传输时,要经过封装与解封装两个过程。以图 9-13 所示的网络为例,假设办事处网络的主机 A 要给总部网络中的主机 B 发送数据。

图 9-13　GRE 工作原理

　　发送过程如下:

　　(1) 主机 A 发送的原始数据包首先到达路由器 A,路由器 A 上连接内部网络的接口收到该数据包后,首先检查数据包包头中的目的地址,以确定如何路由该数据包。

　　(2) 由于其目的地址为总部网络中的主机 B,所以报文需要通过隧道来传输,则路由器 A 将该数据包发给路由器 A 上与隧道相连的接口。

　　(3) 路由器 A 的隧道接口接收到此数据包后,首先添加 GRE 头部信息,接着 IP 模块处理此 GRE 报文,添加一个 IP 头,进行 IP 封装,形成新的 IP 分组。

　　(4) 路由器 A 将封装好的报文通过 GRE 隧道接口发送出去。

　　解封装是封装的逆过程,具体过程如下:

　　(1) 路由器 B 从隧道接口收到 IP 分组,检查目的地址。

　　(2) 因为路由器 B 是隧道的末端路由器,该 IP 分组目的地就是路由器 B。路由器 B 去掉 IP 分组的头部信息,交给 GRE 协议模块处理。

　　(3) GRE 对其进行校验和序列号检查等处理后,接着进行 GRE 解封装,也就是将 GRE 报头部去掉,得到封装之前的原始数据包。

（4）此时便像对待一般数据包一样对此数据包进行处理，即将该数据包交给连接内部网络的接口，按照目的地址发送给主机 B。

2. GRE 的安全性

由于 GRE 协议本身没有提供完备的安全性，用户若采用 GRE 隧道协议来实现 VPN 网络，将存在一些安全隐患，如内部网络中的主机遭受攻击，或网络通信数据被非法劫持甚至篡改等等。

为了提高 GRE 隧道的安全性，可以采用一些其他的安全技术来共同构成安全防护方案。

（1）进行 GRE 相关安全配置。GRE 支持对隧道接口的认证和对隧道封装的报文进行端到端校验的功能。在 RFC 1701 中规定，如果 GRE 报文头部信息中的 KEY 标识设置为 1，则收发双方将进行通道识别关键字（或密码）的验证，只有隧道两端设置的识别关键字完全（或密码）一致时才能通过验证，否则将报文丢弃。如果 GRE 报文头部信息中 Checksum 标识位置为 1，则需要对隧道中传输的 GRE 报文进行校验。发送方对 GRE 头部信息及封装后的数据包计算校验和，并将报文中的校验和的报文发送给隧道对端。接收方对接收到的报文计算校验和，并与报文中的校验和比较，如果一致则对报文进一步处理，否则丢弃。

（2）采用基于 GRE＋IPSec 的 VPN 技术。基于 PKI 技术的 IPSec 协议可为路由器之间、防火墙之间或者路由器和防火墙之间提供经过加密的认证的通信。虽然它的实现相对复杂，但是其安全性要完善得多。

（3）保证路由器的安全性。网络管理员应关注路由器自身的安全，除了进行安全配置和维护之外，还要关注路由器相关的安全漏洞，及时更新路由器操作系统。

9.4.2 IPSec

IPSec（IP Security）是 IETF 的 IPSec 工作组于 1998 年制定的一组基于密码学的开放网络安全协议。IPSec 工作在网络层，为网络层及以上层提供访问控制、无连接的完整性、数据来源认证、防重放保护、保密性和自动密钥管理等安全服务。IPSec 已在第 5 章进行了详细介绍，此处不再赘述。

IPSec 通过 AH 协议和 ESP 协议对网络层协议进行保护，通过 IKE 协议进行密钥交换。AH 和 ESP 既可以单独使用，也可以配合使用。由于 ESP 提供了对数据的保密性，所以在目前的实际应用中多使用 ESP，而很少使用 AH。

IPSec 协议可以在两种模式下进行：传输模式和隧道模式。AH 和 ESP 都支持这两个模式，因此有 4 种组合：传输模式的 AH、隧道模式的 AH、传输模式的 ESP、隧道模式的 ESP。

1. 传输模式

传输模式要保护的内容是 IP 包的载荷，可能是 TCP/UDP 等传输层协议，也可能是 ICMP 协议，还可能是 AH 或 ESP 协议（在嵌套的情况下）。传输模式为上层协议提供安全保护。通常状况下，传输模式只用于两台主机之间的安全通信。在应用 AH 协议时，完整性保护的区域是整个 IP 包，包括 IP 包头部，因此源 IP 地址、目的 IP 地址是不能修改的,否则会被检测出来。然而,如果该包在传送过程中经过 NAT 网关,其源/目的 IP 地址被改变,将造成到达目的地址后的完整性校验失败。因此,AH 在传输模式下和 NAT 是冲突的,不能同时使用,或者说 AH 不能穿越 NAT。

和 AH 不同,ESP 的完整性保护不包含 IP 包头部(含选项字段)。因此,ESP 不存在像 AH 那样的和 NAT 模式冲突的问题。如果通信的任何一方具有私有地址或者在安全网关背后,双方的通信仍然可以用 ESP 来保护其安全,因为 IP 头部中的源/目的 IP 地址和其他字段不会被验证,可以被 NAT 网关或者安全网关修改。

当然,ESP 在验证上的这种灵活性也有缺点:除了 ESP 头部之外,任何 IP 头部字段都可以修改,只要保证其校验和计算正确,接收端就不能检测出这种修改。所以,ESP 传输模式的验证服务要比 AH 传输模式弱一些。如果需要更强的验证服务并且通信双方都是公有 IP 地址,应该采用 AH 来验证,或者将 AH 验证与 ESP 验证同时使用。

2. 隧道模式

隧道模式保护的内容是整个原始 IP 包,隧道模式为 IP 协议提供安全保护。通常情况下,只要 IPSec 双方有一方是安全网关或路由器,就必须使用隧道模式。隧道模式的数据包有两个 IP 头:内部头和外部头。内部头由路由器背后的主机创建,外部头由提供 IPSec 的设备(可能是主机,也可能是路由器)创建。隧道模式下,通信终点由受保护的内部 IP 头指定,而 IPSec 终点则由外部 IP 头指定。如 IPSec 终点为安全网关,则该网关会还原出内部 IP 包,再转发到最终目的地。

隧道模式下,AH 验证的范围也是整个 IP 包,因此上面讨论的 AH 和 NAT 的冲突在隧道模式下也存在。而 ESP 在隧道模式下内部 IP 头部被加密和验证,而外部 IP 头部既不被加密也不被验证。不被加密是因为路由器需要这些信息来为其寻找路由,不被验证是为了能适用于 NAT 等情况。

不过,隧道模式下将占用更多的带宽,因为隧道模式要增加一个额外的 IP 头部。因此,如果带宽利用率是一个关键问题,则传输模式更合适。

尽管 ESP 隧道模式的验证功能不像 AH 传输模式或隧道模式那么强大,但 ESP 隧道模式提供的安全功能已经足够。

IPSec VPN 作为一种基于 Internet 的 VPN 解决方案,通常是作为一些小企业的解决方案,因为这种方式的成本较低,用户可以利用已有的互联网资源。而一些经济实力更强的公司现在则更多地选择 MPLS VPN,因为很多网络服务提供商的 MPLS 网络本身是与互联网分开的,是一个大的专网,有着先天的安全隔离性。

9.5　MPLS VPN

MPLS VPN 是基于 MPLS 这种短标签快速交换网络而建立的 VPN,通常都是同一个企业的不同分支机构或有一定关联关系的企业间构建的通信站点集合群。

相对于传统的 VPN,MPLS VPN 具有以下优势:

(1) 安全性高。MPLS VPN 采用标记交换,一个标记对应一个用户数据流,不同用户的路由信息是存放在不同的路由表中的,这种完全隔离性保证了传输的安全性。

（2）可扩展性强。MPLS VPN 具有极强的可扩展性。从用户接入方面来看，MPLS VPN 可支持从几十 kbps 到最高 Gbps 级的速率，物理接口也是多种多样的。此外，增加新的用户站点非常方便，不需要专门为新增的站点与原来的站点新建路由即可通信。用户只需要保证新增站点的 LAN IP 地址与自己的 VPN 内已有的站点不重合即可，而且不需要在自己的 VPN 内做任何调整。

（3）用户网络结构灵活。通过网络服务提供商调整网络侧的参数，MPLS VPN 就可以为用户的各站点间实现星形、网状以及其他任何形式的逻辑拓扑，以满足用户对自己网络管理上的要求。MPLS VPN 对于客户端设备没有特殊要求，因此客户可以继续使用原设备。MPLS VPN 支持使用私有地址，客户可保持客户原有网络规划。

（4）支持端到端 QoS。Qos(Quality of Service，服务质量)是网络与用户之间以及网络上互相通信的用户之间关于信息传输与共享的质的约定。MPLS 具有强大的 QoS 能力，通过提供不同的服务级别来保证关键通信的质量。另外，MPLS VPN 核心层只对 IP 数据包做第二层交换，加快了数据包的转发速度，减少了时延和抖动，增加了网络吞吐能力，大大提高了网络的质量保证。

（5）支持多种业务。客户只要申请 MPLS VPN 一种业务，就可以支持数据、语音、视频等多种业务。因为 MPLS 通常对用户送来的数据包做透明传输处理，对于语音、视频等实时性强的业务，用户可以向网络服务提供商申请不同的 QoS，以区别对待不同的数据包，实现差别服务。

因此，MPLS VPN 在安全性、灵活性、扩展性、经济性、对 QoS 支持的能力等方面都有非常优秀的表现，这也就是它成为现在 VPN 主流技术的原因所在。

9.5.1　MPLS 的概念和组成

MPLS 是一种结合第二层交换和第三层路由的快速交换技术，是在 Cisco 公司所提出的 Tag Switching 技术基础上发展起来的。MPLS 技术结合了第二层交换和第三层路由的特点，第三层的路由在网络的边缘实施，而在 MPLS 的网络核心采用第二层交换。

在传统的 IP 技术机制中，用户数据在传统 IP 网中是由路由器对每个 IP 分组头中的信息进行处理，根据目的 IP 地址，查询路由表，在路由表中进行匹配，得到下一跳（hop）的地址，进行合适的数据层封装，然后将数据从相应端口转发出去。在数据包的转发中，每一跳都需要进行路由分析来决定转发路由，这种非面向连接的过程导致了数据处理过程的低效性；而且，由于 IP 技术的特点决定了其具有良好的开放性，缺乏严格的鉴权和认证机制，安全性不高。

MPLS 是一种特殊的转发机制，引入了基于标签的机制，把选路和转发分开。MPLS 为进入网络中的 IP 分组分配标签，由标签来规定一个分组通过网络的路径，网络内部节点通过对标签的交换来实现 IP 分组的转发。由于使用了长度固定更短的标记进行交换，不再对 IP 分组头进行逐跳的检查操作，因此，MPLS 比传统 IP 选路效率更高。当离开 MPLS 网络时，IP 分组被去掉入口处添加的标签，继续按照 IP 包的路由方式到达目的网络。

MPLS 网络的典型组成如图 9-14 所示。

图 9-14　MPLS 网络结构

MPLS 网络主要由核心部分的标签交换路由器(Label Switching Router，LSR)、边缘部分的标签边缘路由器(Label Edge Router，LER)和在节点之间建立和维护路径的标签交换路径(Label Distribution Path，LSP)组成。在实际的网络中，通常把 LER 称为 PE (Provider Edge)，网络内部的 LSR 称为 P(Provider)，而客户端的设备则称为 CE (Customer Edge)。

(1) LER。LER 又分成进口 LER 和出口 LER。当 IP 数据包进入 MPLS 网络时，进口 LER 分析 IP 数据包的头部信息，在 LSP(Label Switching Path，标记交换路径)起始处给 IP 数据包封装标签；当该 IP 数据包离开 MPLS 网络时，出口 LER 在 LSP 的末端负责对标志分组剥除标记，封装还原为正常 IP 分组，向目的地传送。同时，在 LER 处可以实现策略管理和流量过程控制等功能。

(2) LSR。它的作用可以看作是 ATM 交换机与传统路由器的结合，提供数据包的高速交换功能。LSR 位于 MPLS 网络中心，主要完成运行 MPLS 控制协议(如 LDP)和第三层路由协议，负责基于到达分组的标记进行快速准确的路由。同时，负责与其他的 LRS 交换路由信息，建立完善的路由表。

(3) LSP。在 MPLS 节点之间的路径称为标签交换路径。MPLS 在分配标签的过程中便建立了一条 LSP。LSP 可以是动态的，由路由信息自动生成；也可以是静态的，由人工进行设置。LSP 可以看作一条贯穿网络的单向通道，所以当这两个节点之间要进行全双工通信时需要两条 LSP。

9.5.2　MPLS 的工作原理

MPLS 中的一个重要概念是 FEC(Forwarding Equivalent Class，转发等价类)。FEC 是指一组具有相同转发特征的 IP 数据包，当 LSR 接收到这一组 IP 数据包时将会按照相同的方式来处理每一个 IP 数据包，如从同一个接口转发到相同的下一个节点，并具有相同的服务类别和服务优先级。FEC 与标签表现是一一对应的，标签用来绑定 FEC，即用标签来表示属于一个从上游 LSR 流向下游 LSR 的特定 FEC 的分组。

　　LDP(Label Distribution Protocol,标签分发协议)是 MPLS 网络专用的信令协议,用于标签分发与绑定,在两个 LER 之间建立标签交换路径。LDP 定义了一组程序和消息,通过信令控制与交换,一个 LSR 可以通知相邻的 LSR 其已经形成的标签绑定。通过网络层路由信息与数据链路层交换路径之间的直接映射,LSR 可以使用 LDP 协议来建立面向连接的标签交换路径。

　　MPLS 数据转发的原理如下:

　　(1) FEC 划分。入口 LER 把具有相同属性或相同转发行为,即相同的目的 IP 地址前缀、相同的目的端口、相同的服务类型或者相同的业务等级代码的 IP 分组划为一个 FEC,同一个 FEC 的分组具有目的地相同、使用的转发路径相同、服务等级相同的特征,共享相同的转发方式和 QoS。

　　(2) 标签绑定。每个 LSR 独立地给其已划分的全部 FEC 分配本地标签,建立 FEC 与标签之间的一对一映射。

　　(3) 标签分发及标签交换路径的建立。LSR 启动 LDP 会话向其所有邻居 LSR 广播其标签绑定,邻居 LSR 将获得的标签信息与其本地的标签绑定一起形成标签信息库(LIB),并与转发信息库(FIB)连接形成标签转发信息库(LFIB),当全部 LSR(含 LER)的 LFIB 建立完毕,便形成了标签交换路径(LSP)。

　　(4) 带标签分组转发。

　　在 LSP 上的每一个新 LSR 只是根据 IP 数据包所携带的标签来进行标签交换和数据转发,不再进行任何第三层(如 IP 路由寻址)处理。在每一个节点上,LSR 首先去掉前一个节点添加的标签,然后将一个新的标签添加到该 IP 数据包的头部,并告诉下一跳(下一个节点)如何转发它。直到将分组转发至最后一个 LSR。

　　(5) 标签弹出。在最后一个 LSR,不再执行标签交换,而是直接弹出标签,将还原的 IP 分组发往出口 LER。

　　(6) 出口 IP 转发。出口 LER 进行第三层路由查找,按照 IP 路由转发分组至目标网络。

9.5.3　MPLS VPN 的概念和组成

　　MPLS VPN 是利用 MPLS 中的 LSP 作为实现 VPN 的隧道,用标签和 VPN ID 唯一地识别特定 VPN 的数据包。在无连接的网络上建立的 MPLS VPN,所建立的隧道是由路由信息的交互而得的一条虚拟隧道(即 LSP)。

　　对于电信运营商来说,只需要在网络边缘设备(LER)上启用 MPLS 服务,对于大量的中心设备(LSR)不需要进行配置,就可以为用户提供 MPLS VPN 等服务业务。根据电信运营商边界设备是否参与用户端数据的路由,运营商在建立 MPLS VPN 时有两种选择:第二层的解决方案,通常称为第二层 MPLS VPN;第三层解决方案,通常称为第三层 MPLS VPN。在实际应用中,MPLS VPN 主要用于远距离连接两个独立的内部网络,这些内部网络一般都提供边界路由器,所以多使用第三层 MPLS VPN 来实现。

　　图 9-15 是一个典型的第三层 MPLS VPN。

图 9-15　MPLS VPN 的结构

一个 MPLS VPN 系统主要由以下几个部分组成。

（1）用户边缘（Custom Edge，CE）设备。CE 设备属于用户端设备，一般由单位用户提供，并连接到电信运营商的一个或多个 PE 路由器。通常情况下，CE 设备是一台 IP 路由器或三层交换机，它与直连的 PE 路由器之间通过静态路由或动态路由（如 RIP、OSPF 等）建立联系。之后，CE 将站点的本地路由信息广播给 PE 路由器，并从直连的 PE 路由器学习到远端的路由信息。

（2）网络服务提供商边缘（Provider Edge，PE）设备。PE 路由器为其直连的站点维持一个虚拟路由转发表（VRF），每个用户链接被映射到一个特定的 VRF。需要说明的是，一般在一个 PE 路由器上同时会提供多个网络接口，而多个接口可以与同一个 VRF 建立联系。PE 路由器具有维护多个转发表的功能，以便每个 VPN 的路由信息之间相互隔离。PE 路由器相当于 MPLS 中的 LER。

（3）网络服务提供商（Provider，P）设备。P 路由器是电信运营商网络中不连接任何 CE 设备的路由器。由于数据在 MPLS 主干网络中转发时使用第二层的标签堆栈，所以 P 路由器只需要维护到达 PE 路由器的路由，并不需要为每个用户站点维护特定的 VPN 路由信息。P 路由器相当于 MPLS 中的 LSR。

（4）用户站点（site）。是在一个限定的地理范围内的用户子网，一般为单位用户的内部局域网。

9.5.4　MPLS VPN 的数据转发过程

在 MPLS VPN 中，通过以下 4 个步骤完成数据包的转发。

（1）当 CE 设备将一个 VPN 数据包转发给与之直连的 PE 路由器后，PE 路由器查找该 VPN 对应的 VRF，并从 VRF 中得到一个 VPN 标签和下一跳（下一节点）出口 PE 路由器的地址。其中，VPN 标签作为内层标签首先添加在 VPN 数据包上，接着将在全局路由表中查到的下一跳出口 PE 路由器的地址作为外层标签再添加到数据包上。于是VPN 数据包被封装了内、外两层标签。

（2）主干网的 P 路由器根据外层标签转发 IP 数据包。其实，P 路由器并不知道它是一个经过 VPN 封装的数据包，而把它当作一个普通的 IP 分组来传输。当该 VPN 数据包到达最后一个 P 路由器时，数据包的外层标签将被去掉，只剩下带有内层标签的 VPN数据包，接着 VPN 数据包被发往出口 PE 路由器。

（3）出口 PE 路由器根据内层标签查找到相应的出口后，将 VPN 数据包上的内层标签去掉，然后将不含有标签的 VPN 数据包转发给指定的 CE 设备。

（4）CE 设备根据自己的路由表将封装前的数据包转发到正确的目的地。

9.6　SSL VPN

MPLS VPN 是由电信运营商为企业用户提供的一种实现内部网络之间远程互联的业务，而 SSL VPN 主要提供企业移动用户访问内部网络资源时使用。

9.6.1　SSL VPN 概述

SSL VPN 是基于 SSL 协议建立的一种远程访问 VPN 技术，为远程用户访问企业内部网络的敏感资源提供了简单但安全的解决方案。SSL VPN 功能主要由部署在企业网络边缘的 SSL VPN 网关实现，远程用户一般不需要特殊的客户端支持，只需提供支持SSL 协议的标准 Web 应用客户程序，如 Web 浏览器和邮件客户端等。远程用户通过SSL VPN 能够访问企业内部的资源，这些资源包括 Web 服务、文件服务（包括 FTP 服务、Windows 网上邻居服务）、可转换为 Web 方式的应用（如 Web mail）及基于 C/S 的各类应用等。SSL VPN 属于应用层的 VPN 技术，VPN 客户端与服务器之间通过 HTTPS安全协议来建立连接和传输数据。

SSL VPN 的核心是 SSL 协议。SSL 协议是基于 Web 应用的安全协议，它制定了在应用层协议（如 HTTP、Telnet 和 FTP 等）和 TCP/IP 协议之间进行数据交换的安全机制，为 TCP/IP 连接提供数据加密、消息完整性、服务器认证及可选的客户机认证等功能。SSL 目前已成为一种在 Internet 上确保发送信息安全的通用协议，一般内嵌于标准的浏览器、邮件客户端和其他 Web 应用程序中，提供 B/S 访问模式，主要使用公开密钥体制和 X.509 数字证书技术确保传输信息的机密性和完整性。有关 SSL 协议的详细内容已在第 5 章进行了介绍，此处不再赘述。

SSL VPN 网关介于企业内部服务器与远程用户之间，控制二者之间的授权通信、代理及中转数据传输。SSL VPN 在远程用户主机和 SSL VPN 网关之间建立一条应用层加密隧道，当客户端提交访问远程应用服务器的 Web 请求时，客户端先加密请求数据，然后转发至 SSL VPN 网关，SSL VPN 网关接收来自远程用户的加密请求，解密并执行安全策略检查,通过之后将数据转换为适当的后端协议转发给应用服务器,内部服务器对请求做出回应,回应数据转发到 SSL VPN 网关,SSL VPN 网关对数据进行反向转换,加密后再转发给远程用户。

SSL VPN 实现的关键技术是 Web 代理、应用转换、端口转发和网络扩展。

(1) Web 代理技术。代理技术提供内部应用服务器和远程用户 Web 客户端的访问中介,它作为二者通信连接的对端,一方面接收客户端的请求,重写并转发给服务器,另一方面接收服务器的回应,重写并转发给客户端,该技术通常称为应用级网关。对于需要认证和访问控制的特定应用,则需要特定的代理实现。

(2) 应用转换技术。用于支持可以翻译成 HTTP 和 HTML 协议的应用层协议,如 FTP、Telnet、网络文件系统、微软文件服务器、终端服务等。通过把非 Web 应用的协议转译为 Web 应用,实现与客户端 Web 浏览器的通信。该技术受限于可以转译成 Web 应用的内部协议的种类。

(3) 端口转发技术。需要客户端运行 Java Applet 小程序或 ActiveX 控件,端口转发器监听特定应用程序定义的端口,当数据包到达该端口,即被送入 SSL 加密隧道转发至 VPN 网关,VPN 网关解包后转发给真正的应用服务器。该技术效率很高,但只支持网络连接方式比较规则、行为可预测的应用程序。

目前 SSL VPN 的应用模式基本上分为 3 种:Web 浏览器、SSL VPN 客户端模式和 LAN 至 LAN 模式。其中,由于 Web 浏览器模式不需要安装客户端软件,只需通过标准的 Web 浏览器连接 Internet,就可以通过私有隧道访问到企业内部的网络资源。这样无论是从软件购买成本还是从系统的维护、管理成本上都具有一定的优势,所以 Web 浏览器模式的应用最为广泛。需要说明的是,大部分 SSL VPN 系统既可以使用专门的 SSL VPN 客户端软件,也可以直接使用标准的 Web 浏览器,当使用标准的 Web 浏览器时,一般需要安装专门的 Web 浏览器控件(插件)。

9.6.2　基于 Web 浏览器模式的 SSL VPN

基于 Web 浏览器模式的 SSL VPN 在技术上将 Web 浏览器软件、SSL 协议及 VPN 技术进行了有机结合,在使用方式上可以利用标准的 Web 浏览器,并通过遍及全球的 Internet 实现与内部网络之间的安全通信,已成为目前应用最为广泛的 VPN 技术。

如图 9-16 所示,SSL VPN 客户端使用标准 Web 浏览器通过 SSL VPN 服务器(也称为 SSL VPN 网关)访问单位内部的资源。在这里,SSL VPN 服务器扮演的角色相当于一个用于数据中转的代理服务器,所有 Web 浏览器对内部网络中以 Web 方式提供的资源的访问都经过 SSL VPN 服务器的认证。内部网络中的服务器(如 Web、FTP 等)发往 Web 浏览器的数据经过 SSL VPN 服务器加密后送到 Web 浏览器,从而在 Web 浏览器和 SSL VPN 服务器之间由 SSL 协议构建了一条安全通道。

在以上通信过程中,需要注意以下几点。

(1) SSL VPN 系统是由 SSL、HTTPS 和 SOCKS 这 3 个协议相互协作来实现的。其中,SSL 协议作为一个安全协议,为 VPN 系统提供安全通道;HTTPS 协议使用 SSL 协议保护 HTTP 应用的安全;SOCKS 协议实现代理功能,负责转发数据。SSL VPN 服

图 9-16　基于 Web 浏览器的 SSL VPN 工作原理

务器同时使用了这 3 个协议,而 SSL VPN 客户端对这 3 个协议的使用有所差别,Web 浏览器只使用 HTTPS 和 SSL 协议,而 SSL VPN 客户端程序则使用 SOCKS 和 SSL 协议。

(2) SSL VPN 客户端与 SSL VPN 服务器之间通信时使用的是 HTTPS 协议。由于 HTTPS 协议是建立在 SSL 协议之上的 HTTP 协议,所以在 SSL VPN 客户端与 SSL VPN 服务器之间进行通信时,首先要进行 SSL 握手,握手过程结束后再发送 HTTP 数据包。

(3) SSL VPN 服务器与单位内部网络中的服务器之间的通信使用的是 HTTP 协议。SSL VPN 客户端发送数据时首先进行加密处理,然后通过 HTTPS 协议发送给 SSL VPN 服务器。当 SSL VPN 服务器接收到 SSL VPN 及客户端发来的该数据后,解密该数据,得到明文的 HTTP 数据包。然后,SSL VPN 服务器将 HTTP 数据包利用内部的数据通信传输给要访问的资源服务器。从内部资源服务器到 SSL VPN 客户端的数据传输过程正好相反。

(4) HTTP 代理。SSL VPN 服务器提供了 HTTP 代理功能。HTTP 代理用于将客户端的请求转发给内部服务器,同时将内部服务器的响应转发给客户端。在 SSL VPN 系统中,SSL VPN 服务器相当于一台代理服务器,它将客户端与服务器之间的通信进行了隔离,隐藏了内部网络的信息。不过 HTTP 代理是基于 TCP 协议的,UDP 数据报无法通过 HTTP 代理。如果客户端需要通过 HTTP 代理来访问 UDP 服务,客户端就需要将 UDP 数据报转换为 TCP 报文段,再发送给 HTTP 代理,而 HTTP 代理在接收到 TCP 报文段后将它再还原为 UDP 数据报,并转发给目的服务器。

(5) 可 Web 化应用。凡是可以通过应用转换,隐藏其真实应用协议和端口,以 Web 页面方式提供给用户的应用协议,均称为可 Web 化应用。例如,当使用邮件客户端软件(如 Outlook)进行邮件收发操作时,邮件服务器需要同时开放 POP3 协议的 110 号端口和 SMTP 协议的 25 号端口。但是,在支持 Web mail 方式的邮件系统中,用户可以通过访问 Web 页面来收发邮件,邮件系统向用户隐藏了真正的邮件服务器所提供的端口。

(6) 客户端控件。当客户端需要访问内部网络中的 C/S 应用时,它从 SSL VPN 服务器下载控件。该控件是一个服务监听程序,它用于将客户端的 C/S 数据包转换为 HTTP 协议支持的连接方法,并通知 SSL VPN 服务器它所采用的通信协议(TCP 或 UDP)及要访问的目的服务器地址和端口。客户机上的控件与 SSL VPN 服务器建立安全通信后,在本机上接收客户端的数据,并通过 SSL 通道将数据转发给 SSL VPN 服务器。SSL VPN 服务器解密数据包后直接转发给内部网络中的目的服务器。SSL VPN 服务器在接收到内部网络中目的服务器发送的相应数据包后,再通过 SSL 通道发送给客户端控件。客户端控件解密 SSL 数据包后转发给客户端应用程序。

9.6.3　SSL VPN 的应用特点

在 VPN 应用中,SSL VPN 属于较新的一项技术。相对于传统的 VPN(如 IPSec VPN),SSL VPN 既有其应用优势,也存在不足。SSL VPN 的主要优势如下。

(1) 无客户端或瘦客户端。虽然 SSL VPN 支持 3 种不同的工作模式,但在实际应用中多使用 Web 浏览器模式。Web 浏览器模式不需要在客户端安装单独的客户端软件,只要使用标准的 Web 浏览器即可。SSL VPN 的全部功能由 VPN 网关实现,远程用户只需通过标准的 Web 浏览器连接因特网,即可通过网页访问到企业总部的网络资源,既实现了灵活安全的远程用户访问需求,又节省了许多软件协议购买成本、维护和管理成本,这对大中型企业和网络服务商来说都非常划算。

(2) 适用于大多数终端设备和操作系统。基于 Web 访问的开放体系允许任何能够运行标准浏览器的设备或操作系统通过 SSL VPN 访问企业内部网络资源,这包括许多非传统设备,如 PDA、手机,以及支持标准的因特网浏览器的大多数操作系统,如 Windows、Mac OS、UNIX 和 Linux,而且 Internet 接入方式不限。

(3) 良好的安全性。SSL VPN 在 Internet 等公共网络中通过使用 SSL 协议提供了安全的数据通道,并提供了对用户身份的认证功能。认证方式除了传统的用户名/密码方式外,还可以是数字证书、RADIUS 等多种方式。SSL VPN 能对加密隧道进行细分,从而使用户在浏览 Internet 上公有资源的同时,还可以访问单位内部网络中的资源。

(4) 方便部署。SSL VPN 服务器一般位于防火墙内部,为了使用 SSL VPN 业务,只需要在防火墙上开启 HTTPS 协议使用的 TCP 443 端口即可。

(5) 支持的应用服务较多。通过 SSL VPN,客户端目前可以方便地访问单位内部网络中的 WWW、FTP、电子邮件和 Windows“网上邻居”等常用的资源。目前,一些公司推出的 SSL VPN 产品已经能够为用户提供在线视频、数据库等多种访问。而且随着技术的不断发展,SSL VPN 将会支持更多的访问服务。

虽然 SSL VPN 技术具有很多优势,但在应用中存在的一些不足也逐渐反映了出来,主要表现如下。

(1) 占用系统资源较大。SSL 协议由于使用公钥密码算法,所以运算强度要比 IPSec VPN 大,需要占用较大的系统资源。所以 SSL VPN 的性能会随着同时连接用户数的增加而下降。

（2）只能有限支持非 Web 应用。目前，大多数 SSL VPN 都是基于标准的 Web 浏览器而工作的，能够直接访问的主要是 Web 资源，其他资源的访问需要经过可 Web 化应用处理，系统的配置和维护都比较困难。另外，SSL VPN 客户端对 Windows 操作系统的支持较好，但对 UNIX、Linux 等操作系统的支持较差。

另外，SSL VPN 的稳定性还需要提高，同时许多客户端防火墙软件和防病毒软件都会对 SSL VPN 产生影响。

思 考 题

1. 什么是 VPN？VPN 提供了哪些主要特性？
2. 什么是隧道？隧道的主要功能有哪些？
3. 列举常见的隧道协议。
4. 简述 PPTP 隧道的建立过程。
5. 简述 GRE 的封装原理。
6. IPSec 的传输模式和隧道模式分别适用于哪些应用场景？为什么？
7. 为什么说 MPLS 是一种结合第二层交换和第三层路由的技术？
8. 简述 MPLS VPN 的数据转发过程。
9. SSL VPN 应用了哪些关键技术？分别完成哪些功能？

第 10 章

无线网络安全

无线网络的出现使人类的通信与感知摆脱了时间和空间的束缚,极大地改善了人类的生活与工作的质量,加快了社会发展的进程。另一方面,在无线网络迅猛发展并普及的同时,人们对其安全问题也愈发关注:无线网络中的数据通过无线电波传输,极易遭到窃听和干扰;无线终端资源的受限性、无线终端的移动性以及网络拓扑结构的动态性,使得无线网络的安全管理难度更大;在无线网络环境中,难以直接应用有线网络的许多安全方案;无线网络的特点也给网络安全方案的设计与实现增加了许多障碍;等等。安全问题能否得到较完善的解决,将成为制约无线网络进一步发展壮大的关键因素之一。

本章将介绍无线网络安全的原理和技术,重点介绍 IEEE 802.11 和 IEEE 802.16 的安全方案。

10.1 无线网络安全背景

从网络结构、通信介质以及网络终端设备等方面考虑,和有线网络相比,无线网络具有以下独特的特点:

- 网络结构存在较大差异,异构网络间互连比较困难,自组织无线网络甚至完全没有固定网络结构。
- 无线通信信道具有开放性,易遭受窃听、干扰、篡改等攻击。
- 相对于有线信道,无线信道带宽较小,而且容易受到干扰,信道误码率高。
- 无线终端设备的计算能力、通信带宽、存储空间以及电源供应等资源严重受限。
- 移动设备比固定设备容易发生被窃或丢失,不足以提供足够的安全防护。

由于上述特点,无线网络面临着比有线网络更多、更严重的安全威胁。这些安全威胁主要包括以下几类:

- 身份假冒。伪装成合法用户,通过无线接入非法使用网络资源;或者假冒接入网络骗取用户个人信息。
- 通信侦听。窃听无线接口,或者截获无线链路传输的数据,试图获取通信内容。
- 信息篡改。修改、插入、重放、删除用户数据或信令数据以破坏数据的完整性。
- 密码攻击。分析现有安全方案的弱点,选择有针对性的攻击方法,意图获悉通信内容甚至控制部分网络。
- 隐私获取。通过无线通信寻找特定用户的身份信息或者跟踪特定用户,破坏匿名性和不可跟踪性。

- 设备丢失。移动设备容易丢失,从而泄露敏感信息。
- 非授权访问。非法获取非授权数据,或者访问非授权服务。
- 拒绝服务攻击。通过使网络服务过载耗尽网络资源,使合法用户无法访问。
- 流量分析。主动或被动进行流量分析以获取信息的时间、速率、长度、来源及目的地。

总体上,信息泄露、完整性破坏和非授权访问是最基本的安全威胁。必须采取相应的安全措施对付这 3 种基本安全威胁,从而实现信息的保密性、完整性以及资源的合法使用这几个基本安全目标。

然而,要实现无线网络安全的目标绝非易事。相对于有线网络来说,实现无线网络安全主要存在以下困难:

- 无线网络的开放性使其容易遭受窃听和劫持。如果信息以明文形式传输,那么任何人都可轻易获取该信息;采用加密传输后,攻击重点就转为分析所采用的加密算法或安全方案,风险依然存在。
- 无线终端设备在计算、存储、通信带宽和电源供电等方面的资源相对有限,使得原来在有线环境下的许多安全协议不能直接用于无线网络。例如,由于计算能力和电源供应的限制,计算量大的密码技术不适用于移动设备。
- 无线网络环境较为复杂,许多攻击行为都可以很隐蔽地进行而不易察觉,尤其是被动攻击方法。与有线网络相比,无线网络所面临的安全威胁更加严重。几乎所有有线网络中存在的安全威胁和隐患都依然存在于无线网络中。
- 与有线网络不同,漫游问题可能导致用户管理复杂化。受访网络可能对用户实施欺诈,非法用户可能伪装为合法用户滥用网络服务。
- 与有线网络的拓扑结构相对固定相比,无线网络节点频繁加入、退出以及不断变化的网络拓扑使得许多安全方案无法实施。
- 无线网络的移动性增大了安全管理的难度。无线网络终端可以在较大范围内移动,也可以跨区域漫游,这样使得无线终端容易被窃听、破坏和劫持。而有线网络的用户终端与接入点之间通过线缆相互连接,终端不能在大范围内移动,对用户的管理比较容易。
- 自组织形式的无线网络缺乏统一管理,对等的各节点协同进行分布式管理。攻击者可以利用这一特点对部分节点实施欺诈和分割,从而干扰整个网络。网络节点自身没有足够的能力检测并阻止这些攻击,需要引入更加复杂的分布式信任管理机制加以制约。

简而言之,开放的无线信道、资源受限的无线终端、动态变化的网络拓扑、错综复杂的无线环境以及灵活的组网方式导致无线网络在安全方面面临着严峻的挑战。

10.2　IEEE 802.11 无线网络安全

10.2.1　IEEE 802.11 无线网络背景

IEEE 802 是一个开发局域网(LAN)标准的委员会,IEEE 802.11 则是成立于 1990 年的工作组,负责开发无线局域网(WLAN)的协议与传输规范。

目前 IEEE 802.11 发布的标准有多种扩展名,一般以后缀字母区分。其中 IEEE 802.11 是原始标准,规定了无线局域网的物理层和 MAC 层的内容;IEEE 802.11a、IEEE 802.11b、IEEE 802.11g、IEEE 802.11n、IEEE 802.11ac 等是物理层的相关扩展标准;其余几个重要标准的内容如表 10-1 所示。

表 10-1　IEEE 802.11 系列部分标准

标 准 名 称	主 要 内 容
IEEE 802.11d	在媒体接入控制/链路连接控制(MAC/LLC)层面上进行扩展,对应 IEEE 802.11b 标准,解决不能使用 2.4GHz 频段国家的使用问题
IEEE 802.11e	在 IEEE 802.11 MAC 层增加 QoS 能力,用时分多址(TDMA)方案取代类似以太网的 MAC 层,并对重要的业务增加额外的纠错功能
IEEE 802.11f	改进 IEEE 802.11 的切换机制,以使用户能够在两个不同的交换分区(无线信道)之间或在两个不同的网络接入点之间漫游的同时保持连接
IEEE 802.11h	对 IEEE 802.11a 的传输功率和无线信道选择增加更好的控制功能,与 IEEE 802.11e 相结合,适用于欧洲地区
IEEE 802.11i	消除 IEEE 802.11 的最明显的缺陷:安全问题
IEEE 802.11p	针对汽车通信的特殊环境而制定的标准
IEEE 802.11v	无线网络管理,面向运营商,致力于增强由 IEEE 802.11 网络提供的服务

与有线局域网相比,无线局域网有两个独特的特点:

(1)在有线局域网中,为了能够通过网络传输信息,节点必须与该局域网通过线路物理连接。但在无线局域网中,任何节点只要处在该局域网中其他设备传输无线电波可达的范围,就可以传输信息。因此,在无线局域网中,需要认证技术以验证节点的身份。而在有线局域网中,"与网络相连"这个可见行为起了某种程度的认证作用。

(2)类似地,为了接收有线局域网中另一节点发送的信息,节点也必须与该局域网通过线路物理连接。但在无线局域网中,在发送节点无线电波覆盖范围内的任何节点都可以接收。因此,无线局域网需要隐私保护机制。而在有线局域网中,"信息的接收节点必须与网络相连"提供了一定程度的隐私性。

无线局域网和有线局域网的差异性决定了无线局域网对安全服务和机制有更高的要求。

IEEE 802.11 定义的安全机制包括两大部分:一是数据保密和完整性,二是身份认证。1999 年发布的 IEEE 802.11b 标准里定义了 WEP 协议,为数据提供机密性和完整性保护,并基于 WEP 协议设计了共享密钥认证机制。WEP 协议旨在提供和有线局域网同级的安全性,但此后的大量工作证明,WEP 存在较大的安全缺陷。因此,IEEE 于 2001 年成立了 IEEE 802.11i 任务组,以制定新的安全标准,来增强无线局域网的安全性。但在 IEEE 802.11i 完善之前,市场对于 WLAN 的安全要求十分急迫,为使安全问题不至于成为制约 WLAN 市场发展的瓶颈,Wi-Fi 联盟(The Wi-Fi Alliance)提出了 WPA(Wi-Fi Protected Access)标准,作为 IEEE 802.11i 完备之前替代 WEP 的过渡方案。WPA 以

IEEE 802.11i 第 3 版草案为基准,并与之保持前向兼容。2004 年 6 月,完整的 IEEE 802.11i 标准通过,Wi-Fi 联盟也随即公布了与之相对应的 WPA 第 2 版(WPA 2)。

10.2.2　WEP

有线等效隐私(Wired Equivalent Privacy,WEP)协议的目的是为无线局域网提供与有线局域网相同级别的安全保护,广泛应用于保护无线局域网中的数据链路层的数据安全。WEP 包含以下 3 个要素:共享密钥 k、初始向量(Initialization Vector,IV)和 RC4 流密码算法。

10.2.2.1　WEP 数据加密及解密

WEP 采用对称加密算法 RC4。RC4 算法是一种对称流密码体制,可以采用 64b 或者 128b 两种长度的密钥。IEEE 802.11b 规定,WEP 使用 64b 的加密密钥。这 64b 长的加密密钥由两部分组成:40b 的 WEP 用户密钥 k 和 24b 的初始矢量 IV。

WEP 的加密过程可以分成 3 个基本阶段:

(1) 数据校验阶段。对消息 M 计算完整性校验值(Integrity Check Value,ICV),使用的算法是 CRC32:ICV=CRC32(M)。将 ICV 与 M 串接,得到明文 $P = \text{ICV} \parallel M$。

(2) 密钥生成阶段。选取一个 24b 的初始向量 IV,将初始向量 IV 和 40b 的用户密钥 k 串接起来,以 IV $\parallel$ k 作为伪随机数发生器的种子,应用 RC4 算法,生成密钥序列(Key Sequence,KS),即 KS=RC4(IV $\parallel$ k),这是一个与 P 等长的伪随机序列。

(3) 数据加密阶段。将 KS 与 P 作异或运算即可产生密文 $C = \text{KS} \oplus P$。发送时将密文 C 和初始向量 IV 一起传输,即传输 IV $\parallel$ C。

图 10-1 显示了 WEP 帧加密数据的过程:

图 10-1　WEP 数据加密流程

WEP 的数据解密过程就是在无线局域网中将传输的数据转化成明文的过程,在此过程中还要对数据进行完整性的检测。解密过程包括以下几个步骤:

(1) 提取 IV 和密文 C。

(2) 将 IV 和密钥 k 一起送入采用 RC4 算法的伪随机数发生器得到解密密钥流。

（3）将解密密钥流与密文相异或，得到明文消息 M 以及完整性校验值 ICV。

（4）对得到的明文进行处理，采用相同的算法计算完整性校验值 ICV。

（5）比较两个完整性校验值结果，如果相等则说明协议数据正确。

为了防止数据在无线传输的过程中被篡改，WEP 采取相应措施，即用 CRC 32 循环冗余校验和来保护数据的完整性。发送方需要计算明文的 CRC 32 校验和作为完整性校验值 ICV，并将明文与 ICV 一起加密然后发送。当接收方收到加密数据时，需要先对数据进行解密，然后对解密出的明文执行相同的 CRC 32 计算，并将计算得到的 ICV 和解密得到的 ICV 进行比较，两者相同则认为数据没有被篡改，否则认为数据已经被篡改过，将丢弃这个数据包。

WEP 解密与完整性校验过程如图 10-2 所示。

图 10-2 WEP 数据解密与完整性校验流程

IEEE 802.11b 标准规定无线工作站和接入点可以共享的 WEP 加密密钥是有限制的，最多为 4 个。在实际应用中，WEP 帧中的 Key ID 决定具体使用哪个 WEP 用户密钥。

WEP 的 MPDU（MAC Protocol Data Unit，MAC 协议数据单元）结构如图 10-3 所示。

图 10-3 WEP MPDU 结构

10.2.2.2 WEP 认证

在 IEEE 802.11b 标准中，为了防止非法用户接入特定的无线局域网，共定义了两种在无线局域网中认证终端用户或系统的方式，分别是开放系统认证（Open System Authentication）和基于共享密钥的认证（Shared key Authentication）。

1. 开放系统认证

开放系统认证是 IEEE 802.11 的默认认证方式。这种认证经常被称为"零认证"，因为这种认证方式本质上就是一种空认证机制，认证过程没有采用密码技术，甚至一个空的

SSID 就可以获得认证。因此,任何符合无线网络 MAC 地址过滤规定的终端都可以访问这个无线局域网,因而无线局域网的安全性较差。

当无须进行身份认证的时候,一般就采用开放系统认证。整个认证过程以明文方式进行,只有两步:认证请求和认证响应。无线站点发送一个包含自身 ID 的认证请求,其中未包含涉及认证的任何与客户端相关的信息。若无线接入点的认证算法标识也为开放系统认证,则它返回一个包含认证成功或认证失败的认证响应。当无线站点收到包含认证成功的响应信息后,就表明通信双方相互认证成功。

2. 共享密钥认证

共享密钥认证技术基于 WEP 协议,这种认证方式的核心思想是:接入点与无线工作站点共享密钥,对其他非法用户来说,共享密钥是保密的。与开放系统认证方式相比,共享密钥认证能够提供更高的安全级别。它采用挑战/响应方式是基于共享密钥的身份认证机制,在 IEEE 802.11 中有专门的控制帧来实现这个认证过程。

共享密钥认证过程如图 10-4 所示。

认证请求

挑战文本

加密的挑战文本

接入成功/失败

图 10-4 共享密钥认证

整个认证过程包括如下几个步骤:

(1)无线工作站点搜寻无线接入点,同时向无线接入点发送申请认证的数据帧。

(2)当无线接入点收到认证请求后,会向无线工作站点发送一个认证管理帧作为响应,其中包含一个挑战文本。这个挑战文本由 WEP 的伪随机数生成器利用某个共享密钥和初始矢量 IV 生成。

(3)当无线工作站点收到接入点发来的挑战文本时,会用相应的共享密钥对挑战文本进行加密,然后将加密之后所得到的密文发回给接入点。

(4)接入点用相同的密钥对接收到的密文进行解密,并将解密结果与之前发送的挑战文本相比较,若二者相同,则接入点向无线工作站点发送一个包含"成功"信息的认证结果;若二者不同,接入点则向无线工作站点发送一个包含"失败"信息的认证结果。

10.2.2.3　WEP 密钥

IEEE 802.11b 并没有描述无线接入点和无线站点共享的密钥是如何分配的,所以一般都认为是以手工的方法将密钥输入到每个设备中的。

现实当中,很多机构在设置了一个初始的 WEP 共享密钥后就永远不会变了,因为 WEP 密钥是被无线网络中所有的接入点和用户所共享的,同时因为多数无线网络在设计上允许漫游,所以单一无线网络连接的所有设备必须拥有同一个 WEP 密钥,如果有越来越多的设备共享同一密钥,就必然会增加密钥丢失的可能性。这也会增加加密方案被破解的可能。

IEEE 802.11b 允许最多 4 个密钥存储在每个设备上,每个 WEP 信息在传送时必须包括密钥编号(Key ID),只有发送设备和接收设备都采用相同的共享密钥,信息才能被正确地传送和解码。可存储多个密钥及利用密钥表编号去指定使用哪一个密钥的功能会带来多种多样的密钥轮换方案,经常改变密钥可提高 WEP 的安全性,但在 4 组预先设置的密钥之间不停轮换只能提供有限度的改善,更新加密密钥内容会更理想,但这个过程不可避免需要手工执行,因此更新频率受限。

10.2.2.4　WEP 的缺陷

1. 静态共享密钥和 IV 重用

WEP 没有密钥管理的方法,使用静态共享密钥,通过 IV/Shared Key 来生成动态密钥。静态密钥的安全强度是比较低的。

WEP 协议的加密过程可以表示为 $C = P \oplus RC4(IV, K)$,其中 C 表示密文,P 表示明文,IV 是初始化向量,K 是共享密钥。RC4 是一种流密码算法,流密码算法也具有缺陷,比如不能用相同的密码加密多个不同的信息,如果所有的报文都用相同的 IV 和密钥加密,那么将两个加密报文进行异或运算就能去掉密钥流,得到原始明文的异或形式。

例如,假设两组明文 P_1 和 P_2,用相同的 IV 和密钥加密,对应的密文为 C_1 和 C_2,则有 $C_1 \oplus C_2 = (P_1 \oplus RC4(IV, K)) \oplus (P_2 \oplus RC4(IV, K)) = P_1 \oplus P_2$。因此,如果数据在传输图中被截获并对密文进行异或运算,就可以得到原始明文的异或形式;进一步,如果其中的一组明文的内容已知,则很容易就可以得到另一组明文。所以,IV 的重用会带来机密性的破坏。

在 WEP 中,IV 的取值空间为 $[0, 2^{24} - 1]$。当加密的数据包个数超过 2^{24} 时,IV 必然发生重复,如果此时没有更换密钥,便会出现若干个数据包用来加密的种子密钥发生重复,从而很容易被破解。按照 IEEE 802.11b 中 WLAN 的最高传输速率 11Mbps 来计算,传输 1800B 大小的数据包,6 小时后一定会出现重复。

2. CRC-32 的漏洞

为了保障数据传输的完整性,WEP 协议计算 32 位的循环校验(CRC)作为完整性校验值。但 CRC 并不是一种真正意义上的信息认证码,实际上满足不了网络对安全的要求。CRC 算法是线性的,所以 CRC 校验体现出了很强的数据关联性,违背了密码学的随机性原则,安全性也随之降低;此外,CRC 本身是一种简单的算法,加上之前提到的线性原则,攻击者只要在信息流中插入一定比特位后再调整 CRC 校验与其相符,就可以做到破解密匙。

3. 认证的漏洞

WEP 协议中规定的身份认证是单向的，即只包含接入点对无线工作站的认证，而却没有无线工作站对接入点的认证，不能防止假冒接入点的问题。

WEP 协议中规定的共享密钥认证也容易导致认证伪造。因为在认证过程中，接入点发送给无线工作站的"挑战文本"是以明文方式发送的，而无线工作站发回给接入点的消息为加密之后的。如果攻击者同时截获了明文和密文，就很容易根据 $RC4(IV,K)=C \oplus P$ 恢复出密钥序列，从而获得认证数据中的有用信息，以此通过接入点的验证而获得网络资源的访问。

此外，WEP 协议本身没有抗重放保护机制，因此对加密的报文可以随意重放，接收方无法识别该报文是发送方发送的还是攻击者重放的。

10.2.3　IEEE 802.11i

因为 WEP 协议存在重大安全缺陷，IEEE 成立了安全任务组，制定了 802.11i 安全标准，以解决无线局域网的安全问题。IEEE 802.11i 关注无线接入点（Access Point，AP）和无线工作站（Station，STA）之间的安全通信，引入了健壮安全网络（Robust Security Network，RSN）的概念，定义了以下安全服务：

- 认证。定义用户和网络的交互，以提供相互认证，并生成用于 STA 和 AP 之间无线通信的短期密钥。
- 访问控制。对认证功能的增强，能与多种认证协议协同工作。
- 带消息完整性的机密性。MAC 层数据与消息完整性校验码一起加密以提供机密性和完整性。

IEEE 802.11i 强安全网络操作可以划分成 5 个相对独立的操作阶段：

- 发现阶段。STA 和 AP 建立连接，决定保护通信机密性和完整性的协议、认证方法、密钥管理方法等。
- 认证阶段。一个 STA 与一个 AS 相互认证，目的是只允许授权 STA 访问网络，并且向 STA 保证连接的是一个合法网络；STA 和 AS 还产生一个共享的主密钥。
- 密钥管理阶段。AP 和 STA 执行一系列操作，由认证阶段生成的主密钥来产生各种密钥并保存于 AP 和 STA。
- 安全通信阶段。AP 和 STA 交换数据帧，交换的数据得到安全保护，以保证机密性和完整性。
- 连接终止阶段。AP 和 STA 拆除安全连接。

IEEE 802.11i 规定使用 IEEE 802.1x 认证和密钥管理方式，定义了 TKIP 和 CCMP 两种数据加密机制，增强了 WLAN 中的数据加密和认证性能，从而大幅度提升了网络的安全性。IEEE 802.11i 协议结构如图 10-5 所示。

IEEE 802.11i 支持以下安全协议：

- 加强的加密算法 CCMP 或 TKIP，其中必须实现基于 AES 的 CCMP。
- 动态的会话密钥。

图 10-5　IEEE 802.11i 协议结构

- 具有密钥管理算法。
- 基于 IEEE 802.1x 的无线接入点和无线工作站的双向增强认证机制。
- 支持快速漫游和预认证。
- 支持独立基本服务集(Independent Basic Service Set,IBSS)。

WPA 是由产业界的 Wi-Fi 联盟提出的、IEEE 802.11i 标准成熟之前的过渡方案。WPA 基于 IEEE 802.11i 草案中的稳定部分构成,Wi-Fi 联盟要求兼容 WPA 的设备能够在 IEEE 802.11i 获批准后升级至与 IEEE 802.11i 兼容。

WPA 支持以下安全协议:

- 加强的加密算法 TKIP。
- 动态的会话密钥。
- 具有密钥管理算法。
- 基于 IEEE 802.1x 的双向增强认证机制。

可以看出,WPA 只是 IEEE 802.11i 的子集。因此,本书只介绍 IEEE 802.11i,不涉及 WPA 的内容。

10.2.3.1　数据加密和完整性

1. TKIP 协议

TKIP(Temporal Key Integrity Protocol,临时密钥完整性协议)是一种对传统设备上的 WEP 算法进行加强的协议,目的是在不更新硬件设备的情况下提升系统的安全性。作为一种过渡算法,虽然其所能提供的安全措施有限,但它能使各种攻击变得比较困难。TKIP 与 WEP 一样基于 RC4 加密算法,但相比 WEP 算法,将密钥的长度由 40 位增加到128 位,初始化向量的长度由 24 位增加到 48 位,解决了 WEP 密钥长度太短的问题。TKIP 还对 WEP 进行了改进,引入了 4 种新机制以提高加密强度:

(1) 每包一密钥(per-packet key)。每个 MAC 数据包使用不同的密钥加密,该加密密钥通过将多种因素混合在一起而生成,安全强度大大提高。

(2) 消息完整性校验码(Message Integrity Code,MIC)。TKIP 实现了一个 64 位的消息完整性检查(MIC),防止伪造的数据包被接收。

(3) 具有序列功能的初始向量 IV。利用 TKIP 传送的每一个数据包都具有唯一的48 位序列号,这个序列号在每次传送新数据包时递增,并被用作初始向量和密钥的一部分,确保了每个数据包使用不同的密钥。

(4) 密钥生成及定期更新功能。这种机制解决了密钥管理的问题。

TKIP 加密过程如图 10-6 所示。

图 10-6　TKIP 加密

TKIP 的加密过程包括以下几个步骤:

(1) MPDU(MAC Protocol Data Unit,MAC 协议数据单元)的生成。包括 MIC 的产生和 MSDU(MAC Service Data Unit,MAC 服务数据单元)的分段。发送方针对明文 MSDU 计算散列值,将此散列值作为 MIC 串接到 MSDU 后面。如果有必要,发送方将串接的 MIC 和 MSDU 分成一个或多个明文 MPDU,并给每个 MPDU 分配一个单调增加的 TSC(TKIP Sequence Counter,TKIP 序列计数器),所有来自同一个 MSDU 的 MPDU 所使用的 TSC 值来自相同的计数空间。这些 MPDU 将作为 WEP 算法的输入。

(2) WEP 种子(WEP seed)生成。这一步是为了弥补 WEP 静态共享密钥的缺陷。对于每个 MPDU,TKIP 都将计算出相应的 WEP 种子,也就是每包一密钥(RC4 密钥)。WEP 种子的生成主要包括两个密钥混合过程:第一阶段的密钥混合基于临时密钥(Temporary Key,TK)生成一个临时的混合密钥(TTAK)。利用 TTAK、TK 和 TSC 作为第二阶段混合的输入即可得到用于 WEP 加密的 WEP 种子。

(3) WEP 封装。TKIP 把经过两次混合产生的 WEP 种子分解成 WEP IV 和 RC4 基础密钥(Base Key),然后和 MPDU 一起传给 WEP 进行加密。TK 对应的 Key ID 会被编入 WEP 的 IV 域中。

总的来看,加密时的输入有 TK、MIC 密钥、明文 MSDU、TSC 和 TA。其中,TK、TSC 和 TA 参与第一阶段的混合,生成 TTAK;TTAK、TSC 和 TK 经过第二阶段的混合生成 WEP 种子,供 RC4 调用生成密钥流。同时,明文 MSDU 和 MIC 密钥经过散列运算生成 MIC,然后明文 MSDU 和 MIC 串接并分段得到多个 MPDU,每一个 MPDU 对应一个特定的 TSC。MPDU 作为 WEP 输入,和密钥流异或得到密文。

TKIP 重用了 WEP 的 MPDU 格式,但扩展了 4B,用作扩展 IV 字段;同时增加了 8B 的 MIC 字段。MSDU-MIC 可以封装在一个单一的 MPDU;如果不行,则被分段,成为适当大小的多个 MPDU,MIC 可能只在最后的 MPDU 中出现。

TKIP 的 MPDU 结构如图 10-7 所示。

TKIP 解密过程与加密过程相反,包括以下步骤:

(1) 在 WEP 解封一个收到的 MPDU 前,TKIP 从 IV 中提取 TSC 和 Key ID。如果 TSC 超出了重放窗口,则该 MPDU 被丢弃;否则,根据 Key ID 定位 TK,通过两个阶段的

图 10-7　TKIP MPDU 结构

混合函数计算出 WEP 种子,计算过程和加密过程中的完全相同,不再赘述。

（2）TKIP 把 WEP 种子分解成 WEP IV 和 RC4 基础密码的形式,把它们和 MPDU 一起送入 WEP 解密器进行解密。

（3）检查 ICV,如果结果正确,则该 MPDU 将被组装入 MSDU。

（4）如果 MSDU 重组完毕,则检查 MIC。如果 MIC 检查正确,TKIP 把 MSDU 送交上一层;否则,MSDU 将被丢弃。

TKIP 从如下几个方面加强了 WEP 协议:

- WEP 缺少防止消息伪造和其他主动攻击的机制,TKIP 中设计了 MIC 以保证 MSDU 数据单元的完整性,从而可以有效抵抗这类攻击。MIC 的生成算法是 Michael 算法,针对已有硬件优化设计,具有较高的执行效率。另外,MIC 被 RC4 算法加密,这就减少了 MIC 对攻击者的可见度,从而可以有效地抵抗攻击者假冒消息。总的来说,通过在 MSDU 分段前实行完整性校验,分段后加密传输,并且每一传输单元使用不同的密钥加密等改进手段,可以防止针对 WEP 的使用 CRC 作为数据完整性校验的各种攻击形式。

- TKIP 中使用两个阶段的混合加密函数计算得到 WEP 种子。这个种子包括了 WEP IV,与 TSC 一一对应。同 WEP 中的静态密钥和 24 位的 IV 相比较,混合函数把密钥和数据包的属性结合起来,可以有效地抵抗重放攻击,使密钥更安全。

- TKIP 使用 TSC 向它发送的 MPDU 来排序,接收者会丢掉那些不符合序列的。这提供了一种较弱的抵抗重放攻击的方法。

TKIP 的设计提高了整个系统的安全性。它针对 WEP 的缺陷,提出了相应的补救措施,并且在 TKIP 工作过程中,除了最后的 WEP 加密之外,前面的部分都属于软件升级部分,这样就实现了在现存资源上可能达到的最大安全性。但是,这一点也限制了安全性的进一步提升。因为 TKIP 的总体安全性仍是取决于 WEP 核心机制,而 WEP 算法的安全漏洞是由于机制本身引起的,增加加密密钥的长度也不可能增强其安全程度,初始向量 IV 长度的增加也只能在有限程度上提高破解难度,比如延长破解信息收集时间,但并不能从根本上解决问题。因此,TKIP 只是一种过渡算法。

2. CCMP 协议

CCMP 基于 AES 算法和 CCM 模式,由两个部分组成: Counter Mode(计数器模式,简写为 CTR)加密模式,用于保证数据的私密性;CBC-MAC(Cipher Block Chaining Message Authentication Code,密文分组链接消息鉴别码)模式,用于数据完整性校验。CCMP 是 IEEE 802.11i 强制使用的加密方式,为 WLAN 提供了加密、认证、完整性和抗重放攻击的能力,能解决 WEP 中出现的所有问题。

CCMP 的 MPDU 格式如图 10-8 所示。

图 10-8　CCMP MPDU 结构

CCMP 的 MPDU 包含一个 8B 的首部（CCMP Header）和一个 8B 的 MIC 帧头。CCMP 首部字段中，6B 存储 48b 的 PN（Packet Number），一个字节保留，另一字节为 Key ID 字节。Key ID 字节的第 0～4 位为保留位，第 5 位是 EXT IV 指示位（一般置为 1），后两位是 Key ID。

CCMP 的正向封装过程实现了 MPDU 的加密和认证，如图 10-9 所示。

图 10-9　CCMP 封装过程

CCMP 的封装过程包括以下几个步骤：

（1）增加 PN，保证对每个 MPDU 有一个新的 PN。

（2）用 MAC 头构造 CCM 的附加认证数据（Additional Authentication Data，AAD），

CCM 算法也为 AAD 提供完整性保护。

（3）利用 PN、MPDU 的发送地址和优先级域计算 CCM Nonce（临时交互号）。

（4）把 PN 和 Key ID 编入 CCMP 首部。

（5）利用 MPDU 和 Nonce 构造 CCM-MAC 的 IV。

（6）使用该 IV，CCMP 在 CCM-MAC 下使用 AES 计算出 MIC，将 MIC 截为 64 位，添加在 MPDU 数据后面。

（7）利用 PN 和 MPDU TA 构造 CTR 模式的计数器。

（8）使用该计数器，CCMP 在 CTR 模式下使用 AES 加密 MPDU 数据和 MIC。

（9）由原 MAC 帧头、CCMP 首部，和密文组合形成 CCMP MPDU。

CCMP MPDU 的解封装与封装类似，只需将重新计算出的 MIC 与解密后的原 MIC 进行比较判断即可。CCMP 的逆向解封装过程实现了 MPDU 重放检查、解密和 MIC 校验功能，如图 10-10 所示。

图 10-10　CCMP 解封装过程

解封装包括以下几个步骤：

（1）获取 PN，进行重放检查，若为重放则抛弃该帧。

（2）以 Olen，TA，PN 为输入，构建初始分组，其输出同样记为 MIC_IV。

（3）以 PN 和 MPDU TA 为输入，构建用于 CTR 解密的计数器。

（4）在 TK 的控制下，对包含了 MIC 的密文 MPDU 通过 CTR 解密。

（5）以解密后的明文 MPDU、MIC_IV 以及 PN 为输入，在临时密钥 TK 的作用下，通过 CBC-MAC 重新计算得 MIC。

（6）将 MIC 与接收到的 MIC 比较，若不同则视为遭到篡改攻击，抛弃当前接收数据，并记入日志。

CCMP 是以高级加密标准 AES 为核心加密算法的。AES 是一种迭代分组加密算法，比 WEP 和 TKIP 中的 RC4 算法具有更高的安全性。

CCMP 进一步提高了加密算法的安全性。CCMP 使用同一个密钥进行 CTR 模式加密和 CBC-MAC 模式认证。通常在一个以上的通信会话中使用同一密钥会导致安全缺陷,但 CCMP 已被证明不会出现安全缺陷。

此外,CCMP 除了能对数据进行保护外,还可以提供对 MAC 帧头的保护。提供对更多数据的保护也是 CCMP 胜过其他加密机制的优点。

10.2.3.2 认证协议

IEEE 802.11i 中的认证、授权和接入控制主要是由 3 个部分配合完成的,分别是 IEEE 802.1x 标准、EAP 协议和 RADIUS 协议。

1. IEEE 802.1x

IEEE 802.1x 是基于端口的网络访问控制标准,其初衷是对有线网络提供接入控制。虽然 IEEE 802.1x 并非专门针对 WLAN 设计,但它提供了可靠的用户认证和密钥分发框架,因此也可对 IEEE 802.11 无线网络的用户进行身份验证和访问控制。

IEEE 802.1x 的认证模型包含 3 个实体:请求者(Supplicant)、认证者(Authenticator)和认证服务器(Authentication Server,AS)。在 IEEE 802.11 无线局域网的上下文中,前两者分别对应 STA 和 AP;AS 通常是网络中的一个有线连接的独立设备,但是也可以集成到 AP 中。

在认证成功之前,无线接入点(AP)会阻塞 STA 和 AS 之间的非认证流量。但 AP 并不参与认证交互过程,仅仅发送 AS 和 STA 之间的通信。认证的目的是只允许授权 STA 使用网络,并向 STA 保证它连接的是一个合法网络。一旦请求者被认证且授予其密钥,认证者可以发送来自请求者的数据。

请求者和认证服务器之间通过 EAP 协议进行认证,EAP 协议包中封装认证数据;请求者和认证者之间交换的 EAP 数据包采用 EAPoL(EAP over Lan)协议封装,认证者则将 EAP 协议封装到其他高层协议中,如 RADIUS,以便 EAP 协议穿越复杂的网络到达认证服务器。

IEEE 802.1x 的结构如图 10-11 所示。

图 10-11　IEEE 802.1x 认证结构

可以认为,IEEE 802.11i 的认证过程包括 3 个阶段:

- 连接到 AS。STA 向它的 AP 发送一个请求以连接到 AS。AP 识别这个请求并给 AS 发送一个访问请求。
- EAP 交换。这个交换让 STA 和 AS 相互授权。
- 安全密钥分发。一旦认证完成,AS 和 STA 产生一个主会话密钥(Master Session Key,MSK),此密钥也被称为 AAA 密钥(Authentication,Authorization,

Accounting)。STA 和 AP 进行安全通信所需的加密密钥都从 MSK 产生。

2. EAP

可扩展认证协议(Extensible Authentication Protocol,EAP)最初是针对点对点协议 (PPP)设计的,然而"可扩展"意味着可以在最初定义的认证方法以外设计新的认证方法。现在 IETF 标准中已经有几十种 EAP 认证协议,如 LEAP、EAP-FAST、EAP-TLS、EAP-TTLS 等。因此,本质上 EAP 协议只是定义了认证框架,实质的认证过程取决于框架内填充的认证方法。

EAP 可以和 IEEE 802.1x 很好地配合使用,因为 IEEE 802.1x 专门定义了在 LAN 上运行 EAP 的报文格式 EAPoL。EAPoL 在原有的 EAP 报文外面增加了一层封装,使得 EAP 报文适合在局域网传输。IEEE 802.11i 并没有限制采用哪些协议作为上层认证协议,但规定了高层认证协议必须满足双向认证的要求,并推荐采用 EAP-TLS 方法。

EAP-TLS 是一种基于 TLS 的认证方式,认证服务器与请求者采用 TLS 协议协商会话密钥。该协议要求双方都要有公钥证书。

无线局域网环境下 EAP-TLS 认证过程包括以下步骤:

(1) STA 发出 EAP Start 消息给 AP,请求认证。

(2) AP 发出 EAP 请求消息,要求 STA 输入用户名。

(3) STA 回复 EAP 响应消息,其中包含自己的用户名信息。

(4) AP 将 STA 的用户名信息重新封装成 RADIUS Access Request 消息,并发送给 RADIUS 服务器。

(5) 服务器回复 STA 一个 EAP-TLS 开始消息。

(6) STA 给服务器发送 SSL Client_Hello 消息。

(7) 服务器将 Server Certificate、Client Certificate Request、Server Hello 和可选的 Server Key Exchange 消息发送给 STA。

(8) STA 校验服务器证书和 Finished 消息,并向服务器回复 Client Certificate、Client Key、Change Cipher SPE 和 Finished 消息。

(9) 服务器校验 Client 证书,回复 Change Cipher SPE 和 finished 消息。

(10) Client 校验 Finished 消息,并回复服务器。

(11) 服务器和 STA 推导出主会话密钥(Master Session Key,MSK)。

(12) 服务器向 AP 发送 RADIUS ACCEPT 消息,其中包含 Client 的主会话密钥和认证成功的指示。

(13) AP 向 STA 转发 EAP Success 消息,认证成功。

整个认证过程如图 10-12 所示。

EAP-TLS 本质上是 TLS 协议的 EAP 封装,但经过了一定的裁剪和修改,只保留了 TLS 的身份认证和密钥协商功能。EAP-TLS 的安全性来自 TLS 握手协议,能有效抵抗窃听的被动攻击和身份欺骗、中间人、会话劫持、重放、报文篡改等主动攻击。

3. RADIUS

RADIUS 协议是一个应用普遍的 AAA 协议,最初为拨号网络设计,基于 IP 网络。AP 与 AS 之间的交互协议不是 IEEE 802.11i 关注的重点,在此不再详述。

图 10-12　IEEE 802.1x 认证过程

10.2.3.3　密钥管理

缺乏自动有效的密钥管理是 IEEE 802.11 的一大安全缺陷。人工配置密钥的方法烦琐而低效,并且以口令作为密钥还容易受到字典攻击,因此,密钥管理机制的设计也是 IEEE 802.11i 的一个重点。当 STA 和 AS 成功地相互认证(比如通过 EAP-TLS),并产生一个主密钥后,就进入密钥管理流程。

1. 密钥层次

在 IEEE 802.11i 中,存在多个层次的密钥。认证成功后,无线工作站 STA 和认证服务器 AS 各自生成 32B 的对等主密钥(Pairwise Master Key,PMK)。PMK 生成的方法与认证方式相关;如果是 EAP 认证,则由认证过程得到 EAP 主密钥(主会话密钥 MSK),再由 MSK 派生出对等主密钥 PMK(通常是取 MSK 前面若干长度的比特组成 PMK)。

认证服务器 AS 将密钥材料安全地传送到认证者 AP,从而使 AP 生成相同的 PMK。PMK 处于密钥层次的第一级。

IEEE 802.11 无线网络中,单播密钥是在某个 STA 和 AP 之间使用的,在 IEEE 802.11i 中被称为对等临时密钥(Pairwise Temporary Key,PTK)。多播(组播和广播)密钥是在同一个 AP 覆盖的小区内使用的,在 IEEE 802.11i 中叫作组临时密钥(Group Temporary Key, GTK)。PTK 根据 PMK 计算生成,进而可以根据 PTK 得到加密所需的其他各种密钥。GTK 则由组主密钥(Group Master Key,GMK)生成,GMK 通常是 AP 生成的随机数。

IEEE 802.11i 支持 TKIP 和 AES 两种加密算法,这两种算法都需要多个密钥。以 AES 为例,其密钥导出层次如图 10-13 所示。

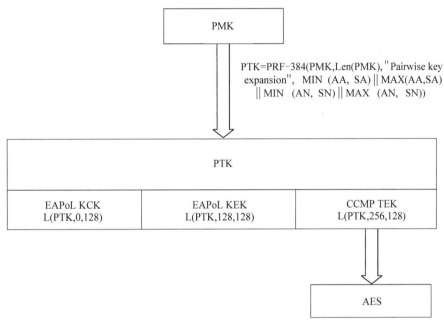

图 10-13　AES 密钥导出层次

在认证成功后,通信双方 STA 和 AP 都将获得 PMK,对此 PMK 应用 PRF-383 函数(输出为 384b 的伪随机函数)导出 PTK,即

$$PTK = PRF\text{-}384(PMK, Len(PMK), \text{"Pairwise key expansion"}, MIN(AA, SA) \| MAX(AA, SA) \| MIN(AN, SN) \| MAX(AN, SN))$$

其中,$\|$ 表示串接,$Len()$ 是求长度函数,AA 和 SA 分别代表 AP 和 STA 的 MAC 地址,AN 和 SN 则是 AP 和 STA 产生的 Nonce(伪随机数)。

进而,根据 PTK 导出以下密钥:

EAPoL KCK(key Confirmation Key,密钥确认密钥),用来计算密钥生成消息的完整性校验,取自 PTK 的 0~127b。

EAPoL KEK(key Encryption Key,密钥加密密钥),用来加密密钥生成消息,取自 PTK 的 128~255b。

CCMP TEK(Temporal Encryption Key,临时加密密钥),取自 PTK 的 256~383b。最后,由 TEK 根据 CBC-MAC 算法导出 AES 加密密钥。

2. 四次握手

如果认证成功,认证者 AP 向申请者 STA 转发 EAP-Success 消息,然后 AP 初始化两种密钥交换:四次握手和组密钥更新。

STA 和 AP 之间采用四次握手机制交换 EAPoL-Key 消息,来保证 PMK 的存在性,并由 PMK 生成 PTK。同时,通过四次握手的结果通知 STA 是否可以加载加密整体性校验机制。四次握手的流程如图 10-14 所示。

图 10-14 四次握手流程图

(1) AP 产生 ANonce;发送 EAPoL-Key 消息,其中包括 ANonce。

(2) STA 产生 SNonce,由 ANonce 和 SNonce 使用伪随机函数 PRF 产生 PTK;发送 EAPoL-Key 消息,包含 SNonce、STA 的安全配置信息(RSN Information Element,RSN IE)和消息完整性校验码 MIC;MIC 使用 KCK 计算。

(3) AP 由 ANonce 和 SNonce 产生 PTK,并且对 MIC 做校验,若失败则丢弃;AP 将 STA RSN IE 与发现阶段 STA 发送的 RSN IE 进行比较,如不同则中断;如果 MIC 校验和 STA RSN IE 比较都成功,AP 就发送 EAPoL-Key 消息,其中包括 ANonce、AP 的安全配置信息(AP RSN IE)、MIC 以及是否安装加密/整体性密钥。

(4) STA 发送 EAPoL-Key 消息,确认密钥已经安装。

四次握手的目的在于由 STA 和 AP 共享的 PMK 推导单播通信密钥 PTK。四次握手以 PMK 为信任基础,双方分别提供了随机数,可以保证握手报文的现场性以及协商所得会话密钥的新鲜性。握手报文带有验证码 MIC,可防止攻击者篡改。四次握手中还考虑了对无线链路连接探寻阶段协商的密码算法进行有保护的确认,防止算法降级攻击。总体而言,四次握手具有较好的安全性和较高的效率。

3. 组密钥更新

组密钥握手机制用来向 STA 发送新组密钥,只有当第一次四次握手成功后才能进行组密钥初始化,其流程如图 10-15 所示。

图 10-15　组密钥更新流程图

(1) AP 产生一个随机数作为 GMK,并计算新的 GTK,对 GTK 加密,封装在 EAPoL-Key 消息中发送。通常,GTK 的生成方式为 GTK = PRF(GMK, "Group Key Expansion", AA ∥ GNonce),其中 PRF 是一个伪随机函数,AA 是 AP 的 MAC 地址,GNonce 则是 AP 产生的一个 Nonce。

(2) STA 对收到的消息做 MIC 校验,解密得到 GTK,并发送 EAPoL-Key 消息给 AP 进行确认。

10.2.3.4　RSNA 建立过程

IEEE 802.11i 的强安全网络连接(Robust Security Network Association,RSNA)建立过程包含 3 个实体:申请者(STA)、认证者(AP)和认证服务器(如 RADIUS 服务器)。通常一个成功的认证意味着 STA 和 AS 互相证实对方的身份并为下一步的密钥管理过程产生一个共享密钥,在这个共享密钥的基础上,密钥管理协议计算并分发用于数据传输的密钥。

大体上,RSNA 建立过程可分成 6 个阶段:

(1) 网络和安全能力发现。一方面,AP 在某一特定信道以发送信标帧(Beacon)的方式周期性地向外广播它的安全性能信息,这些安全性能信息包含在 RSN 信息单元(RSN IE)中。另一方面 AP 也会发送探询应答帧来响应无线工作站的探询请求。

(2) IEEE 802.11 认证和连接。STA 从可用的 AP 列表中选择一个 AP,与该 AP 进行认证和连接。然而这种认证是很脆弱的,必须在以后的阶段加以强化。经过这一阶段后,IEEE 802.1x 端口还处于关闭状态,还不能进行数据包的交换。

(3) EAP/IEEE 802.1x/RADIUS 认证。STA 与 AS 执行双向认证协议(如 EAP-TLS),AP 扮演数据中转站的角色。经过这一阶段以后,STA 与 AS 互相进行认证并生成共享密钥,即主会话密钥(MSK)。STA 由 MSK 派生出对等主密钥(PMK);AS 将密钥材料安全地传送到 AP,从而使 AP 可以生成相同的 PMK。

(4) 四次握手。申请者与认证者通过四次握手机制来确认 PMK 的存在,核实所选用的加密套件,并生成 PTK 用于后面的数据传送。经过这一阶段,认证者与申请者共享一个新的 PTK,IEEE 802.1x 端口也会开通进行数据的交换。

(5) 组密钥握手。当存在多播应用时,AP 会生成一个新的 GTK,并将这一 GTK 发送到每一个 STA。

(6) 安全数据传输。利用 PTK 或者 GTK 以及前面所协商的加密组件,申请者与认证者就可以依照数据加密协议传送受到保护的数据。

10.3   IEEE 802.16 无线网络安全

宽带无线接入网络是无线互联网的一个重要组成部分。IEEE 802 局域网/城域网标准委员会于 1999 年专门设立了 IEEE 802.16 工作组,开发了一系列用于城域网的无线宽带接入技术标准。IEEE 802.16 工作组共制定了 IEEE 802.16、IEEE 802.16a、IEEE 802.16c、IEEE 802.16d、IEEE 802.16e、IEEE 802.16f 和 IEEE 802.16g 等多个标准,其中 IEEE 802.16、IEEE 802.16a、IEEE 802.16d 属于固定无线接入空中接口标准,而 IEEE 802.16e 属于移动宽带无线接入空中接口标准。IEEE 802.16d 和 IEEE 802.16e 是 IEEE 802.16 系列中最重要的两个标准。

IEEE 802.16 标准系列详细地定义了系统的空中接口规范,包括媒体接入控制层 (MAC)和物理层(PHY)。物理层协议关注频率带宽、调制模式、纠错技术以及发射机与接收机之间的同步、数据传输率和时分复用结构等问题,而 MAC 层则主要负责将数据组成帧格式来传输,并对用户如何接入到共享的无线介质中进行控制。特别地,IEEE 802.16 标准在 MAC 层中定义了一个安全子层,为用户提供机密性和认证性安全保障。IEEE 802.16 参考模型如图 10-16 所示。

图 10-16   IEEE 802.16 协议层次模型

安全子层主要由以下两部分内容组成:
- 数据加密封装协议。负责加密和封装在 IEEE 802.16 网络中传输的数据分组,以提供机密性。协议定义了 IEEE 802.16 标准支持的一系列认证和加密算法,以及将这些认证或加密算法运用到 MAC 协议数据单元（MAC Protocol Data Unit，MPDU）中净荷部分的规则。

- 密钥管理协议（Privacy Key Management，PKM）。提供基站（Base Station，BS）与用户站（SS）之间安全的密钥分配机制，两者之间密钥数据的同步以及对接入网络服务的限制。密钥管理协议实际上关注的是认证问题。

10.3.1　数据加密封装协议

IEEE 802.16d 规定了两种数据加密方式：CBC 模式的 DES 加密，CCM 模式的 AES 加密。IEEE 802.16e 在上述两种方式的基础上又补充了 CTR 模式和 CBC 模式的 AES 加密两种方式。

数据的加密封装过程中使用了多个密钥，包括授权密钥（Authorization Key，AK）、传输加密密钥（Traffic Encryption Key，TEK）、密钥加密密钥（Key Encryption Key，KEK）、上行链路消息认证密钥 HMAC_KEY_U 和下行链路消息认证密钥 HMAC_KEY_D 等，其层次结构如图 10-17 所示。

图 10-17　IEEE 802.16 密钥层次

认证成功后，BS 和 SS 会共享一个授权密钥 AK，一旦授权密钥到期而没有重新认证，BS 就会终止与 SS 的通信；TEK 用于加密用户数据，通常是由 BS 产生的随机数，用 KEK 加密并传递给 SS；密钥加密密钥 KEK、上行链路消息认证密钥 HMAC_KEY_U 和下行链路消息认证密钥 HMAC_KEY_D 都是从 AK 派生出来的，HMAC_KEY_U 和 HMAC_KEY_D 用于对 MAC 管理消息的完整性校验。

会话密钥具有生命期（30 分钟至 7 天），由 BS 设置，客户端设备需要定期向 BS 发起密钥更新请求；授权密钥 AK 同样具有生命期（1～70 天），由 BS 设置，由客户端设备周期性地向 BS 发起再授权请求，以更新授权密钥。

BS 和 SS 传输数据的时候，如果 MAC 帧通用头指定某业务流数据需要加密，则根据数据加密算法标识符的不同，采用不同的加密方法（CBC-DES、CCM-AES、CTR-AES 或 CBC-AES），对 MAC 帧里的数据载荷部分进行加密。MAC 头和 CRC 不被加密。

CBC 模式需要一个初始向量 IV，该向量是将会话密钥的密钥信息中包含的 IV 参数与物理层同步域的内容进行异或运算得到的。

10.3.2 密钥管理协议

密钥管理协议 PKM 提供了安全的密钥生成交换机制,支持周期性的再认证和密钥更新,是 IEEE 802.16 安全子层的核心内容。PKM 协议至少达到 4 个目标:BS 对 SS 的身份认证;BS 对 SS 的接入控制(通过授权密钥);密码算法的协商;会话密钥的分发和更新。

IEEE 802.16d 定义了基于 X.509 数字证书和 RSA 公钥加密算法的 PKM 协议,但该版 PKM 协议仅支持 BS 对 SS 的单向认证。IEEE 802.16e 将 IEEE 802.16d 中的协议规定为 PKMv1,同时定义了新的 PKMv2。PKMv2 增加了基于 EAP 的认证方式以及对组播密钥管理的规定,并支持 BS 和 SS 的双向认证。若无特殊声明,本章中 PKM 指 IEEE 802.16e 中规定的协议,包括 PKMv1 和 PKMv2 两个版本。

10.3.2.1 IEEE 802.16 认证与授权

PKMv2 协议可以使用 4 种认证方式:基于 RSA 的认证,基于一轮 EAP 的认证,基于两轮 EAP 的认证,基于 RSA 结合 EAP 的认证。无论采用哪种认证模式,最终的目的是要生成授权密钥 AK,进而用 AK 生成其他密钥。

1. RSA 认证

PKMv1 仅仅支持 RSA 认证授权方式;PKMv2 定义的 RSA 认证授权过程与 PKMv1 基本相同,消息内容上稍有差别。具体过程包括以下几个步骤:

(1) SS 向 BS 发送 Authentication Information 消息发起授权过程。Authentication Information 消息消息中包含了 SS 制造商的 X.509 数字证书,该证书由制造商自己或其他权威签发。这条消息为提供了一种获悉制造商的证书的机制,但仅起到通知作用,BS 可以选择忽略该消息。

(2) SS 向 BS 发送 Authorization Request 消息,消息中包括制造商为 SS 签发的 X.509 数字证书、支持的密码算法(包括数据加密算法和消息认证算法)等信息。

(3) BS 收到 Authorization Request 消息后,通过数字证书验证的 SS 身份,身份认证通过后,选用支持的加密算法和协议,为 SS 生成一个预主授权密钥(Pre-PAK),并用 SS 的公钥加密这个 Pre-PAK,放在 Authorization Reply 消息中发送给 SS。该消息包括用公钥加密了的 Pre-PAK、PAK 生命期、BS 的 X.509 证书、BS 的数字签名等信息。如果 MS 身份认证未通过,BS 将会向 MS 发送授权拒绝消息 Authorization Reject。

(4) SS 向 BS 发送一个确认消息 ACK。

BS 个 SS 由授权密钥 Pre-AK 导出主授权密钥(PAK),进而从 PAK 导出 AK。SS 会周期性地向 BS 申请重授权,重授权过程由(2)、(3)两个步骤组成。为了在重授权过程中保持业务的连续性,新旧 AK 的生命期是有一部分重叠的。

2. 一轮 EAP 认证

IEEE 802.16e 提出了基于 EAP 的认证框架,具体的认证过程如下:

(1) SS 向 BS 发送 PKMv2 EAP Start 消息,发起授权过程。该消息不包含参数。

(2) BS 收到 PKMv2 EAP Start 消息后,与 SS 交互若干条 PKMv2 EAP Transfer 消

息,按照 EAP 协议规定过程完成 EAP 交换。该消息包括载荷(包含认证数据)。

(3) 完成 EAP 交换后,BS 向 SS 发送 PKMv2 EAP Complete 消息,告知 SS EAP 认证结束。该消息包括指示 EAP 交换结束的 EAP 载荷。

EAP 消息交换的结果是产生主会话密钥 MSK;认证服务器将 MSK 传送给 BS,SS 和 BS 用 MSK 导出对等主密钥 PMK 和完整性保护密钥 EIK(EAP Integrity Key),进而通过 PMK 导出 AK。

3. 两轮 EAP 认证

如果 SS 和 BS 协商用两轮 EAP 认证方法,在第一次 EAP 会话导出 PMK 之后,SS 会向 BS 发起第二轮 EAP 认证。

由于第二轮 EAP 会话是在第一轮 EAP 会话的基础上进行的,所以消息(1)~(3)和第一轮 EAP 认证中的内容相同。其余消息如下:

(4) SS 向 BS 发送 PKMv2 Authenticated EAP Start 消息,发起第二轮 EAP 认证。PKMv2 Authenticated EAP Start 消息包含 SS 产生的一个随机数和用 EIK 导出的消息认证密钥对该消息做的消息摘要。

(5) BS 收到 PKMv2 Authenticated EAP Start 消息后,与 SS 交互若干条 PKMv2 Authenticated EAP Transfer 消息,按照 EAP 协议规定过程完成 EAP 交换。PKMv2 Authenticated EAP Transfer 消息包括 EAP 载荷(包含 EAP 认证数据)和 EIK 导出的消息认证密钥对该消息做的消息摘要。

(6) 完成本轮 EAP 交换后,BS 向 SS 发送 PKMv2 EAP Complete 消息,告知 SS 第二轮 EAP 认证结束。该消息包括指示 EAP 交换结束的 EAP 载荷和用 EIK 生成的消息认证密钥对该消息做的消息摘要。

通过两次 EAP 会话,SS 和 BS 分别获得 PMK 与 PMK2,然后由 PMK 与 PMK2 导出 AK。

随着 PMK/PMK2 有效期到期,SS 和 BS 应该进行重新认证,再次认证可以是完整的两轮 EAP 认证,也可以是一轮 EAP 认证。两轮 EAP 认证与初始认证相同,只是消息都要用上一次认证成功后产生的 AK 加密。

4. RSA 结合 EAP 认证

SS 和 BS 会先进行基于 RSA 算法的认证,以产生共享的预主授权密钥 Pre-PAK,用 Pre-PAK 生成主授权密钥 PAK 和完整性保护密钥 EIK,进而用 EIK 生成消息认证密钥。

接着,SS 向 BS 发送 PKMv2 Authenticated EAP Start 消息,发起 EAP 认证;EIK 生成的消息认证密钥被用来在第二阶段的 EAP 认证阶段保护消息的完整性。

两轮认证成功结束后,SS 向 BS 由 RSA 认证得到的 PAK 和 EAP 认证得到的 PMK 导出 AK。

10.3.2.2　TEK 的生成

BS 和 SS 通过以上提到的任何一种认证方式进行成功认证后,各自都生成了授权密钥 AK,并在 AK 的基础上导出了 KEK、HMAC_KEY_U 和 HMAC_KEY_D。身份认证过程成功结束。接下来,BS 和 SS 进行一个 SA-TEK 三次握手过程,该过程主要完成密钥激活、协商安全关联 SA 参数、安全协商确认及网络重入时的 SA 参数更新等任务。

三次握手的流程包括以下步骤:

(1) BS 发送 PKMv2 SA-TEK-Challenge 的消息,该消息标明了用于 SA 的 AK,内容包含了一个 BS 随机数(SS 的 PKMv2 SA-TEK-Request 消息需要包含这个随机数),以及消息摘要。

(2) SS 接收并成功验证来自 BS 的 PKMv2 SA-TEK-Challenge 消息后,发送 PKMv2 SA-TEK-Request 的消息,该条消息标明 SS 持有的 AK 的活动性,内容包含 SS 的随机数、BS 的随机数,以及确定的 AK 和一些为调整 AK 而提供的安全能力表。

(3) BS 回复 SA-TEK-Response 消息作为三次握手的最后一步,该消息包括 SA 描述符的列表,标明请求方 SS 被授权接入的主 SA 和静态 SA 及它们的特性。

SA-TEK 三次握手之后,SS 向 BS 发送 TEK Request 消息,该消息包含 AK 序列号;BS 则生成一个 TEK,并回复一个 TEK Response 消息,该消息包含 AK 序列号、用 KEK 加密的 TEK、TEK 生命周期等信息。SS 解密得到 TEK,用来加密保护发送的用户数据流。

思 考 题

1. WEP 加密过程主要包括哪些阶段?

2. IEEE 802.11i 强安全网络操作可以划分成哪些操作阶段?

3. 请列举 IEEE 802.11i 支持的安全协议。

4. TKIP 在哪些方面增强和改进了 WEP?

5. CCMP 的正向封装过程包括哪几个步骤?

6. 无线局域网环境下 EAP-TLS 认证过程包括哪些步骤?

7. 简述 IEEE 802.11i 四次握手的流程。

8. 简述 IEEE 802.11i 的强安全网络连接建立的过程。

9. 简述 IEEE 802.16 RSA 认证的过程。

10. 简述 IEEE 802.16 TEK 的生成过程。

第 11 章

移动互联网安全

随着 3G 高速移动数据网络的全面覆盖和 4G 移动网络的迅速发展，以及移动智能终端的普及，中国大跨步进入移动互联网时代。中国互联网络信息中心（CNNIC）发布的《第 37 次中国互联网络发展状况统计报告》指出，截至 2015 年 12 月，中国网民规模 6.88 亿，手机网民规模达 6.2 亿，占比升至 90.1%。人们已经开始享受丰富的移动互联网应用带来的各种全新体验。

另一方面，移动互联网的安全状况堪忧，对信息安全和财产安全造成严重的威胁。如何实现移动互联网内容信息安全保障，成为影响移动互联网业务发展，保障用户体验和权益的重要问题。

本章将讨论移动互联网存在的安全问题，并简单介绍移动互联网安全的相关知识和技术。鉴于 4G 移动通信网络尚未大规模普及，本章只关注 3G 时代的移动互联网。

11.1 移动互联网安全简介

11.1.1 移动互联网的概念与特点

移动互联网已成为学术界和业界共同关注的热点，但对其的定义还没有达成普遍的共识。2011 年的《移动互联网白皮书》给出了一个定义："移动互联网是以移动网络作为接入网络的互联网及服务，包括 3 个要素：移动终端、移动网络和应用服务。"由此定义，移动互联网是移动通信网络和互联网深度融合后的产物，是在现有移动通信网络和互联网基础上，为用户提供移动互联网业务的网络与服务体系。移动互联网包括以下几个要素：无线移动通信网络，包括 2G、3G 和 4G 等，提供接入服务；公众互联网，即 Internet，提供了内容服务；移动通信终端，包括手机和 PDA 等。移动互联网已经深入到人们生产生活的方方面面，极大地方便了人们的生活。

移动互联网的特征可以归结为 5 点：

(1) 便捷性。与传统的互联网固定地点的接入方式不同，移动互联网可以通过移动终端和移动通信网络随时随地地进行接入，而且可以保持实时在线的状态。

(2) 个性化。传统网络的条件下，用户访问的内容都是相同的，例如同样的新闻、同样的图片。而移动互联网则不同，接入的终端、接入网络和使用的 APP 都是不相同的，从而可以实现对网络信息的过滤和分类，挑选出符合用户兴趣的内容提供给用户。

(3) 私密性。在现阶段，移动互联网用户对应着一个实体的移动语音用户，电话通信、移动互联网访问都通过同一个移动终端进行。因为移动通信的一个特性是私密性,所以在同样设备上访问的移动互联网也具有私密性的属性。

（4）融合性。首先,移动话音和移动互联网业务的一体化导致了业务融合;其次,手机终端趋向于变成人们随身携带的唯一的电子设备,其功能集成度越来越高。

（5）智能感知性。高度智能化的移动终端设备,以智能手机为代表,内置很多传感器,因此具有感知性,可以收集用户或环境的信息,并提供多样化的服务。

对于移动互联网,人们有着和传统互联网不同的需求:

（1）在可访问的内容、应用以及访问者的体验上,移动互联网与互联网应尽量保持一致。

（2）移动互联网应充分继承移动通信的特点,如全网漫游、统一认证、无缝覆盖等随时的资源访问模式。

（3）移动互联网应在安全性能、品质和质量上继承通信网的固有优点并给予保障。

11.1.2　移动互联网安全问题

移动互联网与传统互联网在安全性的要求上具有一定的差异性。在外在表现形式上,传统互联网免费、开放并拥有丰富的可访问资源。其开放性的设计原则决定了在传统互联网上进行身份验证不具有必要性,且难以操作。移动互联网却十分严格地强调对用户隐私和用户行为的保护,因此,移动互联网比传统互联网具有更高的安全性要求。

在 2G 时代,移动通信网络和互联网融合的主要方式是基于 WAP（Wireless Application Protocol)协议,将移动通信终端接入互联网,从而将 Internet 的大量信息及业务引入到移动通信终端之中。2G 的移动网络虽然功能性不如 3G,但是从安全性来说比 3G 面临的安全性问题少很多。原因是多方面的:

（1）2G 时代接入网络类型单一,没有大规模接入 IP 主干网,鉴权认证简单可靠。

（2）2G 网络业务较为单一,主要是语音和短信服务,数据业务较少,终端可以控制的资源较少。

（3）2G 网络终端就是手机、PDA 等,终端无真正的操作系统。

在 3G 时代,分组数据传输速率大幅提高,业务应用日益丰富,终端更加多样化和智能化,所面临的风险也加大。大致说来,当前的移动互联网主要面临以下几个安全问题:

- 接入认证问题。移动网络基站不间断地发射信号,使得合法终端的入网请求能够即时被满足应答,能够随时随地、十分便捷地接入网络,这是移动网络的一大优点。同时,这也为攻击者提供了很大的方便。比如,非法用户可以通过合法用户间接连接到网络,进而进行恶意行为。要解决这个问题,要有一种接入认证机制,从移动终端被连接,需要对连接发起者进行身份认证,拒绝不明的连接。

- 拒绝服务攻击。恶意攻击者非法利用其他资源对攻击目标短期内发送大量垃圾信息,使得被攻击者机器瘫痪或者网络阻塞。任何种类的网络都会遭受这种攻击,并且不容易防御。而对移动通信网络来说,由于大量的终端、方便的接入和相对有限较小的带宽,使得拒绝服务攻击的实施条件大大降低。要解决这些问题,需要部署数据包鉴别机制。

- 信息传输安全。由于无线网络信息传输的公开性和无线信号获取的便利性,对移动网络中传输的数据的窃听是很容易的事。传输信息保密的需求是显而易见的,需要提供高速有效的加密机制保证数据传输的安全。
- 终端安全。当前,移动通信终端智能化程度日益提高,处理的信息更加多样化。因此,终端成为攻击者的重要目标之一。终端被攻击,容易造成用户经济损失、信息泄漏、业务滥用等问题。

由于移动互联网是两种网络的融合体,它的安全问题必然更为复杂。当前较为普遍的研究方法是将其安全模型划分 3 层来进行分析,即网络安全、业务安全和终端安全,如图 11-1 所示。

图 11-1　移动互联网安全模型

终端面临的主要安全威胁有信息泄漏、信息篡改、恶意代码等。为了保证终端的安全,首先应对移动互联网终端赋予身份认证功能,使得终端对各种系统资源、业务应用具备访问控制能力。对终端上的数据可以通过设立访问控制来保证其安全。至于终端内部存储的数据,亦可采取分类存储、分级隔离以及数据完整性检测等手段来保证其安全。

网络层存在的安全问题有:非法接入、数据完整性及机密性破坏;产生海量数据包使网络过负载、拒绝服务攻击等。另外,还有利用程序漏洞、系统漏洞、嗅探工具等方式对网络进行攻击。无论是 3G 还是早期的 2G,在移动互联网的接入网层面都有一整套较为完整的安全机制,对接入的用户进行认证,实现信息数据的保密。

业务层面常见的主要安全威胁有拒绝服务攻击、非法访问数据、非法访问业务、垃圾信息和不良信息的传播、内容的不合理使用和版权滥用等问题。移动互联网业务繁杂,需通过各种手段不断地健全和完善业务方面的安全机制。

11.2　移动互联网的终端安全

11.2.1　终端安全威胁

移动终端是移动互联网的前提和基础。随着移动终端技术的不断发展,移动终端逐渐具备了较强的计算、存储和处理能力以及触摸屏、定位、视频摄像头等功能组件,拥有了智能操作系统和开放的软件平台。当前主要的智能终端操作系统有 Google 公司的 Android、微软公司的 Windows Mobile、Apple 公司的 iOS 等。采用智能终端操作系统的手机,除了具备通话和短信功能外,还具有网络扫描、接口选择、蓝牙 I/O、后台处理、能量监控、节能控制、低层次内存管理、持久存储和位置感知等功能。这些功能使得智能手机在医疗卫生、社交网络、环境监控、交通管理等领域得到越来越多的应用。

当前,移动通信终端的安全性和可靠性是一个很大的问题。病毒、恶意代码时有作怪,非法访问、肆意篡改信息、通过操作系统随意修改终端存有的信息等也经常发生。而且,由于智能手机终端缺乏实质有效的入侵检测机制,手机上的恶意非法程序,如病毒、木马等对终端的攻击不容易被发现和根除。

以智能手机为例,常见的安全威胁包括以下几种。

1. 信息泄露

智能手机终端操作系统同计算机类似,也存在着盗号或者监听隐私等情况。比如,在 Windows Mobile 手机上,可以利用动态链接库注入技术注入 App_Dial.exe 进程,拦截消息函数 PostMessage 的参数,便可以截获手机键盘按键记录。在 Android 手机上,可以利用传统的应用安装包(APK)缺乏完整性校验的不足,通过映像劫持的手段替换手机的两个重要模块,在手机应用中读出并截获用户存于手机中的密码。

2. 篡改破坏

篡改破坏,即对手机系统中原始存在的一些程序进行恶意破坏或者修改。例如,恶意读取、删除 SD 卡中用户的一些照片、视频等数据;或者截杀正常进程,如聊天软件或者电话进程等,干扰用户的正常使用。更有甚者通过黑客手段篡改应用软件的主要工作流程,破坏一个应用的正常运行途径。例如,通过篡改技术以及"映像劫持"技术,即使没有正确的密码,也可以进入手机中"手机卫士"的隐私空间。

3. 剧增资费

剧增资费的传统手段是通过手机秘密连接访问网络,浏览一些特定的网站,增加己方点击率以获得盈利,从而增加用户资费。另一种手段就是后台秘密地传送手机存储数据,例如后台发送信息,尤其是彩信。后台发送的信息无任何消息记录,可以悄无声息地发出信息,这必然会导致大量资费。剧增话费属于手机病毒中极为常见的黑客攻击手段,Android 和 Windows Mobile 手机主要以后台访问网络增加流量为主。

4. 敲诈欺骗

黑客除了直接截获重要信息以外,有时还会以一种恶意敲诈的手段提醒受害者并勒索钱财。例如,黑客首先利用潜伏在手机中的后门应用劫持手机的重要功能,然后逼迫用户就范。此类威胁虽然相对来说比较少,但曾经有类似案例在国内外媒体中报道过。

11.2.2　终端安全模型

为了保证移动通信终端的安全,必须综合采用多种安全机制。移动通信终端安全模型如图 11-2 所示。

移动终端包括软件、硬件两部分,以及用于和其他设备进行通信的通信协议。硬件部

图 11-2　终端安全模型图

分可以采用可信硬件平台,避免一些未经过安全认证的第三方甚至与第四方硬件作为移动终端的承载平台。软件安全包括通信安全机制、操作系统安全机制、应用软件安全机制和用户数据安全机制。各个环节相互依赖地进行工作,每个环节都不可缺少。

硬件部分需要在通信模块中引进相关加密模块,作为最后一道防线保护终端设备本身的安全,在上层软件出现问题的时候,对于系统核心部分进行关键性的保护。一般情况下,现在的 CPU(包括桌面版和移动版)就有相关的数据执行保护(DEP),可以监视程序的运行,确保终端设备的安全。一旦发现程序出现非法行为,在移动终端设备的软件程序无法控制的情况下,就可以从硬件的 DEP 发出指令来终止这类不安全的程序。

通信安全机制是在制定相关通信标准创建的时候就需要考虑的问题,根据该标准可能存在的问题进行修补工作。操作系统安全机制要求系统本身有一定的防范攻击的能力,并且有自己的安全审核机制,对应系统自身的程序应在内存中与普通程序在不同的区域运行,避免出现共享内存而发生的安全问题。应用软件安全主要依靠应用软件开发者和软件平台审核者两方面进行安全维护。

下面以 Android 为例,分析智能终端的软件保护技术。

Android 系统架构被分为以下 5 个主要的组件:

- Linux 内核层。
- 类库。
- Dalvik 虚拟机。
- 应用程序开发框架。
- 应用程序层。

Android 系统保护运行其上的软件的任务由底层 Linux 内核来完成。主要有下面3 种机制:

- 优先权分离机制。Android 内核为运行于系统上的应用软件提供了优先权分离机制。在管理应用软件权限方面,Android 系统实现了类似于 UNIX 系统的机制,每一个 Android 应用都有自己的 User Identifier(UID)和对应的 Group Identifier(GID)。作为 Android 系统核心设计的重要部分,优先权分离机制的设计哲学是使得 Android 应用程序彼此之间没有读写的权限。因此,一个 Android

应用不能够不受约束地利用设备的网络模块连接远程服务器,也不能在没有权限的情况下读取设备联系人列表或者日历应用。这就是 Android 系统的"沙盒机制",基本思想是要求应用程序之间访问彼此数据需先申请权限。优先权分离机制是十分重要的系统安全特性,由于该机制的引入,大多数的普通攻击都无法实现。

- 权限机制。由于"沙盒机制"的引入,Android 应用若想访问设备或某些系统功能等,需要在 AndroidManifest.xml 文件中申请相应的权限。用户的设备在安装该应用时会收到提示,表明该应用需要哪些访问权限,得到用户允许,安装才能继续进行。

- 数字签名机制。任何运行在 Android 系统的应用程序都是需要被签名的。Android 系统利用个人开发者证书来识别每个不同的应用程序。Android 操作系统不允许未经过签名认证的应用程序运行。同权限检查机制相似,应用程序的签名检查过程仅发生在该应用安装到 Android 设备的过程中;因此,如果已经安装的应用程序的开发者证书过期了,应用程序依然可以正常运行。唯一不同是,开发者如果想签名任何新的应用时,需要重新生成新的证书。证书通常有 debug 和 release 两种版本,debug 版本用于测试,release 版本则用于商用。

2014 年,安全业界提出了基于 Android 平台的软件安全加固技术,其实质类似于 PC 平台的 UPX 加壳技术。软件加固技术的基本原理如下。首先,开发者将应用程序上传到安全厂商的服务器,服务器端运行自动化脚本,解析上传的 apk 文件,加密核心逻辑 classes.dex 文件,动态生成伪 classes.dex 文件作为加固壳,替换原 apk 文件中的 dex 文件,加密的 dex 文件会存放至其他目录下面。然后,服务器重新打包 Android 应用,并返还给开发者,由开发者将软件发布于应用市场。最后,当应用程序运行的时候,因为在加固过程中已经替换了原始程序的入口点,壳代码会首先运行起来,将原来加密的 dex 文件解密然后调用。软件加固可以保护原始代码的核心逻辑不会被静态注入和静态反编译。

虽然 Android 系统设计了种种安全保护机制,但是由于其系统开源特性,遭受攻击也是一件不可避免的事。当前,各种针对 Android 系统的攻击方法和工具不断涌现,因此,Android 系统安全是一个非常活跃的研究领域,受到了研究者和工业界的广泛关注。

11.3　3GPP 安全

第三代合作伙伴计划(3rd Generation Partnership Project,3GPP)是成立于 1998 年 12 月的标准化机构,旨在研究制定并推广基于演进的 GSM 核心网络的 3G 标准,即 WCDMA、TD-SCDMA、EDGE 等。

11.3.1　3GPP 安全架构

3GPP 制定的 3G 安全架构如图 11-3 所示。

参照 OSI 网络模型,3GPP 网络安全架构分为传输层、归属/服务层和应用层 3 层。针对特定的安全威胁,3GPP 网络安全架构又分为 5 个安全特征集(安全功能集):网络接

图 11-3　3GPP 安全架构

入安全、核心网安全、用户安全、应用安全、安全特性可见性及可配置能力。每个安全特征集分别为网络某一特定部分提供一系列的安全保护功能,实现某一特定的安全目标。

网络接入安全(Ⅰ):目标是确保用户能够安全地接入 3G 业务,提供的安全功能包括:网络与用户之间的双向身份认证,控制信令和用户数据的加密,控制信令的完整性保护,用户身份保密性和移动设备认证等。

核心网安全(Ⅱ):目标是为运营商网络域的节点(设备)提供安全交换信令数据的功能集,保护其有线网络不受攻击,提供的安全功能包括网间信令实体的身份认证、数据加密和数据完整性保护等。

用户安全(Ⅲ):关注移动终端的安全问题,目标是确保安全地接入移动终端,提供的安全功能包括全球用户识别模块(Universal Subscriber Identity Module,USIM)对用户的认证和终端对 USIM 的认证等安全特性。

应用安全(Ⅳ):关注 USIM 应用安全问题,目标是确保用户域和运营商网络域中的应用能够安全地交换消息,提供的典型安全功能是应用加密。

安全(特性)的可见性和可配置性(Ⅴ):这个功能集让用户能够知道各个安全特性是否被启用,而且是否使用和提供业务取决于该项安全特性。

3GPP 的接入安全规范已经成熟,加密算法和完整性算法已经实现标准化,基于 IP 的网络域的安全也已制定出相应的规范,而 3GPP 的终端安全、网络的安全管理规范还有待进一步完善。

11.3.2　3GPP 安全机制

为了提供这些安全功能,3GPP 采用了以下的安全机制。

1. 网络接入安全机制

身份认证机制:3GPP 使用了一种基于对称密码、挑战与响应模式的认证与密钥协商协议(Authentication and Key Agreement,AKA)。用户接入网络、发起业务请求时,将基于此协议对用户进行认证。3GPP AKA 实现了网络与用户双向认证,同时还生成一个加密密钥和一个完整性保护密钥。

临时用户识别码（TMSI）：核心思想是使用 TMSI 代替国际移动用户识别码（IMSI）传送业务和信令消息，达到保护用户永久身份 IMSI 的目的。TMSI 和 IMSI 之间的对应关系存储在访问位置寄存器。一般说来只有用户开机或者访问位置寄存器数据丢失时，IMSI 才被发送，平时在无线信道上仅仅发送 TMSI。

空口加密机制：3GPP 采用流密码对流经空中接口的用户数据和控制信令进行加密，保护其在用户终端（UE）和无线网络控制器（RNC）之间的保密传输。使用的加密密钥在 AKA 协议中生成。

完整性保护机制：3GPP 采用分组密码对 UE 和 RNC 之间的控制信令进行完整性保护。终端或网络通过检验附在信令消息的消息认证码来判断消息的完整性和真实性。

2. 网络域安全机制

3GPP 在核心网络安全中规定了移动应用协议（Mobile Application Part，MAP）安全机制和隧道协议（GPRS Tunnelling Protocol，GTP）安全机制。

MAPSec 为移动通信网内实体间的 MAP 信令传输提供安全保障，可以实现信令信息的保密性、完整性和防重放攻击。

3GPP 采用 IPSec ESP 机制实现运营商内部的业务支持节点与网关支持节点、网关支持节点与外部数据网接口以及不同运营商业务支持节点与网关支持节点之间的 GTP 信令安全传输。

3. 用户域安全机制

PIN 码机制：目标是防止 USIM 被非授权使用。用户在 USIM 上设置 PIN 码，当 USIM 卡插入终端时，将要求用户输入 PIN 码，如果 PIN 码正确，USIM 被允许接入，否则将拒绝用户使用。

终端对 USIM 的认证：终端通过比对自己和 USIM 共享的秘密，限制终端的网络接入范围、USIM 的接入范围。

4. 应用域安全机制

以多媒体业务为例。为实现多媒体广播多播 MBMS 业务的保密性、完整性和防重放，MBMS 业务采用一种基于 3GPP 通用认证机制（General Bootstrapping Architecture，GBA）架构、分层的安全体系。通过鉴权、密钥管理和数据安全保护，实现基于智能卡的 GBA 通用鉴权和密钥管理机制。

3GPP 为 3G 系统定义了 12 种安全函数，应用于不同的安全机制中。本节不再详述这些安全函数。

11.3.3   3GPP AKA

本小节以 3GPP AKA 为例，深入介绍 3GPP 安全机制。

3GPP AKA 的流程如图 11-4 所示。

3G 的 AKA 认证与密钥协商协议有 3 个实体参与：移动站 MS（即用户终端 UE）、访问位置寄存器（Visitor Location Register，VLR）或支持 GPRS 服务节点（Serving GPRS Support Node，SGSN）、归属环境或归属位置寄存器 HE/HLR（Home Enviroment/Home

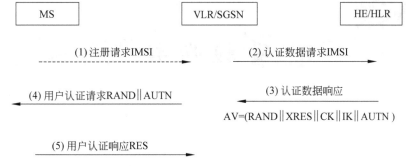

图 11-4　3GPP AKA 安全架构

Location Register)。

　　AKA 程序的执行包含两个步骤。第一步包含安全证书(认证矢量,AV)的传递,即从归属网络(HE)到服务网络(SN)。HE 主要由本地用户数据库(HLR)和认证中心(AuC)组成;SN 则由核心网络中直接参与连接建立的部分组成。AKA 协议的第二个步骤是 VLR/SGSN 执行单向挑战-响应程序,用以实现交互式的实体认证。

　　具体过程包括以下步骤:

　　(1) MS 第一次入网时,向 VLR/SGSN 发送 IMSI(用户永久身份标识),请求注册。

　　(2) VLR/SGSN 把 IMSI 转发到 HE/HLR,请求 AV(认证向量)以对 MS 进行认证。

　　(3) HE/HLR 接收到由认证中心生成的认证向量 AV 之后,发送给 VLR/SGSN。

　　(4) VLR/SGSN 接收到认证后,将其中的 RAND 和 AUTN 发送给 MS 进行认证。

　　(5) MS 收到 RAND 和 AUTN 后,计算 XMAC(期望消息认证码)的值,并把计算结果和 AUTN 中的 MAC 进行比较,如果二者不相等,则发送拒绝认证消息,放弃该过程;如果二者相等,MS 验证 SQN 是否在正确的范围内,如果不在正确的范围内,MS 向VLR/SGSN 发送同步失败消息,并放弃该过程。上述两项验证通过后,MS 计算 RES、CK、IK,并将 RES 发送给 VLR/SGSN。

　　最后,VLR/SGSN 在收到响应消息后,比较 RES 和 XRES,相等则认证成功,否则认证失败。

思　考　题

　　1. 移动互联网有哪些特征?

　　2. 当前的移动互联网主要面临哪些安全问题?

　　3. Android 采用了哪些机制来保护应用软件安全?

　　4. 简述 3GPP 网络安全架构 5 个安全特征集的内容、目标和安全功能。

　　5. 3GPP 采用了哪些安全机制?

　　6. 简述 3GPP AKA 的流程。

实 验 指 导

实验 1　密码学实验

实验目的

（1）编程实现常见古典密码算法，加深对古典密码的理解。

（2）掌握加密算法设计原则。

（3）掌握对古典密码的攻击方法。

实验设备与环境

若干安装 Windows 的 PC，安装 Java 或 C++ 或 C♯ 编程开发环境。实验环境的拓扑结构如图 A-1 所示。

图 A-1　实验 1 环境的拓扑结构

实验内容与步骤

（1）编程实现凯撒密码，输入任意明文，观察明密文关系。

$$c = E(k, m) = (m + k) \bmod 26$$

（2）编程实现单表代换密码，输入任意明文，观察明密文关系。

（3）编程实现 Hill 密码，输入任意明文，观察明密文关系。

Hill 密码的加密算法将 m 个连续的明文字母替换成 m 个密文字母，这是由 m 个线性方程决定的，在方程中每个字母被指定为一个数值（a=0,b=1,…,z=25）。该密码体制可以描述为

$$\boldsymbol{C} = \boldsymbol{KP} \bmod 26$$

其中 *C* 和 *P* 是列向量，分别代表密文和明文，*K* 是一个方阵，代表加密密钥。运算按模 26 执行。

（4）编程实现 Playfair 密码，输入任意明文，观察明密文关系。

Playfair 算法基于一个由密钥词构成的 5×5 字母矩阵。填充矩阵的方法是：首先将密钥词（去掉重复字母）从左至右、从上至下填在矩阵格子中；然后将字母表中除密钥词字母以外的字母按顺序从左至右、从上至下填在矩阵剩下的格子里。

对明文按如下规则一次加密两个字母：

① 如果该字母对的两个字母是相同的。那么在它们之间加一个填充字母，比如 x。例如 balloon 先把它变成 ba lx lo on 这样 4 个字母对。

② 落在矩阵同一行的明文字母对中的字母由其右边的字母来代换，每行中最右边的一个字母用该行中最左边的第一个字母来代换，比如 ar 变成 RM。

③ 落在矩阵同一列的明文字母对中的字母由其下面的字母来代换，每列中最下面的一个字母用该列中最上面的第一个字母来代换，比如 mu 变成 CM。

④ 其他的每组明文字母对中的字母按如下方式代换：该字母的所在行为密文所在的行，另一字母的所在列为密文所在列。比如 hs 变成 BP，ea 变成 IM 或（JM）。

分析与思考

（1）为什么说一次一密是无条件安全的？

（2）为什么简单的置换和代换仍然应用在现代密码中？

（3）明文统计特性如何应用在攻击中？

实验 2　操作系统安全实验

实验目的

（1）掌握 Windows 系统安全配置方法。

（2）了解 Windows 系统可能存在的安全漏洞与威胁。

（3）理解主机安全的重要性。

实验设备与环境

若干运行 Windows 操作系统的主机，安装微软基准安全分析器（Microsoft Baseline Security Analyzer，MBSA）。

实验内容与步骤

（1）账户和密码安全设置。

① 在"控制面板"→"用户账户"中，删除默认的管理员用户，创建新的管理员权限用户。

② 选择"控制面板"→"管理工具"→"本地安全策略"→"账号策略"→"密码策略"，设

置密码策略、账户锁定策略。

③ 运行 syskey 命令,在弹出的对话框中设置启动密码。

（2）目录和文件安全设置

① 输入"congvert ＜volume＞ /FS:NTFS",其中＜volume＞代表驱动器号,将选定的分区转换为 NTFS 格式。

② 测试 NTFS 文件格式加密。打开文件属性窗口,选择"高级"按钮,选择加密。

（3）开启审核策略和查看事件日志

① 选择"控制面板"→"管理工具"→"本地安全策略"→"本地策略"→"审核策略",开启审核策略。

② 双击某项策略,可以进行更改。

③ 查看时间日志。选择"控制面板"→"管理工具"→"事件查看器",查看策略开启的审核结果。

（4）利用组编辑器增加 IE 安全性。

① 输入 gpedit.msc 命令,启动组策略编辑器。

② 选择"计算机配置"→"管理模板"→"Windows 组件"→Internet Explorer。

③ 配置 IE 浏览器。

（5）启动安全模板。

① 选择"开始"→"运行",在"打开"栏中输入 mmc,打开"控制台"窗口,在"文件"菜单下选择"添加/删除管理单元"命令,单击"添加"按钮,在弹出的窗口中选择"安全模板"和"安全配置分析",单击"确定"按钮并关闭窗口。

② 导入安全模板,建立安全数据库。

（6）利用 MBSA 检查和配置系统安全。

① 启动 MBSA。

② 自定义扫描细节。

③ 开始扫描,并查看安全报告。

（7）禁用远程桌面。

① 输入 gpedit.msc 命令,启动组策略编辑器。

② 选择"计算机配置"→"管理模板"→"系统"→"远程协助",选择"已禁用"。

③ 关闭组策略管理单元。

（8）关闭 Messenger 服务。

选择"控制面板"→"管理工具"→"服务",关闭 Messenger 服务。

分析与思考

（1）操作系统的安全功能有哪些?

（2）操作系统的安全设计原则有哪些?

（3）NTFS 文件系统的特点有哪些?

实验 3 网络监听与扫描实验

实验目的

（1）熟悉网络监听原理与技术。

（2）熟悉 Sniffer Pro 的使用，加深对 TCP/IP 协议的理解。

实验设备与环境

一个星形结构的局域网，用交换机互连，并通过路由器连接到 Internet。所有主机的操作系统为 Windows，其中一台安装 Sniffer Pro 软件，该主机记为 S。实验环境拓扑结构如图 A-2 所示。

图 A-2 实验 3 环境的拓扑结构

实验内容与步骤

（1）在主机 S 上安装 Sniffer Pro 软件。

（2）了解 Sniffer Pro 常用功能。

① 使用 Sniffer Pro 的可视化网络性能监视器 Dashboard（仪表盘）监视实时网络通信流量。

② 使用 Hosts List（主机列表）监听所有主机与网络的通信情况，包括每台主机连接的地址、运行的协议。

（3）使用 Sniffer Pro 捕获 HTTP 协议数据包中的账号密码信息。

① 设置规则。在 S 主机上运行 Sniffer Pro，从主菜单选择 Capture→Define Filter 命令，在弹出的对话框中设置地址、数据模式、协议、数据包类型等选项。

② 捕获数据包。从主菜单选择 Capture→Start 命令，Sniffer Pro 开始监听指定地址的主机的 HTTP 协议数据包。

③ 通过 HTTP 协议访问 Web。在监听目标主机上访问网站，输入用户名和密码。

④ 查看结果。在 S 主机的 Sniffer Pro 中查看结果。

分析与思考

(1) 在一台主机上安装防火墙,在另一台主机上安装嗅探器,看能否接收到信息。

(2) 根据网络监听的原理,讨论针对网络监听的对抗措施。

(3) 用一台主机监听另一台主机登录 FTP 服务器的操作,记录用户名和密码。

实验 4　剖析特洛伊木马

实验目的

(1) 熟悉远程控制软件和木马的工作原理。

(2) 熟悉远程控制和木马软件的使用。

(3) 学会分析和查找系统中隐藏的木马软件。

实验设备与环境

若干安装 Windows 操作系统的 PC,其中一台(主机 A)安装冰河服务器,另一台(主机 B)安装冰河客户端。实验环境拓扑结构如实验 1。

实验内容与步骤

(1) 在主机 A 上安装冰河服务器端(被控制端)软件。

(2) 在主机 B 上安装冰河客户端(控制端)软件。

(3) 冰河客户端配置。

① 单击"设置"→"配置服务器程序"菜单选项对服务器进行配置。

② 添加需要控制的受控端计算机。可以通过受控端的 IP 地址指定,也可以采用自动搜索的方式添加受控端计算机。

(4) 利用客户端远程控制服务器端。

① 浏览受控端计算机中的文件系统。

② 对受控端计算机中的文件进行复制与粘贴操作。

③ 在主控端计算机上观看受控端计算机的屏幕。

④ 对受控端计算机进行控制,就好像在本地机进行操作一样。

⑤ 通过冰河信使功能和受控端进行聊天。

分析与思考

(1) 木马的工作模式是什么?

(2) 木马的常用传播途径有哪些?

(3) 如何预防木马?

实验 5 使用 PGP 实现电子邮件安全

实验目的

（1）掌握电子邮件协议和报文格式。

（2）掌握 Windows 平台下 MDaemon 邮件服务的安全配置。

（3）掌握 PGP 工作原理，能够使用 PGP 对邮件加密和签名。

实验设备与环境

若干 PC，其中一台安装 MDaemon 邮件服务器程序，其余安装 Windows 操作系统，并安装 PGP 软件。实验环境拓扑结构如实验 1。

实验内容与步骤

（1）在 Windows 上安装 MDaemon 邮件服务器程序。

（2）MDaemon 邮件服务器程序的安全配置。单击菜单栏的"安全"命令，在弹出的对话框中设置。

（3）PGP 邮件签名和加密。

① 安装 PGP。

② 生成公私钥对。

③ 导出密钥。

④ 导入他人公钥。

⑤ 测试邮件加密和签名。

分析与思考

（1）分析电子邮件的工作过程。

（2）电子邮件服务存在哪些安全问题？

（3）PGP 加密邮件时，主题和附件是否加密？

实验 6 防火墙实验

实验目的

（1）理解防火墙的功能和工作原理。

（2）熟悉 Linux 平台下 IPTables 防火墙的配置和使用。

实验设备与环境

一台具有双网卡的 Linux 服务器作为网关，一个网卡连接外部网络，另一个网卡连接以太网交换机。交换机上还连接一台 Web 服务器和一台 FTP 服务器。实验拓扑结构如图 A-3 所示。

图 A-3 实验 6 环境的拓扑结构

实验内容与步骤

（1）一般情况下，IPTables 已经包含在 Linux 发行版中。启动 IPTables。

（2）查看规则集。输入以下命令：

```
#iptables -L
```

（3）增加规则，以阻止某特定 IP 主机的数据包。输入以下命令：

```
#iptables -t filter -A INPUT -s 202.116.76.0/24 -j DROP
```

（4）删除规则。输入以下命令：

```
#iptables -t filter -D OUTPUT -d 202.116.76.0/24 -j DROP
```

（5）设置默认的策略。基本原则是"首先拒绝所有数据包，然后允许所需要的"。

（6）使用 SYN 标识阻止未经授权的 TCP 连接。

（7）向 NAT 和 Filter 表中添加规则，实现多台主机共享一个 Internet 连接。

（8）在 NAT 表中的 PREROUTING 链中添加规则，以允许外部访问内部服务器。

（9）在 TCP 协议下打开 80 端口，开放内部 Web 服务器的 HTTP 协议访问。

（10）开放 TCP 协议的 21 端口，以允许内部 FTP 服务器对外服务。

（11）开放 ICMP 协议，实现 ping 功能。

（12）使用 iptables -save 命令保存设置的规则。

分析与思考

（1）假设防火墙允许周边网络主机访问内部网络上任何基于 TCP 协议的服务，而禁止外部网络主机访问内部网络上任何基于 TCP 协议的服务，给出实现这一要求的思路。

（2）设置规则阻止来自某个特定 IP 范围内的数据包。

实验 7　入侵检测软件 Snort 的使用与分析

实验目的

（1）理解入侵检测的作用和检测原理。

（2）理解误用检测和异常检测的区别。

（3）掌握 Snort 的安装、配置和使用。

实验设备与环境

两台安装 Windows 的 PC，其中一台安装 Snort 软件，另一台安装 Nmap 软件。实验拓扑结构如图 A-4 所示。

图 A-4　实验 7 环境的拓扑结构

实验内容与步骤

（1）首先安装 WinpCap，然后安装 Snort。

（2）在另一台主机上运行 ping 命令，查看 Snort 的运行情况。

（3）设置 Snort 的内部和外部网络检测范围。

（4）建立一个文件，设置数据包记录器输出至 LOG 文件。

（5）启动 IDS 模式，对 Snort 主机进行有意攻击（如发送 ICMP 长数据包），使用 Nmap 扫描目标主机，观察 Snort 的检测情况。

（6）编写 Snort 规则，观察 Snort 的动作。

分析与思考

（1）入侵检测的作用是什么？入侵检测与防火墙有哪些区别？

（2）常用的入侵检测技术的原理是什么？

（3）参考相关资料，分析 Snort 源码，总结其设计框架。

实验 8　IEEE 802.11 加密与认证

实验目的

(1) 掌握 IEEE 802.11 无线局域网安全设置方法。

(2) 熟悉无线抓包工具的使用。

实验设备与环境

一个无线路由器;若干笔记本电脑,配备无线网卡,其中一台安装有无线抓包软件(如 Omnipeek)。实验拓扑如图 A-5 所示。

图 A-5　实验 8 环境的拓扑结构

实验内容与步骤

(1) 配置无线接入点和笔记本电脑,组成一个 IEEE 802.11 无线局域网。不配置安全选项。

(2) 一台笔记本电脑通过 AP 访问 Internet,输入用户名和密码。另外一台笔记本电脑运行无线抓包软件进行抓包,分析数据包的格式和内容,寻找数据包中包含的用户名和口令数据。

(3) AP 和一台笔记本电脑配置 WEP,笔记本电脑通过 AP 访问 Internet,输入用户名和密码。另外一台笔记本电脑运行无线抓包软件进行抓包,分析数据包的格式和内容。

(4) AP 和一台笔记本电脑配置 WAP/WPA2,笔记本电脑通过 AP 访问 Internet,输入用户名和密码。另外一台笔记本电脑运行无线抓包软件进行抓包,分析数据包的格式和内容。

分析与思考

(1) 无线局域网面临的安全威胁主要有哪些?

(2) 为什么 WEP 实际上不能提供安全性?

(3) CCMP 协议提供了哪些安全服务? 如何提供?

课程设计指导

1. 目的

通过课程设计,培养学生独立思考、综合分析与动手的能力;验证理论和加深对概念的理解,尤其是常用密码算法的基本原理,并用一种编程语言实现这些常用密码算法;提高学生实际的信息安全实践能力,强化信息安全防范意识。

学生应掌握网络安全的基本概念和知识,熟悉常见加密算法的基本原理和流程,至少掌握一门高级编程语言。完成课程内容中的项目,撰写课程设计报告。

2. 任务

深入分析对称密码体制与非对称密码体制的基本原理,掌握流行密码算法的原理,并编程实现常用的现代密码算法,包括 DES、AES、RSA、MD5 等。

本课程设计需要研究的内容主要包括:

(1) 密码体制。

(2) 主流密码算法的基本原理研究。

(3) 密码算法编程实践(DES、AES、RSA、MD5 等)。

3. 要求

(1) 课程设计报告版面规范,结构清晰,内容完整。

(2) 独立完成课程设计任务。

4. 课程设计报告主要内容

一、目的和任务

1.1　目的

1.2　任务

二、密码体制基本原理的研究

2.1　对称密码体制及其算法

2.2　非对称密码体制及其算法

三、常用密码算法编程实践

每节一个算法实现,写出算法设计的思想、代码、注释、测试。

每一部分一定要层次清晰,有较好的说明和注释。

四、密码算法的应用实践

以 PGP 为例,写出该软件的实验报告及分析。

每一部分一定要层次清晰,有较好的说明和注释。

五、总结与提高

总结自己在整个学习过程中遇到的问题,解决的方法、思路和过程。写明自己的收获、感想等。

参考文献

按参考文献格式列出。

参 考 文 献

[1] 胡道元,闵京华,邹忠岿. 网络安全. 2 版. 北京：清华大学出版社,2008.

[2] 冯登国. 信息安全体系结构. 北京：清华大学出版社,2008.

[3] 肖国镇. 密码学导引：原理与应用. 北京：清华大学出版社,2007.

[4] 刘建伟. 网络安全实验教程. 北京：清华大学出版社,2007.

[5] 杨波. 现代密码学. 2 版. 北京：清华大学出版社,2008.

[6] 刘建伟. 网络安全——技术与实践. 北京：清华大学出版社,2007.

[7] 卿斯汉. 安全协议. 北京：清华大学出版社,2005.

[8] 卿斯汉. 操作系统安全. 北京：清华大学出版社,2004.

[9] 程胜利. 计算机病毒及其防治技术. 北京：清华大学出版社,2008.

[10] 唐正军. 入侵检测技术. 北京：清华大学出版社,2009.

[11] 斯托林斯. 密码编码学与网络安全——原理与实践. 5 版. 北京：电子工业出版社,2012.

[12] 祝世雄. 无线通信网络安全技术. 北京：国防工业出版社,2014.